自我修养提升书系

成长三悟

崔钟雷　主编　▲

爱生活
爱自己
爱父母

黑龙江美术出版社

图书在版编目(CIP)数据

自我修养提升书系/崔钟雷主编. -- 哈尔滨：黑龙江美术出版社，2019.8
ISBN 978-7-5593-5585-0

Ⅰ.①自… Ⅱ.①崔… Ⅲ.①个人-修养-通俗读物 Ⅳ.①B825-49

中国版本图书馆CIP数据核字 (2019) 第171239号

书　名/自我修养提升书系
ZIWO XIUYANG TISHENG SHUXI

主　编/崔钟雷
策　划/钟　雷
副主编/苏　林　石冬雪
责任编辑/李　倩
装帧设计/稻草人工作室
出版发行/黑龙江美术出版社
地　址/哈尔滨市道里区安定街225号
邮政编码/150016
编辑版权热线/ (0451) 55174988
销售热线/4000456703　 (0451) 55183001
网　址/www.hljmscbs.com
经　销/全国新华书店
印　刷/莱芜市新华印刷有限公司
开　本/880mm×1230mm　1/32
印　张/24
字　数/660千字
版　次/2019年8月第1版
印　次/2019年10月第1次印刷
书　号/ISBN 978-7-5593-5585-0
定　价/158.40元(全八册)

本书如发现印装质量问题，请直接与印刷厂联系调换。

前言 PREFACE

　　周国平在《面对苦难》中说道："对于一个视人生感受为最宝贵财富的人来说，欢乐和痛苦都是收入，他的账本上没有支出。"

　　我们在成长的路上不断奔跑，反复摔倒，这是一个艰难且漫长的过程。有的人沉淀自己，在黑暗中平缓自己躁动的心，终于在春暖花开时破茧成蝶，翩翩舞动；有的人修炼自己，在烈火般的磨难中坚定信念，终于在冲天火光中涅槃重生，脱胎换骨。在我们拼尽全力过后，蓦然回首，便会发现，过往的所有痛苦与磨砺都是在帮助我们成长。

　　本套丛书是为小学生倾力打造的精品励志读本，共8册，通过古今中外众多通俗易懂、积极向上的故事，来帮助孩子塑造好性格、培养好习惯，帮助孩子学会为人处世，树立正确的思想观念，助力孩子的成长。书中的每篇故事都依据其中心思想，附有一条名人名言，帮助孩子在愉快的阅读中积累作文素材，提高写作能力；文中还穿插着精美的图片，吸引孩子的阅读兴趣；每篇文章的结尾都有一个总结性的小道理，让孩子轻松理解文章的深刻含义。

　　成长伴随着父母的谆谆教导、老师的循循善诱。但是归根结底，成长是一个人的自我升华。我们要学会摒弃懦弱、迷茫、愤怒、悲伤；学会拾起乐观、自信、赞美、宽容，我们要成为房檐下穿石的水滴，成为没有人能够扑灭的火花。

目录

Contents

爱父母

目录
Contents

爱自己

目录
Contents

爱生活

爱父母

　　《孝经》有云:"不爱其亲而爱他人者,谓之悖德。不敬其亲而敬他人者,谓之悖礼。"孝顺父母是做人的根本,如果连生养自己的父母都做不到敬爱,那又如何会爱别人呢?父母对我们的爱是本能的、无私的,那么对待父母我们是否也能常怀感恩之心,立志报答呢?爱父母,就要从生活的点点滴滴处做起。

榜样的力量

作为一个父亲，最大的乐趣就是在于：
在其有生之年，能够根据自己走过的路来启发、教育子女。
——蒙田

　　在军军的眼中，自己的爸爸很帅气，他身高 1 米81，体重 140 斤左右，皮肤黝黑，一双大眼睛炯炯有神（形容人的眼睛发亮，很有精神），笑起来露出洁白而整齐的牙齿，非常帅气。爸爸把他的好颜值遗传给了军军，军军上幼儿园的时候，总是觉得自己长得帅，心里特别得意。爸爸发现后，非常认真地跟他谈了一次，军军现在还记得他当时说的话："外貌是爸爸和妈妈遗传给你的，没什么值得骄傲的，而好的成绩才是你自己努力的结果，是你骄傲的资本。"爸爸是这样教育他的，也是这样以身作则（以自己的行动做出榜样）的。他爱看书，每天晚上他都会用一个小时的时间读书，他说："多看书，人才会进步。"

　　有的时候，爸爸是军军的榜样。他是一个不轻言放弃的人。爸爸是一名律师，别看现在他神气地游走在律师事务所和法庭之间，曾经他为了考取律师资格证，参加过四次司法考试。每当军军没考好的时候，爸爸总会这样安慰他："没事，儿子，我理解你，爸爸不也经历了三次失败才成功的吗？"看，军军的爸爸多励志啊！

　　有的时候，爸爸像个大男孩。由于职业关系，爸爸上班的时候很严肃，但是一回家，爸爸却像变了个人似的。他特别喜欢拼图，尤其是复杂的立体拼图，书柜上的教堂、军舰、古城堡都是他的得意之作。有时候，他还会兴致勃勃（形容兴头很足）地叫军军参与。可电话一响，他又马上变回一个严肃的律师，他的身份转换技能可用的真好！

　　有的时候，爸爸又像个心理医生。前几天，军军想学游泳，又怕耽误学习，不知道该如何是好。吃过晚饭，他对爸爸说了他的困扰。爸爸说："如果游泳是你感兴趣的事情，就值得去学。只要你保证学习的时候认真投入，游泳的时候专心练习，那就可以了。你是一个男子汉,要勇敢地面对问题,不去尝试一下怎么知道结果如何呢?"经过爸爸的开导,军军心里的担子一下子卸了下来。

爸爸不是一个完美的人,有的时候也会很沮丧,忙起来的时候也会发脾气,心情不好的时候也很消极。尽管如此,军军眼里的爸爸仍然是一个快乐、阳光、洒脱、自信的人,是他成长路上的灯塔。有爸爸的陪伴,他感到很幸福。

成长课堂

"言传身教,身行一例,胜似千言。"爸爸的谆谆教导是爱的叮咛,爸爸的言行举止是孩子的规范。他是家人的守护神。父爱无处不在,保护着孩子一路前行。别忘了在爸爸疲劳的时候说一句:"爸爸,你辛苦了。"因为再坚强的男人也需要温暖与关爱。

读书笔记

_____

_____

_____

_____

心中的太阳

母爱是一种巨大的火焰。

——罗曼·罗兰

　　丽丽的妈妈是儿童医院的一名医生，在丽丽的心里，妈妈就是她的太阳。

　　妈妈的患者是儿童，因此需要有耐心。作为母亲，她能理解孩子家长焦急的心理；作为医生，她更多表现出的是沉着（形容人从容镇定，不慌不忙）、冷静和专业。有一次，丽丽去医院等妈妈下班，见到她被一个一岁孩子的家长团团围住，有孩子的爷爷、奶奶、姥姥、姥爷、爸爸、妈妈，他们的情绪很激动，不停地提问题。孩子的爷爷指责妈妈使用的抗生素过多，对孩子的身体不好。可妈妈的脸上没有一丝不耐烦的表情，她认真地解释，足足说了二十分钟。最终在妈妈的劝说下，患者家属同意了妈妈的治疗方案。看到这一幕，她不禁感慨（心灵受到某种感触而慨叹）：原来妈妈的工作这么不容易啊！

每到季节交替时，小孩子的抵抗力就会下降，容易生病。这时，丽丽就成了义务宣传员，妈妈把注意事项一股脑儿地告诉给她，让她转告给同学们。丽丽也因此被选为卫生委员，经常向同学们普及勤洗手、多运动等健康常识。有的同学病了，他的家长会找妈妈咨询。不管他们什么时候打电话，妈妈总是耐心地解答。以前，妈妈是丽丽的健康守护神，现在妈妈是全班同学的健康守护神。

妈妈偶尔也会带丽丽去她曾经就读的大学附近转一转，那里有一条美食街。她常常牵着丽丽的手，从街的东边逛到西边，遇到好吃的，她是绝不会错过的，原来，她是一个小吃货。丽丽的很多朋友说路边摊不卫生，妈妈却说："我们身体健康，什么都不怕。"丽丽大口地啃着鸡腿，连连点头，表示赞同。

前段时间，丽丽不愿意学英语，常常趴在书桌上发呆。这时,妈妈走了过来,她说:"要把学习英语当成兴趣,你越觉得它难,就越学不进去。"后来,她带丽丽看了很多英文的电影,有《狮子王》《阿甘正传》,随着**扣人心弦**(形容情节深深地打动人心,引起人的共鸣)的情节发展,丽丽逐渐发现了英语的魅力。妈妈的办法真管用!

丽丽想长大后也要像妈妈那样,爱自己的工作,爱自己的孩子,她要向心中的太阳学习!

❖成长课堂

妈妈是世界上最无私的人,她既温柔又细心,时刻守护着孩子。在妈妈的眼中,任何人和事都没有孩子重要。故事中丽丽的妈妈虽然忙碌但没有一刻停止对丽丽的爱。妈妈就像太阳,照耀着孩子的心灵,为他们驱散阴霾,送去温暖与光明。

❖读书笔记

_____

_____

_____

_____

手机迷

母爱是世间最伟大的力量。

——米尔

烁烁的妈妈简直太不让烁烁省心了。半年前,因为单位效益不好,她**毅然决然**(意志坚决,毫不犹豫)地辞职了。辞职后,她竟然一点儿也不难过,整天窝在沙发里玩手机。烁烁曾多次劝妈妈,让她多出去走一走,即使不找工作,也可以去逛街、健身,可是她却一脸无所谓地说:"快去写作业吧,大人的事你别管。"

烁烁很担心妈妈,心想:我该怎么劝她呢?总是在家里玩手机也不是**长久之计**(长远的打算),我该怎样帮她呢?把她的手机偷偷藏起来怎么样?不行,妈妈现在几乎是手机不离手。唉,妈妈真是一个让人操心的"手机迷"!

为了帮妈妈摆脱手机,对其他事情产生兴趣,烁烁在报纸上剪下了很多招聘广告、与健身有关的报道和关于旅游的文章等,烁烁把它们一并交给了妈妈。妈妈看了一眼,说:"傻孩子,不用担心妈妈,妈妈已经有新工作了。"这时,她手机的提示音**接二连三**(接连不断)地响起来,妈妈又开始玩手机了。唉,看来手机不但比工作亲,而且比亲女儿更亲,她真是一点儿办法也没有了。

直到那天,烁烁才知道妈妈成为"手机迷"的真正原因。周末,家里堆了很多箱水果,烁烁问妈妈是怎么回事,妈妈一脸自豪地说:"这就是我的新工作啊。"原来,妈妈在他们小区的微信群里做起了水果生意,邻居们可以通过微信下单,然后妈妈负责送货。妈妈从很远的水果批发市场进货,然后用相对实惠的价格卖给邻居们。短短两个月的时间,妈妈已经通过微信做了 300 多单生意。因为妈妈的水果新鲜、价格公道,通过微信订货的人越来越多,所以妈妈才变成了"手机迷"。

很多困扰烁烁的问题也有了答案,有时妈妈很早就出门,原来是进货去了;很晚才回家,因为得及时给邻居们送货。她试着搬了一箱苹果,发现真的很重，原来妈妈这个"手机迷"的工作这么不容易。看来，是烁烁误解她了。烁烁说："妈妈，您可以多接点儿单，放学后，我也能帮您送货。"妈妈转过头，给了烁烁一个大大的拥抱，说："烁烁真懂事，谢谢你。"由于过于激动，妈妈的手机掉到了地上，随即又响起了几个收款提醒的声音。

就在那个瞬间，烁烁理解了妈妈，因为她是一个励志的"手机迷"。

❤成长课堂

> "谁言寸草心，报得三春晖。"母亲忙碌工作、不辞辛苦只为给子女提供更好的生活条件。作为子女难道不应该理解并支持她吗？如果你不知道怎样报答母亲，不如像文中的烁烁那样，为妈妈做一些力所能及的事情吧。

❤读书笔记

_____

_____

_____

_____

特别的生日礼物

世界上的一切光荣和骄傲，都来自母亲。

——高尔基

　　"今天是妈妈的生日，我该给妈妈准备什么样的礼物呢？什么样的礼物才会给妈妈惊喜呢？"琳琳思来想去，最后决定给妈妈画一幅画，因为妈妈一直夸她的画很好看。

　　琳琳飞奔到书桌前，拿出纸和画笔，准备开始画画。可她又犯了难，该画些什么呢？巍峨（高大壮观，雄伟矗立的样子）的群山、蜿蜒（曲折延伸）的河流、高远的天空……这些太普通了，没有新意，也和妈妈没什么关系。琳琳想了很久，最后决定画她心目中的妈妈。

　　琳琳的脑海中立刻浮现出妈妈的样子，妈妈的眼睛大大的，眉毛弯弯的、细细的，鼻子很挺，上面架着一副眼镜。她的嘴巴很小，嘴角边还有一颗痣。妈妈留着利落的短发，可是琳琳知道她很喜欢长发，但为了有更多的时间照顾她和爸爸，妈妈把一头长发剪了。琳琳把妈妈的长头发画了出来，还在上面画了一个粉色的发卡。妈妈爱穿裙子，走路时裙摆轻盈地摆动着，像绽放的花瓣，再配上一双精致的皮鞋，给妈妈的画像就完成了。最后，琳琳又画了一个大大的双层蛋糕，还用彩色蜡笔写上了：亲爱的妈妈，祝您生日快乐！

琳琳把画放在客厅的茶几上，然后坐在沙发上静静地等妈妈回家。

"叮咚——"门铃响了，一定是妈妈回家了，她激动得跳了起来，想去门口迎接妈妈。可谁知推门进来的是爸爸，她一下子像泄了气的皮球，又坐回了沙发。这时琳琳才发现，刚刚她一激动，不小心碰倒了茶几上的水杯，杯子里的水洒到了她的画上。看着画上的妈妈一点点被水浸湿，琳琳难过得哭了起来。爸爸赶忙跑来安慰她，这时妈妈也回来了。

她看见了桌子上的画，笑着对琳琳说："乖孩子，你把妈妈画得真漂亮！这幅画湿了也没有关系，它仍是妈妈最好的生日礼物。"爸爸说："宝贝，爸爸更惭愧，爸爸最近忙得连妈妈的生日都忘记了。不哭了，爸爸带你们出去吃饭，我们去吃真正的双层生日蛋糕，一起庆祝妈妈的生日。"

晚上，他们吃完饭回来后，琳琳看见妈妈小心翼翼（形容谨慎小心，丝毫不敢疏忽）地拿起被水浸湿的画。她久久地盯着那幅画，嘴角荡漾着幸福的微笑……

◆ 成长课堂

> 特殊的生日礼物蕴含着小主人公对妈妈深切的爱。其实礼物不在于贵重，最重要的是心意。礼物不仅能寄托祝福，还能表达情感。让我们也向小主人公学习，亲手为父母制作生日礼物，换取他们欣慰的笑容吧！

✿ 读书笔记

_____

_____

_____

_____

感恩父母

世间有一种爱永恒不变，那就是父爱和母爱。从孩子出生那刻起，他们身上就多了一份沉重的负担，但他们始终把这种负担当作一种幸福，用炽热的爱与辛勤的汗水悉心呵护着孩子成长。

渐渐地，小朋友们长大了、懂事了，理解了父母之爱，也懂得了父母为了给自己提供更好的生活环境所付出的艰辛。不过，对于怎样报答父母的养育之恩，可能还没有一个完整的概念。那么不如从身边做起，从一件件小事做起。帮妈妈做家务，给爸爸捶捶肩膀。学着独立处理问题，做一个爱学习、爱生活的孩子……感恩的方式很多，父母要的也不多，只要一点儿，就足以让他们感到幸福和满足。

感谢父母赐予我们生命，感谢父母的无私付出。父母之爱是孩子一生最大的财富，小朋友们要懂得感恩哟！

体谅"工作狂"

人的嘴唇所能发出的最甜美的字眼，就是母亲，
最美好的呼唤，就是"妈妈"。
　　——纪伯伦

　　娜娜的身边有这样一个人，她大大咧咧（形容人粗心，不拘小节），她丢三落四（形容做事马虎粗心，不是丢了这个，就是忘了那个），但是她工作起来就像上了弦似的——精力充沛（体力强盛，精神充足）、充满热情，猜猜她是谁？

　　她就是娜娜的老妈。

　　妈妈对工作认真负责，说她是工作狂可一点儿都不为过。她忙起来的时候连家里人的生日都忘得一干二净。记得去年妈妈生日那天，娜娜和爸爸想给妈妈一个惊喜，特地把家里装饰得非常漂亮。谁知道妈妈一回家竟然问："今天是谁的生日啊？唉，你看，我最近太忙！对不起，对不起！想要什么礼物？"爸爸说："你呀，就知道工作，连自己生日都忘记了！"妈妈这才恍

然大悟（形容一下子明白过来），一脸幸福地看着娜娜和爸爸。看，这就是娜娜的工作狂老妈！

平时，妈妈每天都从早忙到晚，很多时候都顾不上娜娜。每次开家长会都是爸爸去，其他同学的妈妈每天都来接他们放学，可娜娜的妈妈却很少来学校接她。有时她甚至怀疑妈妈不爱她。直到有一天，她才真正理解妈妈。

那天，娜娜在学校突然发高烧了，老师给妈妈打了电话，让她来送娜娜去医院。很快妈妈就来学校把她接走了，这让娜娜感到很诧异，因为她平时总是把工作摆在首位，很少请假。到了医院，妈妈的电话响了，只听见妈妈说："我在医院，我女儿生病了。"最后又说了一句："下午我就不去了，有什么事情明天再说吧，我得留下来照顾我女儿。"听到妈妈说这句话，娜娜的眼泪突然不争气地流了下来。妈妈关切地问她怎么了，娜娜说："我以为你又要去工作了呢。"妈妈擦了擦她的眼泪说："傻孩子，妈妈怎么会把你一个人丢在这里呢?工作固然重要,可是我的宝贝女儿更重要。"

后来,虽然妈妈一如既往(指态度没有变化、完全像从前一样)地忙着工作,还是经常丢三落四,依旧不记得娜娜和爸爸的生日,仍然不去学校给她开家长会。但是娜娜知道,她的"工作狂"妈妈是爱她的。娜娜想对妈妈说:"妈妈,您每天工作那么久、那么累,一定要多注意身体啊。妈妈,我爱您。"

❖ 成长课堂

妈妈可能因为工作忙碌而忽视对孩子的照顾,但换个角度想:没有辛勤的劳动怎能创造美好生活呢?孩子生病最难过的就是她,没有母亲不愿陪伴孩子成长。我们要怀揣感恩之心,因为只有感恩的甘泉才能浇灌出善良、勇敢、诚实之花。

❖ 读书笔记

_____

_____

_____

_____

觉察父爱

父爱，如大海般深沉而宽广。

——温家宝

"整天只知道出去玩，回到家就看电视，你的作业什么时候能写完？"爸爸的斥责如闷雷般突然炸开。伟伟在原地愣了一会儿，眼泪在眼眶中打转儿，随后他**夺门而出**（奋力冲开门跑出去。形容迫不及待）。

伟伟跑出家门，来到村边的一处打麦场，一屁股坐在一条石凳上。四周悄无一人，他委屈地哭出声来，"爸爸一点儿也不喜欢我，总是挑我的错，从来不夸我。"他忿忿（愤怒不平）地想着。正午的太阳炙烤着大地，阳光十分刺眼，伟伟感到十分燥热。"为什么不去老地方呢？那儿凉快，而且爸爸肯定找不到我。"这个想法突然闪现在伟伟脑中，说去就去。

老地方是伟伟常去的一个地方，那里堆放着几个废弃的锅炉，锅炉下有一个洞，小孩子可以爬进去，里面的空间很大，小伙伴们把它当作秘密基地。锅炉的旁边有个一米多高的小平台，他跑到那里，顺着一根铁柱向上爬，手攀脚蹬地爬上了那个平台。登上平台，可以打开锅炉上部的一个小窗口。向里望去，能够俯瞰锅炉里面的构造。伟伟在上面待了一会儿，觉得很无趣，兴致怎么也提不起来。他决定先出去，找其他小伙伴一起来玩。

伟伟两手攀着铁杆，双腿向下伸，却没探到那根铁柱，一时心慌，手又一滑，直接摔倒在地上。等他站起来时，右腿一阵钻心的剧痛猛然袭来，他站不稳，倒在了地上。后来，伟伟不得不忍着剧痛用左腿跳回了家。

伟伟当时并不知道自己骨折了，只知道右腿一用力就疼。这可急坏了妈妈，她心疼得直流眼泪。爸爸大声说："哭什么哭，先去看病要紧！"随后，爸爸蹬着家里的人力三轮车，载着伟伟赶往十几里外的医院。医生为他的腿做了固定，又打上了石膏。可爸爸还是不放心，反复问医

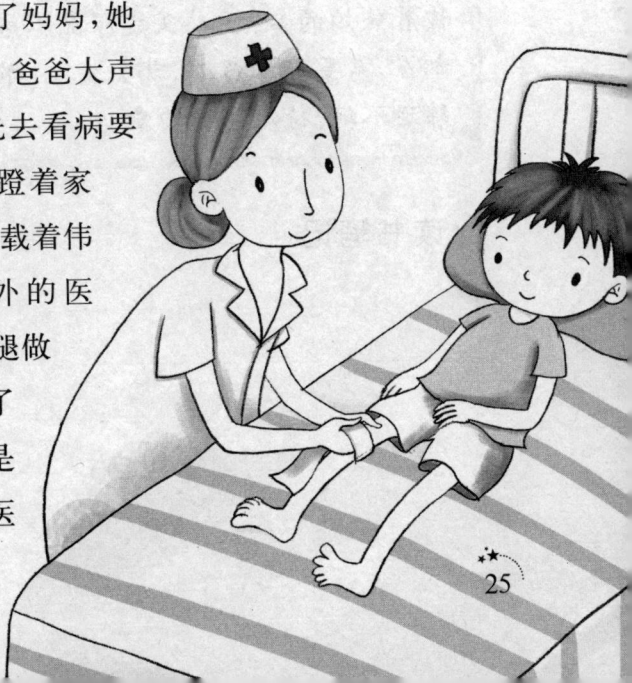

25

生:"这样就可以了吗？不需要住院吗？"医生说:"不严重,只是轻微骨折,一周来换一次药就可以了。"爸爸这才放心。后来,爸爸每周都骑着三轮车带伟伟去换药,来回三十多里的山路,爸爸有时累得**汗流浃背**(形容出汗很多,背上的衣服都湿透了),却从未抱怨过一句。

看着爸爸宽厚的背影,伟伟明白了一个道理:父爱是不易觉察的,是深藏心底的,它没有华丽的语言,有的只是默默的关怀,是深深的爱子之心。

✿ 成长课堂

文中伟伟的爸爸虽然很严厉,但也是爱之深责之切的表现。当得知儿子受伤,冷静的外表下按捺着焦灼的心。虽然父爱深沉不易觉察,但它一直都在,只要仔细留心,就会发现,那如同溪流一般,绵延不绝、持之以恒的爱。

✿ 读书笔记

照顾生病的爸爸

父母和子女,是彼此赠与的最佳礼物。

——维斯冠

"爸爸,爸爸,你不是说周末要带我去游乐园吗?接着去吃肯德基,然后还有个什么玩具计划……"

小兵说了半天,见爸爸不答话,于是停了下来,疑惑地看向爸爸。只见爸爸虚弱地偎在沙发上。他赶忙走到爸爸身边,着急地问:

"怎么啦? 爸爸。"

"没事,就是个小感冒,你等我吃一片药,缓一会儿,再陪你去。"爸爸虚弱地说。

天啊,小兵瞬间感动极了。爸爸真是太好,太伟大了。

"我不去了,爸爸,我要留在家里陪你。"

"不不,让你妈妈带你去吧。"爸爸焦急地说。

"可妈妈以为我们会按照原计划进行,一大早就出去逛街了!"小兵说,"要不,我现在给她打电话,告诉她你生病了,计划有变?"

"啊,不用了,别打扰你妈妈了,她平时照顾全家,也挺累的,就给她放个假吧!"爸爸善解人意(善于换位思考,并会理解别人的意思)地说。

小兵再次被感动了,爸爸不仅是个好爸爸,还是个好丈夫啊!他决定了,时刻跟着爸爸,随时听候他的差遣。小兵扶着爸爸回了卧室。乖巧地躺在他的身边。

"小兵,我睡一会儿就好了,你不用这么无微不至(形容关怀、照顾得非常细心周到)地照顾我,爸爸怕把感冒传染给你!"爸爸说。

"好吧,"小兵正要下床,突然想起了一件事,于是大叫起来,"哎呀,我还没给你找感冒药。"

"药匣就在我房里,我一会儿吃。你作业做了吗?赶紧回屋写作业吧!"爸爸说。

"不行,我要看着你把药吃下去。"说完,小兵一阵风似的,跑出了爸爸的卧室,取来水,然后督促爸爸找出了感冒药。

"吃吧,你吃完,我就去写作业。"小兵盯着他说。

爸爸一边皱眉,一边吃了感冒药。恩,看来爸爸也不喜欢吃药啊!小兵一边想,一边走了出去。过了一会儿,他轻轻地推开了爸爸的房门。大概是感冒药奏效了,爸爸睡着了。他的手机开着,里面有许多小人,不知从哪里传出的声音:

"你上啊,左边有一个人!那个装备,你要不要,你不要,我可要了啊,你倒是给个回应啊?喂,在吗?"

"感冒了还玩游戏。"小兵嘟囔着帮他关掉了手机。

❖ 成长课堂

感冒是件糟糕的事情,你是怎样照顾生病的父母的?有没有提醒他们吃药、多喝热水,给他们提供安静的休息环境呢?爱父母就要学会心疼他们,做一些力所能及的事情,减轻父母的负担,让父母没有后顾之忧,安心休息,自在地享受生活。

❖ 读书笔记

_____

_____

_____

_____

出于本能的爱

我们为孩子的美丽和幸福感到极大的欢乐,
这欢乐使我们的心灵博大到躯壳难以容纳的程度。

——爱默生

晚霞照在透明的玻璃上,染红了半个教室。已经是最后一节课了,亮亮渐渐按捺不住心绪,开始暗暗猜想,妈妈晚上会做什么饭?下课铃一响,他就飞奔着跑出教室,携着夕阳回到家了。刚走上楼梯,就闻到了令人食指大动的香味。他顺着香味跑了进去。

"回来了,赶紧洗手吃饭,你妈做了你最喜欢的排骨。"爸爸正说着,妈妈就把排骨端上了桌。

"哎呀,我正想吃肉呢,老妈真懂我!"亮亮乐滋滋地夹起一块排骨一边吃,一边说道。

"哼,排骨可是爸爸买回来的!"爸爸吃醋地说。

"嘿嘿,爸爸也懂我。"亮亮冲着爸爸一笑,然后夹了一块排骨,放进了爸爸的碗里。

"爸爸不喜欢吃排骨,你吃吧!"爸爸把排骨又放到了亮亮的碗里。

"你不吃,那我给妈妈。"亮亮说着就把那块排骨放进了妈妈的碗里。

"妈妈减肥,你吃吧!"妈妈也把排骨送了回来。

亮亮渐渐觉得不是滋味了。这让他想起了"一碗阳春面"。

"老爸是不是下岗了?咱家是不是缺钱了?"亮亮放下筷子问爸爸妈妈。

"没有啊,咱家好着呢!"妈妈说。

"那为什么,你们不吃排骨,只吃里面的土豆呢?"亮亮反问。

"大概是爱的本能吧,"爸爸说,"总想把最好的留给你,久而久之就形成习惯了!"

"看你这么喜欢吃排骨,就想都留给你吃!"妈妈补充道。

亮亮一时无语,只觉得有一股暖流流向四肢百骸(泛指全身),他突然想起以前也有过这种场景,可乐鸡翅、油焖大虾、松鼠鳜鱼……凡是

他爱吃的,爸爸妈妈都说不爱吃。只有他自己不吃了,他们才会吃。他们因为这出于本能的爱,**披星戴月**(形容连夜奔波或早出晚归,十分辛苦)地工作,只为了给他创造更好的条件,放弃了自己的喜好,并且毫无怨言,**甘之如饴**(指为了从事某种工作,甘愿承受艰难、痛苦)。想到这里,亮亮不管爸爸妈妈如何反对,坚持把排骨夹进他们的碗里。

"不许还回来,必须吃了。"亮亮霸道地说,"排骨里有我对你们的爱,也是出于本能,发自肺腑的!"

爸爸妈妈笑着吃了排骨,那笑容与窗外的月亮相映**生辉**(互相衬托)。

❖ 成长课堂

> 父母对子女的爱,是出于本能的,他们愿意倾其所有,为孩子提供最好的生活,竭尽全力为孩子打造一个坚固、温暖的城堡。作为子女,我们应理解这份爱,珍惜这份爱,并且懂得回报这份爱。

❖ 读书笔记

严厉的爱

慈母爱子,非为报也。

——刘安

"快,使劲拽啊!"鑫鑫一边抱怨着,一边跟着斌子往前跑,心里想着,这回别再失败了。可是好的不灵,坏的灵,风筝还是轻飘飘地落在了地上。

"你会不会放风筝啊!"鑫鑫有些火大,因此语气不太好。

"说的好像你会似的,你还不是没让它飞起来?"斌子反问。

"你……"

"好了,我得回去吃饭了,风筝先交给你吧,你也早点回去吧!"斌子说完,一溜烟儿地跑了。

鑫鑫也想早点儿回家,但是他不甘心,他非得把风筝送上天不可。于是,等他回家的时候,天已经黑了。等待他的是三堂会审。

"去墙角站着!"妈妈面无表情地说,"知道自己错在哪儿了吗？"

"我的亲妈啊，我还没吃饭呢，都快饿死了！"鑫鑫委屈地说。

"你没吃，你以为我们吃了？全家等你吃晚饭，你倒好，玩得跟个泥猴似的！"爸爸一边给鑫鑫使眼色，一边说道。

鑫鑫立刻心领神会（指对方没有明说，心里已经领会），赶紧道歉："我错了，我不该才这么晚回来！"

"姥姥年纪大了，饭桌上看不见孙子，会怎么想？会不会担心，你有没有考虑过姥姥的心情？"妈妈接着数落鑫鑫。

"姥姥，我错了！"鑫鑫赶紧扑进姥姥的怀里撒娇认错。

"好的，姥姥原谅你了，快去吃饭吧！"姥姥慈爱地摸着他的脑袋说。

"妈，你这是溺爱！"妈妈显然不会轻易放过他。

"你的姥爷，出去找了你好几圈，急得满头大汗，差点儿报警。"

鑫鑫顺势依偎在姥爷身边，撒娇道："姥爷，我错了，让你担心了！"

"乖外孙没事就好。小华，别说了，让孩子吃饭吧！"姥爷开始为鑫鑫求情。

小华是妈妈的小名,但妈妈远没有她的名字那么可爱亲切。

"爸,这孩子心里压根没有我们呢,我得让他知道,他不是他自己的,他是爸爸妈妈的儿子,是姥姥姥爷的外孙子。做什么事得想想家里人会不会担心,会不会难过。"

那天鑫鑫在墙角站了半个小时,全家人坐在沙发上等了他半个小时。他第一次因为自己回家晚而心生愧疚。

鑫鑫不懂妈妈说的大道理,但他知道妈妈爱他,因为爱,所以严厉。

✿成长课堂

> 爱玩是孩子的天性,但是玩得忘乎所以,就是错误的行为了。天色已晚,迟迟不归,家里人肯定要担心的,这可不是一个懂事、孝顺的孩子会有的行为。所以,同学们,若你们爱你们的亲人,就不要做那断了线的风筝,而是当一只急切归巢的燕子吧。

✿读书笔记

_____

_____

_____

_____

孝子之心

在孩子的嘴上和心中，母亲就是上帝。
——萨克雷

鲁迅非常孝顺自己的母亲。1916 年农历 12 月 19 日，是鲁迅母亲的 60 大寿。当时鲁迅刚从日本回国，应蔡元培邀请，任教育部部员，后随教育部从南京迁往北京。鲁迅先寄回去 60 元钱，给母亲祝寿用。母亲生日前一天，鲁迅专程从北京赶回绍兴，祝贺母亲寿辰。母亲爱看社戏、听平湖调，为了让母亲高兴，鲁迅特邀平湖调演员来家里演唱，一家人热闹非凡（形容热闹的场面或景象）。

1918 年，鲁迅在西城八道湾买下房子后，亲自返回绍兴，把母亲和家人接到了北京。

作为长子，家里大小事务全都由鲁迅一人操持。当时鲁迅和周作人的收入每月有六百多元，可以让家人**衣食无忧**(衣物食物应有尽有，不用担心)。无须母亲再四处奔波，只须坦然享受安逸幸福的生活。母亲生病时，都由鲁迅陪同到医院就诊，或是把医生请到家里来给母亲诊治。鲁迅在北京期间，工作非常繁忙，每天除在教育部上班外，还在北大、女师大等几所学校兼课，平时还要写作，参加一些社会活动。但他仍尽量抽时间陪同母亲到香山、碧云寺等地游览散心。1924 年，鲁迅迁入新购置的住宅，入住不久，就把母亲接过来同住。这是一座典型的小四合院，鲁迅把最好的大房子给母亲住，自己则独自住在大屋后面一间简陋的小屋里。

当时鲁迅已经四十多岁了，但每次出门上班前，都要到母亲房里说一声："姆妈，我出去哉！"下班回家后，也必到母亲那里说一声："姆妈，我回来哉！"然后陪母亲聊会儿天。每月领到工资，鲁迅都要买回母亲喜欢的各种点心，总是先送到母亲房里，让母亲挑选。除了承担家庭的日常生活开支外，鲁迅每个月还给母亲 26 元零花钱，让母亲自己支配。

❖成长课堂

　　孝养父母是做人的根本。我们从小到大,都是在父母的精心呵护下长大,他们竭尽所能、努力工作,只为了给我们的生活创造更好的条件。我们长大成人,有了稳定收入,又怎么忍心让父母风餐露宿,甚至流浪街头呢?让我们立志努力学习,为了将来给予父母最好的生活!

❖读书笔记

_____

_____

_____

爱自己

　　我们每个人在这个世界上，都是为了自己而活。尊重自己是爱自己的表现。爱自己，不是自私自利，不是损人利己，而是把自己放在生活的中心，不仅在意自己的感受，也要关心周遭的人。爱自己的人正因为懂得如何尊重自己，才不会肆无忌惮地伤害他人。因为爱自己，才会感同身受地爱别人。

认识你自己

我总觉得,生命本身应该有一种意义,我们绝不是白白来一场的。
——席慕蓉

前几天,妈妈把思思过生日时拍的照片取了回来,看着照片上被抹了一脸蛋糕的她,看着面对一堆生日礼物傻笑的她,看着那个穿着粉色纱裙的她,思思真不敢相信,一转眼她都 11 岁了,思思感慨地说:"是不是到了好好认识一下自己的时候了?"

时光像个神奇的魔法师,它悄悄地改变了思思。记得上幼儿园的时候,她不爱说话、胆子也很小,总是喜欢躲在角落里玩玩具,不愿意参加集体活动。记得有一次,老师让她和小朋友们一起跳兔子舞,音乐还没响起,思思的哭声却先响了起来,她一边哭一边说:"怎么办啊?我不想跳舞啊!好难过啊!"可当思思上了小学,认识了很多新同学后,她的性格变得开朗了,唱歌、跳舞,甚至说相声、演小品对她来说都是小事一桩。在集体活动中,思思找到了快乐,脸上的笑容也多了起来。她希望自己能成为百变小魔女,学习、游戏、才艺样样精通,每天都**朝气蓬勃**(形容充满了生机和活力)。

现在的思思真的很快乐,和同学们的关系也很好。上周,他们班的张彤和左小晶闹矛盾了,还是思思帮忙调解的呢。在处理与同学的关系上,她对自己很有信心。但在认识自我时,不能只看优点,还应该找出自身的不足。比如,她不喜欢数学,做数学题时经常**丢三落四**(形容做事马虎粗心,不是丢了这个,就是忘了那个),还喜欢在数学课本上画画。为此,妈妈非常担心。以后,思思决定要认真学习数学,上课时紧跟老师的思路,有不会的题及时问老师或同学,她不想让妈妈为她的数学成绩担忧。而且她还不太喜欢看书,反而十分喜欢看动画片。每次看见班里的语文课代表李佳写出那么优美的作文,思思只有羡慕的份儿。从今天起,她要把妈妈给她买的课外书都找出来，哪怕一天看 10 页也会有所收获。老师说，阅读是一种好习惯，她要培养对阅读的兴趣。

思思觉得认识自我是一件很好的事，可以分析自己的优缺点，只有发扬优点、改正缺点，才能更好地成长。你们觉得呢？

❖ 成长课堂

> 小主人公通过看照片联想起自己的成长，客观分析了自身优缺点并做到扬长避短。看完这个故事，也回顾一下自己的成长历程，用积极客观的心态去认识自己吧，它会为你带来全新的感悟，还会促使你成长得更优秀，加油！

❖ 读书笔记

_____

_____

_____

_____

寻

北大附中高中二年级 孙耀辉

唯有自爱,自识自制,指引人生,才能导出神圣的力量。

——丁尼生

迷蒙的阳光穿过江南温润的空气,怜爱地抚摩着古城墙。侧身而望,光秃秃的木桩散落在一片杂草中间——鸾鸟凤凰今已远,在这金陵古城,我终究没能寻得那一朵青莲。

"凤凰台上凤凰游……"

"凤去,台亦去;唯江,空自流。"

我闭上眼睛,嘴角微微上扬,不经意间,抽动了一下,我深吸了一口气,又长长地吐出,睁开眼睛,仿佛什么都没有发生,转身,走下城墙。

"失望吗?"

我如是问我自己。

"……"

"不知道。"

今夜，仍旧安然入睡，只是梦里，再没有出现紫云青烟里的凤凰台。

我想起，曾经去北京的国子监游学——大概，只为寻找一寸浸染了百年书香的光。日暮西山，我独自一人盘桓于国子监院内，游鱼戏水，碎浪如银，日光璀璨，点银为金，浮云信步于天际，思绪亦随浮云徜徉……

我开始了**漫无边际**（形容非常广阔，一眼望不到边）的联想：几百年前，这里会是谁？ 是一个辞敌扬雄，诗亲子建的文人？ 或是一个**纵横天下**（在天下任意往来，没有阻挡），经纬九州的帝王？ 抑或是一群**阔论高谈**（形容言论广阔、高深），雨花漫天的鸿儒？

我在这古迹中间**流连忘返**（留恋得忘记了回去）——尽管，这早已不是古迹了。

这里的一砖一瓦，或许根本就不曾陪伴百年前那群口吐珠玉的书生。

"那我这是在干什么，矫揉造作吗？"

"……"

"我寻得那一寸光了吗？"

"不知道。"

我也曾在龙泉府城头，望着荒芜的朱雀大街，幻想着，曾经强盛一时的大渤海国都城，会是怎样的喧嚣

繁华。奈何水流花落,时过境

迁(随着时间的推移,情况发生变化)。王侯枯骨已成灰,衣冠古丘锄作田。带甲百万,良将千员,终败给了流年。

我俯下身子,抚摩着脚下的火山岩,或许,那密密麻麻的小洞里,还留存着那年金秋的回忆。

在城头上,极目远眺,古国曾经的国土上,升起了袅袅炊烟,秋风,掀起了层层稻浪,送来了阵阵稻香……

“所以,你寻得那年渤海古国朱雀大道上的秋风了吗?”

我张开双臂,拥抱着虚无。

“我寻得了吗?”

“那已经不重要了。”

那年的楼,那年的光,那年的秋风,终将飘散于长空里,留不下一丝痕迹,仿佛从未来过。

我直到这一刻才明白,所谓寻古,寻的其实是自己心中最深处的那一份本真,生活抹去了我们的喜怒哀乐,把我们最本真的情压抑在了心底,曾几何时,我们不再有勇气把它表现出来。唯有在寻古的时候，我们才能释放这一份最本真的情——一份不需要任何理由的、简单而纯粹的情。

我突然倍感幸运，我已经寻得了那一份本真。而那楼、那风、那时光，都已经不再重要了。

"我寻得了那年的秋风。"

"我寻得了那年的光。"

"我也寻得了那一朵青莲。"

"在哪里？"

"在我心里。"

❖成长课堂

随着知识和年龄的增长，思绪也会变得纷繁。迷茫困惑是成长道路上的小小考验。主人公触景生情，怀古感今，从寻古过程中找到并释放自己最本真的情，这无疑是幸福的，因为打开了心门，世间美好尽在心里。

❖读书笔记

彩虹带来好运气

信心是命运的主宰。

——海伦·凯勒

    大雨过后，天空澄净如洗，一座七色的彩虹桥高挂天边。幂幂趴在书桌上，看着彩虹桥发呆，任思绪飞扬。眨眼间，她竟来到了彩虹桥。

    登上彩虹桥，幂幂看到了裙带飘飘的七位仙女姐姐。她们身穿红、橙、黄、绿、青、蓝、紫七色彩裙，正在桥上**翩翩起舞**（形容轻快地跳起舞来）。原来弟弟说的没错，彩虹果然是仙女姐姐的裙摆。幂幂走过去，想和她们打招呼，却又不想打扰她们。

    这时，红衣仙女看见了幂幂，她示意其他人停下来，并走到幂幂身边，问："你是怎么来到这里的？""我……我也不知道。"幂幂支吾着，"刚才我明明在家里看彩虹的。"红衣仙女微微一笑，说："我知道了，你就是那个被太白金星选中的幸运儿。说吧，你有什么困惑，我们可以帮你解答。""我？幸运儿？"幂幂惊讶地问。仙女姐姐回道："没错。不过，你得抓紧时间，你知道的，彩虹只出现一小会儿。"幂幂来不及多想，脱口而出（不经考虑，一下子说出口）"我没有朋友，我觉得同学们都不喜欢我，都不愿意和我做朋友。"

绿衣仙女问："你为什么觉得同学们不喜欢你？"幂幂低着头说："因为我又矮又丑。""看来，你很自卑。"绿衣仙女继续说，"其实外表并不重要，我觉得你的同学也一定这样想。你之所以没有朋友，是因为你把自己关在一个封闭的空间里，不接受同学的友情。"

这时，幂幂想起了曾邀请她去家里玩的张涵，想起了和她分享假期生活的吕琳，想起了把语文书借给她的王莹哲，想起了体育课上陪着她跑步的孙茵……可是她却从来没有主动和他们说过话，因为她觉得他们一定不想和她成为朋友。原来，这一切都是她自己的想法，都是因为她自卑。

紫衣姐姐见幂幂似乎想明白了，笑着说："我相信只要你敞开心扉，一

定可以交到很多朋友的。"幂幂被她的笑容感染了,禁不住笑了。一阵风吹来,她又回到了自己的房间。天边的彩虹慢慢消失了,她猜明天一定是个适合交朋友的好日子。

原来看到彩虹真的会有好运气。

❖ 成长课堂

在成长道路上,你是否感到孤独无助?如果出现像文中幂幂一样的困扰,不妨仔细回想别人给你的关怀,其实朋友就在身边,只是你自己关上了心门没有发觉,只要打开心扉就会收获友情,也会发现生活是那么缤纷绚丽。

❖ 读书笔记

_____

_____

_____

_____

不要被自卑打倒

自卑是过多的自我否定而产生消极的情绪体验。我们要及时寻找让自己产生自信的方法。一定不能让那些悲伤、恐惧的不良情绪埋藏在心底。因为长时间持续这样的状态会使人产生心理问题。

战胜自卑的方式之一便是积极的心理暗示。当你觉得别人不喜欢你，不想与你做朋友时，可以回想别人对你的帮助。当你畏惧做某些事情时，可以在心中默念：我可以，我一定能行！通过这样积极的心理暗示、自我鼓励，相信一定能增强自信心。

充满自信地迎接困难与挑战，即使结局是失败也不要灰心，因为我们勇敢地挑战了自我。在心中埋下自信的种子，每天进步一点点，相信这颗种子终将长出鲜艳的花朵。

西西是最棒的

有信心的人，可以化渺小为伟大，化平庸为神奇。

——萧伯纳

西西有一双大大的眼睛，元宝一样的耳朵，奶奶说这是招财耳。但西西最满意的是他的鼻子，他的鼻子翘翘的，鼻梁高高的，像峻峭的山脊。美中不足的是西西有一颗大头。为此，还有同学给他起外号，叫他大头儿子。但西西一点儿也不生气，因为他是最帅的，也是最棒的。

西西最棒，因为他待人宽容大度。

他说自己是最棒的，肯定有人不服气。就像他的同桌小花，她昨天还大声地质问西西："大头，你凭什么说你是最棒的，我才是最棒的。"他当然是有根据的，他最棒因为他宽容。同桌给他起了大头儿子的外号，还大声地质问他，而他却大度地原谅了她。这难道不能证明他是最棒的吗？

西西最棒，因为他喜欢维护正义。

西西喜欢维护正义，勇于制止身边出现的错误。一次他跟奶奶去超市买菜，超市在马路对面，他们在十字路口等红灯变绿。这时，一个大哥哥好像等得不耐烦了，正打算迈开步子，走上斑马线。西西赶紧上前拦住了他，并告诉他："警察叔叔不让闯红灯，要遵守交通规则，否则会发生危险的。"那个大哥哥**莫名其妙**（指事情很奇怪，说不出道理来）地看了西西一眼，又看了看嘴角含笑的奶奶，最终停下了脚步。西西帮助别人遵守了交通规则。这难道不能证明他是最棒的吗？

西西最棒，因为他善于探索研究。

大家都知道西西热爱探索研究。8岁的时候，他就开始研究电视机的工作原理，自己独立完成了电视机的拆卸工作，又在爸爸的帮助下，成功地组装了起来。尽管爸爸当时有点儿不耐烦，但后来还是对西西热爱学习、努力钻研的精神**赞不绝口**（不住口地称赞）。接下来，西西又成功地拆装了爸爸的手表、妈妈的吹风机以及爷爷的收音机。他虽然对奶奶的助听器很感兴趣，可惜奶奶一直把它戴在耳朵上，西西没有机会进行深层次研究。但以上的成绩已经可以证明他是最棒的了。

西西最棒，因为他热爱劳动。

一个棒棒的孩子当然还要热爱劳动、热爱生活。帮妈妈择菜、帮妈妈洗碗、帮妈妈拖地、帮妈妈把脏衣服放进洗衣机、帮妈妈……西西发现爸爸不热爱劳动，郑重地批评了爸爸，希望他能养成热爱劳动的习惯，多帮妈妈分担家务。爸爸接受了西西的批评，学会了帮助妈妈择菜、洗碗、拖地等，成为了热爱劳动的好爸爸。

你们说西西是不是最棒的？

❖成长课堂

爱自己不仅要照顾好自己的身体，还要关注自身的精神世界。文中的男孩西西，他善于发现自身的优点，注重精神世界的构建，使生活充满乐趣。大家要向西西学习，找到身上的闪光点并发扬光大，只有这样才能在成长道路上欣赏到别样的风景、遇到更好的自己。

❖读书笔记

为自己代言

你若要喜爱你自己的价值，你就得给世界创造价值。
——歌德

在摇曳的烛光里，在香甜的彩虹蛋糕前，乐乐为自己许下了 10 岁的生日愿望，爸爸问她："乐乐，今年你最大的心愿是什么？"乐乐说："我想做自己，我想为自己代言。"听了乐乐的话，爸爸好奇地看着她，问："说得详细一点儿，你想怎样为自己代言呢？""好，我这就跟你们说说'我为自己代言'计划书。"乐乐说。

首先，我想根据自己的爱好选择兴趣班。上学期，妈妈帮我报了钢琴、舞蹈、声乐班，可它们都不是我感兴趣的事情，在学习的过程中也感觉很吃力。希望你们能够理解我，因为与其在不喜欢的兴趣班里浪费时间，还不如让我去学我喜欢的绘画和话剧表演，相信我可以在那里有更多的收获，我的课余生活也会变得轻松愉悦。

其次，我想为自己挑选衣服。之前，我的衣服都是妈妈帮我选的,有些衣服不是我自己喜欢的,而是妈妈喜欢的。我期待可以和妈妈一起逛街,在买衣服的时候,妈妈可以听听我的意见。也许我选择的样子很土气,但至少在买衣服的过程中,我能学会选择、学会做决定。在意见不统一时,我能学会商量和讨论。这样一来,我的审美也会提高。

再次,我想做一些自己想做的事。第一件事,在一年内多读一些书,比如《钢铁是怎样炼成的》《飞越彩虹门的小海豚》《柳林风声》等。读完这些书后,我还要把我认为有价值的好书邮寄给贫困山区的小朋友,和他们共享阅读的快乐;第二件事,改掉周日睡懒觉的坏习惯,多和小伙伴出去玩。植物园、郊外、凤凰山都是我今年想去的地方,通过郊外踏青、爬山等活动,让自己有一个良好的体魄;第三件事,做你们贴心的小棉袄。你们平时都忙,我要学会照顾自己,在学习上不让你们操心,回家帮你们做力所能及(在自己力量的限度内所能做到的)的事,比如拖地、浇花、给鱼换水等。

乐乐说完后,爸爸给了她一个大大的拥抱,

并语重心长地说:"我明白'我为自己代言'计划书的主题了,就是想自由、快乐地成长。""没错,还是老爸懂我。"乐乐兴奋地说。"乐乐,按照你的计划书去做吧。但你要记住,你就像一个风筝,身后有一条长长的线,它永远系在我和你妈妈的手上。你可以尽情地翱翔,但当你遇到困难或遭遇逆境时,爸爸妈妈会全力支持你。"

在 10 岁生日的那天,乐乐告诉爸爸妈妈,她要为自己代言,但她更知道,有了爸妈的爱,乐乐才能更勇敢地做自己。

成长课堂

小学生学习压力大,很多事情只能父母做主。我相信每个孩子都会有成长的烦恼,这时候向父母表达自己的真实想法就很重要了,因为适当争取合理权益能帮助自己走出迷茫与无助。生活似海,波澜壮阔。让我们一起乘风破浪,做人生的掌舵人吧。

读书笔记

_____

_____

_____

_____

阳光女孩

人类的幸福和欢乐在于奋斗，
而最有价值的是为梦想而奋斗。

——列夫·托尔斯泰

娜娜，是茫茫人海中一个平凡得不能再平凡的女孩。

在父母眼里，她是个爱说爱笑，又有些傻里傻气的淘气包；在老师眼里，她是个积极向上，做事认真的乖学生；在朋友眼里，她是个乐观外向，疯疯癫癫的傻丫头。但是有一千个读者就有一千个哈姆雷特。在娜娜眼里，她看到的自己是这样的：长相普通，顶着一头短发，个头儿虽然不高，但嘴角总是上扬着。

或许是从小就生活在父母和长辈的关爱和呵护下，所以她的性格活泼开朗，也因此交到了不少好朋友。

她爱听妈妈讲她小时候的事情。她说娜娜小时候特别调皮，总是想要出去玩，一刻都不能待在家里。而且每次回家时，娜娜的衣服都脏兮兮的。为了方便给她洗头发，妈妈就给娜娜剪了短发。从那以后，她就没有留过长头发。

而在娜娜的记忆里，她的童年生活一直是**五彩斑斓**（形容丰富多彩）的，美好而又难忘。

上幼儿园时，娜娜喜欢和班里的男孩子玩。每天和他们玩弹珠、踢足球、做恶作剧，跑跑跳跳的，总是闲不下来。其他女孩子都喜欢穿粉红色的裙子，唯独她喜欢穿宽松的运动服。

后来上了小学，娜娜活泼好动的性格更加**显露无遗**（把全部东西都展露出来，没有留下一点儿剩余）了。那时，娜娜最喜欢上体育课。每次体育课，她总是最先到操场上站好，然后满心期待着体育老师带领他们在跑道上尽情奔跑。每次跑完后，班里的女生们都累得喘着粗气，只有她还在开心地做其他运动。也正因如此，娜娜被体育老师选进了学校体育队。而每

年运动会就成了她最期待的日子。在运动场上,她挥洒汗水,全力奔跑,耳边回荡着老师和同学们的加油助威声。即使是天气最热的时候,娜娜奔跑的脚步也从未停过。不论是酷暑,还是寒冬,她始终奔跑在路上,向着自己的梦想不断前行。

这就是娜娜,一个很普通却充满活力的女孩。

✦成长课堂

故事中的小主人公娜娜虽然是平凡的女孩,但她一直充满正能量,相信自己并勇于追梦。孩子的梦想在别人眼中可能很平凡,但梦想蕴含的能量终将在梦想的舞台上迸发,放射耀眼光芒。愿我们以梦为马,不负韶华!

✦读书笔记

_____

_____

_____

_____

学会推己及人

只为自己活着的人是渺小的。

——蒙田

一只兔子迅疾地从草原上跑过,嘴里重复地说着:"来不及了,来不及了"。

"嘿,兔子,发生什么事了吗?需要帮忙吗?"鼹鼠以为它被猎狗或者鹰隼追击,于是开口问道。

"来不及了,时间来不及了。"兔子慌张地回道,"我得再跑快点才行。"

兔子的话,让鼹鼠也紧张起来,它跟在兔子后面跑了起来。它们一起经过池塘。沉重的脚步声惊醒了蹲在莲叶上小憩(休息)的青蛙。青蛙听见它们嘴里嘟囔着"来不及了""来不及了"不由得跟在后面一蹦一跳地问:"什么来不及了?"

"来不及了,时间来不及了!"兔子头也不回地回道。

"什么时间来不及了。"青蛙向鼹鼠追问。

"谁知道？不过看起来是很重要的事。邻居住着，总得帮忙吧！"鼹鼠意有所指地看着青蛙。青蛙于是也加入进来。

它们三个经过农场，碰见了正打算偷吃蜂蜜的棕熊。兔子一阵风似的从它的身边跑过，接着是气喘吁吁（形容呼吸急促，上气不接下气的样子）的鼹鼠，然后是一边跳，一边大叫的青蛙。

"嘿，怎么啦？你们跑什么？是不是农场主追过来了？你们也是来偷蜂蜜的？"棕熊拦住鼹鼠问。

"没时间跟你说了，来不及了。"鼹鼠气喘吁吁地说。

"什么来不及了，是不是猎狗追上来了？"棕熊向青蛙追问。

"天知道什么来不及了，可能兔子或者鼹鼠，发生了什么事？都是邻居，跟上帮个忙吧！"青蛙说完，一蹦一跳地追赶着兔子和鼹鼠。棕熊站在原地想了想，也朝着它们奔跑的方向追去。

一行四个动物，跑的跑，跳的跳，走的走，来到了森林。它们一边念叨着"来不及了"，一边在林子里穿梭。惊得鸟儿四散飞起，弄得所有动物莫名

其妙（指事情很奇怪，说不出道理来），都忍不住要跟在后面，看看到底发生了什么事。过了一会儿，兔子停了下来，在一棵大树旁站定。它抬头看了看天，高兴地说："太好了，终于赶上了！"

"什么赶上了？你到底发生什么事了？"鼹鼠终于问出了所有动物的心声。

"时间啊，我终于赶在太阳落山前回到家了。我战胜了时间。"兔子喜不自胜（形容非常高兴）地说。动物们顿时无语。

此时太阳早已西斜，动物们也懒得跟兔子计较，便各自回了家。

❖成长课堂

兔子在挑战时间的过程中非常慌张，使得其他动物非常担心并跟着它一起狂奔。挑战自我没有错，但只为了达到目的而不顾他人的关心，就是一种自私的行为，不值得学习。爱自己的同时也要考虑别人的感受，这样才能建立和谐的关系。

❖读书笔记

_____

_____

_____

_____

妈妈的幸福观

一个深广的心灵总是把兴趣的领域推广到无数事物上去。
——黑格尔

　　一年前，岸岸家发生了一件"大事"，这件事的力度好比一颗原子弹爆炸，这件事就是妈妈辞去了语文教师的工作。爷爷惋惜地说："多好的一个铁饭碗，说不要就不要了。"奶奶黯然(心神沮丧的样子)地说："以后再也没有寒暑假了。"姥姥姥爷更是生气，他们恨不得和妈妈绝交！面对亲朋好友的质疑，妈妈淡定地说："我的人生我做主。"

　　哎，大人真是任性！这是岸岸的看法。自从妈妈变成自由人之后，便主动帮爸爸看管起他的书店。妈妈的威力可不小，一进爸爸的书店，就来了个"新官上任三把火"，把爸爸的书店改个底朝天。她从进货渠道、图书摆放、人员安排等方面进行了重新调整，让爸爸这个大 Boss 很没面子。而且更离谱的是，她还要爸爸开个网络书店。

于是，岸岸一回家，就能闻到**弥漫**（充满；布满）在房间里的战火味。爸爸说："现在书店的业绩挺好的，为什么还要开网店？"妈妈说："在网上卖书是未来图书市场的趋势，这种方式能满足更多人的需要……"终于，在多个晚上的"话聊"之后，爸爸败下阵来，同意开网店了。

此后，妈妈的热情似乎能把沙漠燃烧起来。她根据自己在教学一线积累的经验，不知疲倦地挑选产品，然后把一本本书的信息传到网上，而且经常忙到后半夜。岸岸半夜起床去卫生间总能看见她坐在电脑前忙碌着。

网店正式上线后，妈妈意识到开网店比想象中难很多。想要吸引线上买家，得做很多宣传工作，还要做好售后服务，妈妈越来越忙，像一只不停旋转的**陀螺**（一种能旋转的玩具），总也停不下来。有一天，妈妈晚上九点回到家,一边给爸爸打电话,一边翻着手提包,突然惊叫道:"糟糕,我把手机落在书店里了。"岸岸叹了一口气,无奈地说:"妈妈,你用什么给爸爸打的电话?"妈妈一听,笑得都直不起腰了。

岸岸问妈妈:"您忙成这样,幸福吗?""怎么不幸福啊,守着相爱的人,投入地做着喜欢的事,这就是幸福!"妈妈说。

这就是妈妈的幸福观,虽然岸岸不懂,但他知道她比以前更快乐了!

❖成长课堂

> 人若不能选择自己感兴趣的职业,那是多么遗憾的事情啊。小主人公的妈妈为了掌握自己的人生,不顾家人的反对也要辞职,做自己感兴趣的工作。这个故事告诉我们:爱自己就要听从内心的声音,不退缩地勇敢做自己,因为我的人生我做主!

❖读书笔记

_____

_____

_____

_____

珍爱生命

生命不可能有两次,但许多人连一次也不善于度过。

——吕凯特

　　在航航上学的路上,要经过一个拥挤的十字路口,最近在那里他总能看到很多"小黄帽"。

　　小黄帽的主人是几个老爷爷,他们在协助交警疏导交通。他们戴着红色袖标,手里拿着红旗,头上戴着黄色的鸭舌帽,嘴里时不时地提醒着行人:"同志们啊,慢点儿走,看绿灯!"

　　一天放学后,航航看到了这样的一幕:一个叔叔夹着公文包,脚步匆匆,遇到了红灯,都没有停下脚步。一个老爷爷看到了他,**大步流星**(形容步子跨得大,走得快)地走上前说:"同志,快回来,现在还不能过马路!"可是那位叔叔轻蔑地扫了老爷爷一眼,一脸无所谓地说:"不用你管,我天天这么走。"爷爷手里的小红旗摇得更快了,向那个叔叔示意,让他不要闯红灯。这时一

辆汽车突然要转弯，可那叔叔根本没有注意到那辆
车，爷爷几个跨步就抓住了那个叔叔的胳膊，一把把
他拽到了路边。若不是爷爷头上黄色的鸭舌帽醒目，
恐怕会发生难以想象的事情。

　　"对，对不起。"叔叔吞吞吐吐(形容说话有顾虑，说话
含混不清)地说。"你不是对不起我，是对不起你自己，
不该拿自己的生命开玩笑。"爷爷严肃地说。那个叔叔
也意识到了自己的错误，面带愧色地离开了。或许爷
爷们每天都会遇到很多像那个叔叔一样不愿等绿灯
的人，但爷爷们却耐心地教导每个不遵守交通规则的
行人，仿佛不知道疲倦，不顾汗水把衣衫打湿。

　　看着爷爷们认真的表情，航航猜想他们在退休之
前可能是部队里的
军人，可能是工厂里
的工人，也可能是桃
李满天下的教师，
他们已经为国家和
社会贡献了自己的
智慧和力量，现
在他们到
了老年，却
仍然像蜡烛似的

燃烧自己，照亮他人，把余热奉献给人们，为人们的安全保驾护航。他们是街口最美丽的风景线！

看着他们忙碌的身影，大家是不是应该反思一下，遵守交通规则，有那么难吗？大家可不可以做遵守交通规则的人，让那些不知疲倦的"小黄帽"歇一歇，让他们把自己的能量发挥到其他更需要他们的地方！

▼成长课堂

生命是珍贵的，故事中的爷爷们退休后依然无私奉献，不辞辛苦地提醒行人遵守交通规则，有时还不被人理解。难道遵守交通规则就这么难吗？若自己的生命都不爱护还需要别人的提醒，这该多么悲哀啊。珍爱生命，遵守交通规则，让我们每个人都守护好自己的生命线。

▼读书笔记

爱生活

　　人生就像木鱼，只有在被敲打时，才会释放出深沉、顿悟的美妙之音。没有一个人的生活是一帆风顺的，正是因为有了这些曲折，我们才能看到更多的风景，感悟到更多的真理。生活不仅仅只有冰天雪地，更多时候是春暖花开。生活有时会被黑色和灰色掩盖，但是它的原貌是五彩缤纷的。生活中藏着无尽的幸福与美好，只有爱生活，生活才会爱你。

画鼻子

上海市江苏路小学三年级 陈其然

懂得如何玩乐实在是一种幸福的才能。

——爱默生

今天，是一个天气晴朗，万里无云的星期天。

我坐在书桌前看着好不容易写完的作业，兴奋地大喊："耶！终于做完啦！解放喽，解放喽！"突然，爸爸走了进来，说："作业做完啦。我们来玩画鼻子吧。"我连忙说："好呀，好呀！"

于是，爸爸在白板上画了一张人脸。我左看看右看看，总觉得怪怪的。忽然我发现人脸没有鼻子。我忙跟爸爸说："爸爸，你没画鼻子！"爸爸不慌

不忙（形容态度镇定，或办事稳重、踏实）地说："小笨蛋，就是这么玩儿的，首先，先蒙住参与者的眼睛，再让参与者在原地转三圈，再走向图画，给人脸加上个鼻子。"

第一个上场的是妈妈，我拿出红领巾为妈妈蒙上了眼睛。妈妈转完三圈后，摇摇摆摆地走到画前，为画添上了一个鼻子。妈妈刚拿下头巾，我就哈哈大笑起来了，原来妈妈把鼻子画到了眼睛下面！我笑得腰都笑弯了。我对妈妈说，你可真是现代毕加索呀！妈妈笑了笑。我和爸爸也轮流上场，结果，还是一样。

不知不觉（没有意识到，没有觉察到），一个下午过去了，这真是一个欢乐的午后呀！

❖成长课堂

生活的乐趣随处可见，即使是与家人进行简单的小游戏，也能从中体会到无穷的快乐。故事中家人在一起其乐融融的氛围一定很吸引你吧，那就赶紧拉着父母来一次有意义的亲子活动吧！

❖读书笔记

幸福的滋味

幸福存在于生活之中,而生活存在于劳动之中。

——列夫·托尔斯泰

中秋节,露露家举办了一场别出心裁(独创一格,与众不同)的厨艺大赛。爸爸、妈妈和露露每人做一道菜,爷爷和奶奶做评委,获胜者会获得一个大红包。

露露强烈要求第一个上场。她戴上妈妈的厨师帽,系上妈妈的花围裙,颇具大厨风范。露露决定要稳中求胜,做最拿手的西红柿炒鸡蛋。她先切好西红柿和葱,搅拌好鸡蛋液,然后把油倒入锅中,等油锅一热,放入鸡蛋液快速翻炒,并加盐调味,等鸡蛋七八分熟时出锅,再把西红柿炒熟,然后把鸡蛋倒入锅中一起翻炒,最后炒匀装盘。就这样,一盘颜色漂亮的西红柿炒鸡蛋出锅了。看着色、香、味俱全的作品,她信心满满地说:"这个大红包我拿定了!"

第二个上场的是家里的当家主厨——妈妈。只见妈妈手法娴熟，几分钟就把一条鱼处理得干干净净了。她拿出平底锅，倒入油后用大火烧热，然后将腌好的鱼裹满淀粉浆，放到油锅里煎，很快鱼皮就被煎得金黄了。鱼煎好后，妈妈用剩余的油爆炒葱、姜、蒜，然后倒入调好的汤汁，将汤汁收至黏稠。最后，她把汤汁淋在鱼身上，再撒上葱丝和辣椒丝，一道色泽诱人、香气四溢的糖醋鱼闪亮登场了。

最后上场的是爸爸。他根本就是"门外汉"，却信心十足地说："你们别小瞧我，我已经查过麻婆豆腐的做法了。"爸爸先把豆腐切成一个个小丁，等油烧热之后，放入豆瓣酱煸炒，炒出香味后又放入豆豉、辣椒和蒜末，并倒入酱油和盐调味。最后爸爸把豆腐倒进去，并倒入用水调好的淀粉勾芡。等豆腐熟了后出锅码盘，最后还撒上了一些葱花作为点缀。麻婆豆腐完成后，爸爸一脸得意地说："怎么样，我做的菜也不错吧。"

终于到了激动人心的评审环节，露露这个小馋猫强烈要求

加入评审团。她的西红柿炒鸡蛋香而不腻，得到了爷爷奶奶的称赞；妈妈的糖醋鱼外焦里嫩、肉质鲜美、酸甜可口，得到了全家人的一致认可；爸爸的麻婆豆腐看着色泽鲜美，但是吃起来却又辣又咸，只得败下阵了。

本次厨艺大赛，妈妈是当之无愧(当得起某种称号或荣誉，无须感到惭愧)的冠军，获得了一个大红包。露露和爸爸虽然没有获胜，但是他们并不气馁，决定重整旗鼓(比喻失败之后，整顿力量，重新开始)，下次再战。他们全家人在欢快的氛围里享用了这顿美味的中秋团圆饭。

❖成长课堂

生活是五味瓶，酸甜苦辣咸样样俱全。用爱烹饪的佳肴定会洋溢幸福的味道，让人回味无穷。你是否尝试过亲自下厨为家人做一道美味的佳肴呢？快行动起来吧，把你对家人的爱炒进菜里，炒出幸福的味道。

❖读书笔记

变废为宝

节俭本身就是一个大财源。

——辛尼加

    凡凡家楼下住着一位老爷爷,他个头不高,皮肤黝黑,总是笑呵呵的,看上去很和蔼。他是一位远近闻名的废物利用高手,因此,他们都亲切地称他为"牛"爷爷。

    每次去"牛"爷爷家,总能看到不可思议(多指无法想象,难以理解)的"小发明"。有一次,凡凡看到"牛"爷爷家里摆了很多鲜艳的花朵,而花盆是用旧鞋子做成的。于是,他便拿着一双旧鞋子去请教"牛"爷爷制作特殊花盆的方法。

    凡凡说明来意后,"牛"爷爷兴高采烈(形容兴致高,情绪热烈)地说:"这个简单,你跟着我做一遍就会了。废物利用可真是一门学问,越钻研越有新发现,你们小孩子头脑灵活,应该多在这方面动动脑筋。"接着,"牛"爷爷开始用旧鞋子做小花盆。他先把鞋子洗干净，然后在鞋底扎几个小孔，这样多余的水就可以流出来了，再放上蓬松的泥土，撒上自己喜欢的种子，就大**功告成**（指重要任务宣告完成）啦。"牛"爷爷说："如果你想让花盆变得与**众不同**（跟大家不一样），可以在鞋面上画自己喜欢的图案。"按照"牛"爷爷的方法，凡凡制作了好几个美丽实用的小花盆，还送给了班里的同学。

还有一次，凡凡正打算把一些易拉罐扔掉，"牛"爷爷看见了，说："把它们给我吧，我正需要易拉罐呢。"几天后，凡凡去"牛"爷爷家，发现他家里多了很多小花篮，仔细一看，原来是用他要扔掉的易拉罐做的。

"牛"爷爷的"小发明"还有很多，凡凡非常佩服他的创造力。他可以把不用的饮料瓶子制作成工艺品，里面插上树枝或鲜花，用来装饰屋子；用旧衣服给小动物做各种各样的衣服，帮助它们度过寒冷的冬天。那些看似不起眼的东西在"牛"爷爷手里都会焕发出新的生命力。

这就是住在他家楼下的"牛"

爷爷，一位擅长废物利用的老爷爷。他用灵巧的双手创造出了一个个新的东西，他用智慧的大脑让生活充满了情趣。他是一位热爱环境的老人，更是凡凡学习的榜样。

成长课堂

> 　　创意使生活更美好，故事中的"牛"爷爷是个热爱生活、懂得享受生活的智慧老人，简单的废品经过巧手改造后成为了宝贝，既物尽其用还节约环保。让我们一起向"牛"爷爷学习，做生活的智者，一起变废为宝吧。

读书笔记

胜利需要打拼

攀登顶峰，这种奋斗的本身就足以充实人的心。

人们必须相信，垒山不止就是幸福。

——加缪

　　"五班加油！五班加油！""六班必胜！六班必胜！"绿茵场上人头攒动，加油的呐喊声**此起彼伏**（形容接连不断）。原来是六年级在举行足球年级赛，今天是五班和六班的比赛。五班和六班**势均力敌**（双方力量相等，不分高低），都是实力很强的队伍，因此这场比赛看点多多。很多其他年级的同学也前来观战。忘了自我介绍，我是本次比赛的参赛选手之一，五班的前锋辛明。

　　"嘟——"哨声响起后，比赛正式开始了。由我方的郭强开球，他先来了个长传，把球传给了前锋李凯，李凯接过球后，左躲右闪，上演了"连过五人"的好戏，紧接着到了对方门前，毫不犹豫地一脚凌空射门，球进了！五班的啦啦队欢呼起来，大声地为我们加油打气：

"五班好样的！五班好样的！"不到五分钟的时间，我们先得一分，开了个好头！

比赛继续进行，六班的王全像猛虎下山一般抢到了球，带着球奋力向前。我们班的张海涛也不甘示弱（不甘心比别人差，表示要较量一下，比个高低），全力阻挡着王全的猛烈进攻。但王全的攻势太猛，张海涛和李凯两人都没能拦下他，他突破重围向我方球门奔去。王全用力往前一踢，球进了！六班的啦啦队为王全的出色表现摇旗呐喊（比喻给别人助长声势）。此后，我方队员再次发力，当我接到球后快速带球向前冲，没想到六班的那柱在我面前快速闪过，用脚一勾，把球给截走了。六班的士气一下子高涨起来，比赛越来越激烈了。中场休息时，小亮他们决定在下半场改变战术。

下半场开始后，面对六班的强攻快攻，小亮他们没有慌乱，秦楠以小个子的优势铲走了球，然后传给了如猴子般灵活的周佳明，周佳明灵巧地躲开了各种围堵，再传球给我，我面对球门冷静地抬起右脚,毫不犹豫地来了个大力射门,球进了!我们班的比分再次领先。接下来的比赛,我们铲球、控球、传球,配合默契,多次拦截了六班的猛攻。

这时,比赛结束的哨声响起了,比分 2:1,我们赢啦!胜利属于五班!操场上顿时沸腾起来了,队员们开心地欢呼着,一起庆祝胜利。六班的队员也过来与我们拥抱,祝贺我们赢得比赛,但是他们也放下了"狠话":"半决赛见!"

这真是一场精彩、令人难忘的足球赛。

❖ 成长课堂

"言传身教,身行一例,胜似千言。"爸爸的谆谆教导是爱的叮咛,爸爸的言行举止是孩子的规范。他是家人的守护神。父爱无处不在,保护着孩子一路前行。别忘了在爸爸疲劳的时候说一句:"爸爸,你辛苦了。"因为再坚强的男人也需要温暖与关爱。

❖ 读书笔记

贺新年

家庭是每个人的城堡。

——科克

　　对于小孩子来说,新年是最值得期待的节日。因为新年期间不但可以吃到美味的食物, 还可以拿到很多压岁钱,更可以和小朋友一起玩儿。而对瑶瑶来说,今年的春节尤其特别,因为她们一家人在乡下的爷爷奶奶家过年。

　　从大年三十早晨开始,他们一家人就忙碌起来了。妈妈和奶奶忙着贴春联,爷爷准备煮饺子,爸爸张罗着挂灯笼,而瑶瑶和妹妹则开始贴"福"字。瑶瑶正要把它贴在门上, 妈妈急忙阻止道:"'福'字应该倒着贴,寓意是'福到了',希望我们一家人可以福气满满。"瑶瑶一听,赶紧把"福"字倒着贴在了门上。不一会儿,春联贴完了,灯笼挂好了,饺子也煮熟了,一家人围坐在一起,吃着热腾腾的饺子,别提多开心了。

为了"三十"那天的晚饭,妈妈从中午就开始准备了。瑶瑶和爸爸成了厨房小帮手,时刻准备着为妈妈服务。而爷爷、奶奶和妹妹则在客厅里看电视,感受着春节时全国各地的喜庆氛围。晚饭准备好了,丰盛的菜肴摆在了桌子上。有奶奶最爱吃的鱼,象征着年年有余;有爷爷爱吃的红烧丸子,象征着阖家团圆;有爸爸爱吃的芹菜,象征着**勤勤恳恳**(形容勤恳的样子);当然,还有瑶瑶和妹妹爱吃的排骨、春卷、锅包肉……他们一边吃饭一边聊天,房间里洋溢着幸福的笑声。

吃过晚饭,爷爷奶奶开始发红包啦。今年,瑶瑶被评为了"三好学生",奶奶不但给了她压岁钱,还送给她一个书包,希望瑶瑶能继续进步。而妹妹在幼儿园获得了五朵小红花,爷爷奖励给她一个新玩具。

晚上 8 点整,他们

坐在电视机前,准备一起观看春节联欢晚会。悠扬的歌声、曼妙的舞姿、令人捧腹的相声小品……在愉悦的氛围中,一家人度过了一年的最后一天。希望这快乐会一直延续下去,他们一家人可以永远幸福地生活在一起。

✦成长课堂

春节是一年中最不平凡的日子,这一天大家辞旧迎新,寄托对新年的美好祝愿。分享生活中的酸甜苦辣,贴春联、包饺子、发红包,这些习俗都是对美好生活的向往。生活是简单平凡的,但只要有家人在身边陪伴,每一天都会像新年一样幸福快乐。

✦读书笔记

_____

_____

_____

_____

独特的湘味儿

初二二班　祁小雨

喜爱人生的人绝不是失败者。
——费德

"有万里沙祠,而西自湘州,东莱万里,故曰长沙。"——出自《十三州志》

我拖着行李箱,走出长沙飞机场的一刻,铺天盖地的热浪席卷而来。我仿佛一下就冲进了一个烧着火的大蒸锅,盖盖儿高温闷着的那种。接下来,我用了一个月的暑假时光,行走在这潇湘的大街小巷,感受人生百态,品味独特"湘"味。我闯进一场盛夏。

跨过湘江河,就是繁华的商业步行街。这里热闹非凡,中西结合。不仅有火宫殿、黄春和、玉楼东和杨裕兴等老牌湘菜馆;也有沃尔玛、星巴克、赛百味等连锁店,但我最喜欢的,还是躲在步行街最里面的火宫殿,那里不仅有最受人们追捧的臭豆腐,还有各家老牌粉店,站在这条街上感受百味交杂,各有各的特色,互不相让。先说臭豆腐。顾名思义,闻起来臭,但吃起来香,回味起来更是无穷。外来人免不了被一阵恶心,甚至觉得不可思议,但在勉为其难尝过一口后,路转粉或黑转粉的人不计其数;再讲杨裕兴、黄春和的粉面,是与滑溜的过桥米线、黏糊的清汤挂面不同的味道,嗦一口热腾腾的粉面,嗅香喷喷的面香,简直是人生巅峰。只是我用了不到一小时的时间,得出了一个教训:不要试图挑战自己味蕾的极限,该少辣就少辣,该不要辣的就碰都别碰。

长沙家家户户老一辈都会做的剁辣椒,舔一下筷子上的余量就能让人红了眼眶、麻了舌尖。对我这种不能吃辣又嘴馋的人来说,那辣味有种神奇的力量,在我吃了一口,灌了一瓶 500ml 的矿泉水后,竟有种好了伤疤忘了疼的**架势**(姿势;姿态),想再尝一口。结果就是一瓶又一瓶的农夫山泉下了肚。于是中和两者特色,我只得跟那些热情洋溢、提着一大勺自家特制剁辣椒的小店老板解释:"老板,我吃不了辣,我是真受不了咱这土特产的热情。不行,这太多了,我就要一小点儿……对,对,可以了,谢谢!"还得被人家一通抱怨,"这点辣都吃不了算什么湘妹子",弄得我哭笑不得。

拎起手中的烤串,抬眼望去,入眼满是热情洋溢的红和空气中肆无忌惮(任意妄为,没有一点儿顾及)蔓延的辣味。炎炎夏日里,叫上几个亲朋好友,在路边脏乱差的小店凑上一桌,点上必点菜品麻辣小龙虾、配上冰凉爽口的鲜榨西瓜汁,再来点端上桌"嗞啦"作响的肉串,边和亲友谈笑风生,边看着新鲜的食材倒进沸腾的油锅。

真可谓是味觉、听觉、视觉的三重刺激!

❖ 成长课堂

故事中的小主人公从生活中取材,讲述了自己在长沙的所见所感,只有细心且认真地观察生活,才能体会到其中的快乐。小到从美食中感受美好,大到对生活充满热爱,生活将教会我们很多道理,需要慢慢领悟。

❖ 读书笔记

_____

_____

_____

_____

湘行游记

初二二班　祁小雨

生活乐趣的大小是随我们对生活的关心程度而定的。
——蒙田

南岳的七十二座峰峰尾——岳麓山就坐落在长沙市的河西。我去过无数次岳麓山，那里漂亮极了，不管去多少次，看多少次，仿佛永远不会腻似的，总能发现新的美景。春生夏长，秋收冬藏，漫江碧透，百舸争流。春有春风，穿山过水拂面而东，逍遥自在，可润物细无声，可化为绕指柔，亦可无拘无束浪迹天涯；夏是花开，如火如荼。烟花漫天飞，我为谁妩媚？不是醉眼看花。秋日丹桂飘香、秋风**萧瑟**(形容冷落、凄凉)、黄叶遍地，嫣红和碧绿在不经意中褪去，一叶落知天下秋，只留下满眼的秋色斑斓，耀眼又伤感；冬夜登山远眺，穿越绸缪的云，能赏到另一番别样的美景：月如玉镜，**咫尺**(比喻很近的距离)之间……看似触手可得，实际却已在**浩瀚**（形容广大或繁多）星空中挂了千秋万载。

每到这一刻，四周仿佛在刹那间**戛然**（形容声音突然中止）而止，然后永远凝固在了奔流的时光中。不论世事如何沉浮，不论未来如何变化，这一幕幕的所有细节都在我的记忆里，永远鲜活如初，永不变色。

"独立寒秋，湘江北去，橘子洲头。看万山红遍，层林尽染；漫江碧透，百舸争流。鹰击长空，鱼翔浅底，万类霜天竞自由。怅寥廓，问苍茫大地，谁主沉浮？"

——《沁园春·长沙》毛泽东

要说除了山，长沙还有什么著名景点，人们一定会告诉你还有橘子洲头。橘子洲头，西望岳麓山，东临长沙城，四面环水，绵延数十里。有人说它是一幅画，桃李争春，**渚**（水中间的小块陆地）清沙白，橙黄桔绿，银装素裹；有人说它是一首诗，来往天地外，天下古今，人物是非中。发思古幽情，主大地沉浮。它宛若一颗镶嵌在湘江中的绿色明珠：湘江两岸，白砂如雪，垂柳如丝，樯帆如云，赤壁如霞。万里湖南，江山历历，皆吾旧游。

看飞凫仙子，张帆直上，周郎赤壁，鹦鹉汀洲。吸尽西江,醉中横笛,人在岳阳楼上头。波涛静,泛洞庭青草,重整兰舟。长沙会府风流。有万户娉婷帘玉钩。

恨楚城春晚,岸花樯燕,还将客送,不与人留。且唤阳城,更招元结,摩抚之余歌咏休。心期处,算世间真有,骑鹤扬州。

❖ 成长课堂

故事中的小主人来到了长沙,看到了岳麓山和橘子洲头等著名景点,忍不住用文字表达自己的感受,仿佛才没有辜负这美好的景色。对生活充满热爱,平衡好学习和娱乐间的关系,学会享受生活,你会发现生活是这么有趣。

❖ 读书笔记

_____

_____

_____

_____

生活如此多娇

人活着总是有趣的，即便是烦恼也是有趣的。

——亨利·门肯

那个老奶奶是谁呢？头发烫着小卷，穿着深红色毛衣、棕色裤子，脚下踩着小皮鞋。走起路来健步如飞（步伐矫健，速度很快），小卷发迎风摆动，小皮鞋欢乐地打着节拍。听，她还哼唱着"苍茫的天涯是我的爱……"哈哈，她就是圆圆的奶奶。

"嘀嗒嘀嗒……"一阵冲锋号似的闹钟响起，奶奶的房间里传来一阵窸窸窣窣（形容细碎而断续的摩擦声）的穿衣声，随后是走进洗漱间的脚步声。不一会儿，又"噔噔噔"地走进了厨房。"哎哟，我的篮子呢？老头子，你看到了吗？"奶奶跑回卧室，提高嗓门儿问爷爷。"昨天你把它放到门口了，你别每天早上都像打仗似的行不行？"爷爷无奈地说。"好，知道了。"话音刚落，奶奶便挎着篮子向菜市场奔去。

中午，奶奶**精神抖擞**（形容精神振奋）地走进了她的舞台——厨房。她像一个镇定的总指挥，厨房里的所有东西都是她忠诚的士兵。先是"沙沙"的淘米声，随后电饭煲按键"哒"的一声，开启了厨房交响乐的序曲。辣椒、茄子像活力四射的跳水运动员，**迫不及待**（形容心情急切）地跳进水池中。一阵"哗啦哗啦"洗菜声后，"乒乒乓乓"的切菜声主导了下一节乐曲。一切就绪，"啪"的一声后，火苗妖娆的身姿随着油"吱吱"的小调和抽油烟机"呼呼"的高音一起扭动。"刺啦"一声后，菜下锅了，锅铲和蔬菜也不甘示弱，"噼里啪啦""哗啦哗啦"地放声高歌，将整个交响曲推到了高潮。几番高歌后，香甜可口的饭菜被奶奶端上了桌。

夕阳西下，奶奶又赶赴她的下一个舞台——广场。看，她像女王一样走在前面，圆圆和爷爷拿着她的道具屁颠屁颠地跟在后边。到了广场，圆圆和爷爷摆好东西，奶奶则和她的"文武大臣"一起商量今天的"江山大事"。然后，奶奶像接受首长检阅的士兵一样,昂首挺胸地站在队伍的最前面。"你是我的小呀小苹果……"音乐响起,奶奶随着音乐踢腿、伸胳膊、旋转、跳跃,各种动作如行云流水,不一会儿,额头已渗出了细密的汗珠,但快乐的笑容却在她的脸上荡漾。待月亮娇羞地露出小脸,奶奶一天的乐曲也在月亮和星星的悄声细语中结束了。

成长课堂

生活节奏很快,很多情况下我们来不及感受生活中的乐趣,但不意味着生活是无趣的。只要掌握好生活与学习、工作之间的平衡,放慢节奏,向故事中的奶奶学习,唱歌跳舞放松自己,学会享受生活,你就会发现生活是如此多娇。

读书笔记

美就在身边

青岛第 39 中学 2015 级 11 班 李佳琦

快乐就是幸福,

一个人能从日常平凡的生活中发现快乐,就比别人幸福。

——罗兰

    夏天到了,聒耳(声音杂乱刺耳)的蝉鸣又开始了。不论清晨、午后,还是傍晚、深夜,知了们总是聒聒地叫个不停,烦躁极了,仿佛心中那个舒爽的夏天被这些刺耳的噪声淹没……

    直到,有一天——

    那是个温馨的下午,我和爸爸从外面办完事后往家走,漫步在树荫下,本来美好的心情又被蝉鸣声扰乱,忍不住嘟着嘴抱怨:"知了叫什么叫嘛,早晨就是被它们吵醒的,就不能消停一会儿!"爸爸停了下来,仰起头看了看,又好似在倾听,低下头来问我:"你,不喜欢蝉鸣?""叫啊叫,太烦人了。"我毫不犹豫地说。

"哦？"爸爸微微一笑，"你再听听。"说完，他轻轻地合上双眸。我也学着爸爸，紧紧闭上眼睛，可听着那蝉鸣，依旧刺耳。"爸爸，我听不出什么，难道您喜欢蝉鸣？"爸爸点点头，拉起我的手一边向前走，一边说道："不光爸爸喜欢蝉鸣，古人也欣赏蝉鸣之美，比如'蝉噪林逾静，鸟鸣山更幽'，还有'蝉发一声时，槐花带两枝'。""为什么呢？""你听，蝉的鸣叫声高低起伏，**抑扬顿挫**(指声音的高低起伏和停顿转折)，它们在用生命去歌颂，难道不美吗？"我再次垂下双眸，感觉耳畔传来了一阵阵别样的"天籁之声"。爸爸说的没错，知了们好似一个巨大的合唱团，分工负责高低不同的声部，**铿锵有力**(形容声音响亮而有劲)，它们时而呢喃着炎炎夏日的趣事，时而高喊战胜酷暑的宣言，与众不同的声音交织在一起，渲染出独特的美。

"啊，原来如此！"我朝着爸爸会心一笑。他思考了片刻，又说道："其实啊，人们之所以没有发现蝉鸣之美，是因为它的存在已经被人习以为常(某种现象经常看到，也就觉得很平常了)了，而人们，就常常忽略这些身边的美，以至于到了厌烦的地步。你说呢？"我十分赞同，因为在喧嚣的城市中，谁还会静静聆听蝉鸣，发现它的美妙之处呢？也只能有一小部分人可以品味在夏日中带来勃勃生机的蝉鸣，更不会有太多的人会享受悦耳的蝉鸣所衬托出的宁静夏天。

"生活中不是缺少美,而是缺少发现",诚哉斯言!我们每个人都应该怀着热爱生活的心情看待世间万物,学会寻找美、发现美。一棵树苗、一堵石墙、一朵云彩,都可能绽放着生命的奇迹与无与伦比的美丽,等着我们去发现、探索! 我和爸爸在蝉鸣的合奏中悄然离去。美丽的风景依旧……

❖ 成长课堂

每个人都应该有一双善于发现的眼睛,但在生活中很多美好景物都因太常见而被忽视,这实在令人感到惋惜。小主人公在爸爸的引导下欣赏到蝉鸣之美。其实能在日常生活中发现美,这很难得。因为只有热爱生活,我们才能深刻具体地感受生活中的美好,发现生活中美丽的风景。让我们努力学习,为了将来给予父母最好的生活!

❖ 读书笔记

读后感

情商三宝

自我修养提升书系

崔钟雷 主编 ▲

好习惯
好心态
好性格

黑龙江美术出版社

图书在版编目(CIP)数据

自我修养提升书系／崔钟雷主编. —— 哈尔滨：黑
龙江美术出版社，2019.8
ISBN 978-7-5593-5585-0

Ⅰ.①自⋯ Ⅱ.①崔⋯ Ⅲ.①个人－修养－通俗读物
Ⅳ.①B825-49

中国版本图书馆CIP数据核字(2019)第171239号

书　　名／**自我修养提升书系**
ZIWO XIUYANG TISHENG SHUXI

主　　编／崔钟雷
策　　划／钟　雷
副 主 编／苏　林　石冬雪
责任编辑／李　倩
装帧设计／稻草人工作室
出版发行／黑龙江美术出版社
地　　址／哈尔滨市道里区安定街225号
邮政编码／150016
编辑版权热线／(0451) 55174988
销售热线／4000456703　　(0451) 55183001
网　　址／www.hljmscbs.com
经　　销／全国新华书店
印　　刷／莱芜市新华印刷有限公司
开　　本／880mm×1230mm　1/32
印　　张／24
字　　数／660千字
版　　次／2019年8月第1版
印　　次／2019年10月第1次印刷
书　　号／ISBN 978-7-5593-5585-0
定　　价／158.40元(全八册)

本书如发现印装质量问题，请直接与印刷厂联系调换。

前言

PREFACE

周国平在《面对苦难》中说道："对于一个视人生感受为最宝贵财富的人来说，欢乐和痛苦都是收入，他的账本上没有支出。"

我们在成长的路上不断奔跑，反复摔倒，这是一个艰难且漫长的过程。有的人沉淀自己，在黑暗中平缓自己躁动的心，终于在春暖花开时破茧成蝶，翩翩舞动；有的人修炼自己，在烈火般的磨难中坚定信念，终于在冲天火光中涅槃重生，脱胎换骨。在我们拼尽全力过后，蓦然回首，便会发现，过往的所有痛苦与磨砺都是在帮助我们成长。

本套丛书是为小学生倾力打造的精品励志读本，共8册，通过古今中外众多通俗易懂、积极向上的故事，来帮助孩子塑造好性格、培养好习惯，帮助孩子学会为人处世，树立正确的思想观念，助力孩子的成长。书中的每篇故事都依据其中心思想，附有一条名人名言，帮助孩子在愉快的阅读中积累作文素材，提高写作能力；文中还穿插着精美的图片，吸引孩子的阅读兴趣；每篇文章的结尾都有一个总结性的小道理，让孩子轻松理解文章的深刻含义。

成长伴随着父母的谆谆教导、老师的循循善诱。但是归根结底，成长是一个人的自我升华。我们要学会摒弃懦弱、迷茫、愤怒、悲伤；学会拾起乐观、自信、赞美、宽容，我们要成为房檐下穿石的水滴，成为没有人能够扑灭的火花。

目录
Contents

好性格

目录
Contents

好心态

目录

Contents

好习惯

好性格

　　好性格使我们的生活充满阳光,让我们的成长之路始终洋溢着热情与欢乐。塑造和培养好的性格是成长与自我发展的关键,性格的塑造是先天因素与后天因素共同作用的结果。先天因素无法改变,因此后天因素尤为重要。

　　轻松愉快的成长环境有益于好性格的养成。所以开怀大笑吧,让快乐包裹自己,养成好性格,做一个快乐幸福的人。

迪士尼公主

美都是从灵魂深处发出的。

——别林斯基

　　每个女孩子都希望能和迪士尼公主合影，这不仅仅是因为迪士尼公主美丽善良，温柔可人。还因为每个女孩都对童话世界充满了向往，都有公主梦，馨馨也不例外。暑假时，馨馨好说歹说，做了无数保证，才让妈妈带她来了迪士尼。如今，距离馨馨50米的位置，雍容华贵、落落大方的白雪公主正在跟一群小公主们——换成了各式公主套装的女孩们跳舞、合照。馨馨低头看了看自己的衣服，深感惭愧，公主才配跟公主合照。这会儿她只能傻站着了。就在这时，白雪公主朝馨馨的方向望过来。她立刻害羞得低下了头，向旁边挪去，打算躲到妈妈的身后。不想背地里窜出一个影子，撞了她一下，害得她左脚踩在了右脚上，摔了个跟头。馨馨抬头一看,发现**罪魁祸首**（指作恶的首要分子）竟然是一只"汪汪",还是一只挂着牌子的搜救犬,此刻它已经扑进了白雪公主的怀里。

馨馨委屈极了。她如果能放下包袱,收起矜持,就不至于被一只狗抢了先机。"好了好了,别生气了。白雪公主那么温柔,谁不想得到她的安慰呢。哪怕是坚韧的搜救犬,也喜欢这样的柔情啊!"妈妈安慰道。

妈妈是对的,那只"汪汪"看上去幸福极了。白雪公主蹲着身子,把它圈在自己的怀里,抚摩着它的脊背。它用自己的大脑袋蹭着白雪公主的胳膊。用舌头舔白雪公主的脸。尾巴甩动的频率都快赶上电风扇了。白雪公主的表情更柔和了,嘴角上扬的微笑,好像能照亮整个世界,驱散所有**阴霾**（比喻人心灵上的阴影和不快的气氛）。馨馨被那笑容吸引,不由地离开了妈妈的怀抱,向前走了几步。白雪公主发现了她,向她招了招手。馨馨立刻奔了过去。然后她和那只狗有了相同的待遇。馨馨终于**如愿以偿**（指愿望得到实现）地和白雪公主合了影,就穿着平民的装束。

每个女孩都幻想着成为公主,但是迪士尼的公主用行动告诉

了馨馨，只拥有漂亮的衣服、鞋子、华丽的马车和宫殿，并不能成为真正的公主。真正的公主还要拥有善良、亲切、包容、优雅等超脱一切的美好品质。

成长课堂

"公主"的定义从不拘泥于外表，而是更注重心灵——知书达理、善解人意、温柔善良的美好品质。即使穿着满身补丁的衣服，举手投足间也会散发着独特的魅力，谁能说她不是"公主"呢？相貌平平甚至丑若无颜，一颦一笑却可以打动人心，谁能说她不是"公主"呢？愿你沉淀内心，做最美的"公主"。

读书笔记

阿峥想养狗

如果你愤怒,你就呐喊;如果你哀伤,你就哭泣;
如果你热爱,你就表达;如果你喜欢,你就追求。
不自我贬低,不自怨自艾,走出去,勇敢做自己。
——毕淑敏

阿峥生长在一个家教很严的家庭,妈妈对他的要求很高,阿峥一直都很听话,从不会反对她。但其实,阿峥有很多自己的想法不敢说出口,有很多想做的事情没有做。

阿峥想和小伙伴们去打篮球,但妈妈说他应该看课外书;阿峥想周末去看话剧,可妈妈说他应该去学书法;阿峥想学跆拳道,而妈妈却说绘画对他更有帮助……一直以来,阿峥都非常想养一只小狗,可他知道妈妈是不会同意的,因为她觉得养狗会耽误学习。

一天放学后,阿峥走在回家的路上,百无聊赖(精神无所依托,感到非常无聊)地踢着路边的石子。突然,他听到"咚"的一声,抬头一看,原来石子撞到了一个纸箱,里面传出了声音。他好奇地朝纸箱里看了看,发现里面有一只白色的小狗。它似乎听到了阿峥的脚步声,无力地抬起头,可怜巴巴地看着他,大大的眼睛里噙满了泪水。它应该是被人丢弃的,而且一定饿坏了。阿峥赶紧从书包里拿出火腿肠喂它。小白狗狼吞虎咽地吃下了整根火腿肠,然后高兴得摇头摆尾。看着它可爱的模样,阿峥有些移不开脚步,很想带它回家。他决定先把它带回小区,然后再慢慢想办法说服妈妈。

晚饭后,阿峥怯生生地对妈妈说:"妈妈,我能提一个要求吗?"妈妈问:"什么要求?是要买学习资料吗?"他摇了摇头说:"不是,我……我想养一只小狗。"妈妈惊讶地瞪大了眼睛,阿峥继续说:"妈妈,你放心,我不会因此耽误学习的。我们可以做一个约定,如果我的成绩下滑,你再把小狗送给

其他人。"看着阿峥信誓旦旦(誓言诚恳可信)的模样，妈妈笑了一下说："好吧，这是你第一次提这样的要求，我答应你。"阿峥激动地抱住妈妈说："谢谢妈妈，你太好了！"然后，阿峥立刻把小白狗领回了家。

　　第二天，妈妈去宠物医院给小白狗洗了澡、剪了毛、做了检查。有了小白狗的陪伴，阿峥的生活变得丰富多了，而且成绩一直没有下滑。他和妈妈之间也有了共同话题，同时，他也不再害怕表达自己的想法了。

❖ 成长课堂

　　如果人总是害怕表达自己的想法，就会逐渐觉得生活没有乐趣，觉得无助和无望，开始变得顺从，过分压抑自己的个性，不利于我们健康成长。真正的成长应该拥有独立的思想，并且能够大胆地表达自己的想法，赋予自己无惧无畏、畅所欲言的勇气。

❖ 读书笔记

街边变魔术的男孩

穷且益坚，不坠青云之志。

——王勃

  小陆和妈妈去逛街，来到万达广场时，看见不远处围了一圈人，而且还有零零散散的人向那个包围圈走去，于是，小陆也拽着妈妈朝那里走。穿过拥挤的人群，在圆圈的中央，他看见了一个十一岁左右的小男孩。

  他的头发很长，从远处看像个女孩，但他的皮肤很黑，从这点上看，倒很像男孩。鹅蛋一般的脸上有着一双细长的眼睛，正木然地向着四周张望，他的嘴不大，嘴唇干得有些爆皮，惹得他不停地舔嘴唇。他穿着一件白色的背心，背心上有很多像地图一般的黄色汗渍，下身穿着一条厚厚的牛仔短裤，短裤看起来很久没洗，已经分不清是蓝色还是黑色的了。他的腿很长，脚下穿着一双天蓝色的人字拖。他的手里拿着一罐啤酒,木然地**蜷缩** (蜷曲而收缩) 在一堆行李前。

人越聚越多,聚得像一堵密不透风的墙。这时,男孩的旁边站出来一个大人,那个人看起来也脏兮兮的,他敲了一下锣,然后对大家说:"大家好,一场大水把我们的家冲垮了,现在我和儿子只能靠卖艺过活。下面,我儿子给大家表演个绝活儿,如果大家觉得好,就给我们点儿吃饭钱吧,谢谢大家的好心。"

大人的话音刚落,男孩的表演就开始了。男孩左手拿着一枚硬币,右手拿着一罐未开封的啤酒,只见男孩用手拍了一下啤酒罐底,那枚硬币就不见了。那个大人激动地喊:"看看吧,接下来就是见证奇迹的时刻了。"只见男孩"唰"的一下就把那罐啤酒拽开了,随后,他开始往一个玻璃碗里倒啤酒,随着"啪"的一声脆响,那枚硬币落入了碗中。人们纷纷叫好。随后,男孩拿着一个空碗走向围观的人群,人们纷纷拿出零钱送到碗中。小陆让妈妈也找些零钱,可是妈妈手里只有一张五十元的,小陆对妈妈说:"我们把钱全给他吧,这个

哥哥真可怜。"妈妈同意了。当那个男孩走到小陆面前时，小陆豪爽地把五十元递给他，本以为他会很高兴，没想到他却把钱还给了小陆，用带着口音的话说："你给的太多了，俺的表演不值这么多钱。"说完，就去接那些一元两元的零钱去了。

小陆不知所措地拿着钱，妈妈说："这个小哥哥尽管贫穷，但很有志气，小陆，我们要尊重像他这样的人，懂吗？"

小陆重重地点着头，在心里为他点了一百个赞。

❖成长课堂

遇到挫折并不可怕，可怕的是不思进取、自甘堕落。想要改变现状就要有志气，不贬低自己，也不过分抬高身价谋取利益，通过自己的不断努力去实现理想，这就是我们常说的"人穷志不短"。

❖读书笔记

微笑天使

与其说善良是尊重别人，不如说是为了尊敬自己。

——福楼拜

在放学回家的路上，小赵遇见了李护士。在见到她的那一刻，他立即拘谨起来，还很搞笑地向李护士鞠了个躬。要问他为何如此激动，那就是一个很久远的故事了。

李护士，今年20多岁，肤白貌美，身体纤细。一双大眼睛流淌着脉脉的柔情，脸上总是挂着微笑，给人如润春雨、如沐春风的感觉。

李护士在社区防疫站工作，附近几个小区的孩子几乎都挨过她的针。小赵第一次见到李护士的时候，刚刚满月，眼睛里只有黑白色。世界对他来说还没有任何概念，所以对李护士毫无印象。

小赵第一次正视李护士，是在三岁的时候。妈妈抱着他排在打针的队伍里，耳边充斥着孩子们的哭闹声。那个场面真是让人不紧张都难。排在小赵前面的是一个胖胖的男孩，李护士刚想用酒精棉擦拭他的胳膊，他就哇的一声哭了，还一边哭，一边往后躲，说什么也不打针。他妈妈怎么哄都不管用。关键时刻，李护士出马了，她蹲了下来，用那双美丽的大眼睛温柔地看着男孩，说道："宝贝，不疼的，乖，阿姨先帮你揉一揉，揉麻了，打针就没感觉了。"

她的声音里似乎有一种神奇的魔力，男孩马上就平静下来了，李护士顺利地打完了针。男孩的妈妈连连跟李护士道谢。不过小赵却没有心思欣赏这感人肺腑（使人内心深受感动）的场面，因为马上就轮到他了。妈妈拉着他走到李护士面前，大概是看出他有些紧张，李护士就主动跟他打起了招呼。

"宝贝，多大了？"

"三岁。"

"那已经是小男子汉了，肯定不害怕打针。"李护士笑着说，眼睛弯成了月牙的形状。

"当然，我最勇敢了。"小赵拍着胸脯说，哪想到刚说完，他就尿裤子了，羞得他一头扎进了妈妈的怀里。

"哈哈哈，没关系的，男子汉也有软弱的时候，快让妈妈给你处理一下，别着凉了，阿姨等着你。"李护士说。

等小赵再回来的时候，仍然很紧张。李护士不知从哪里变出一根棒棒糖，递到了他的手里。甜甜的糖果让他找回了男子汉的勇敢，顺利地打完了针。

小赵现在想起来，仍是又懊恼又窘迫。感谢李护士，她真是善良、温柔的微笑天使！

✿成长课堂

李护士是一个温柔、善良，会维护别人颜面的人，正因为如此，她才会得到别人的尊重。尊严是一个人生命中最重要的，如果你懂得了如何维护别人的尊严，那么你就等于学会了宽容，也学会了友善。

✿读书笔记

_____

_____

_____

_____

"表里不一"的妹妹

性格无所谓好坏,好坏仅在于人对自己性格的使用。
——周国平

平平有一个 6 岁的妹妹,她的脸蛋儿圆圆的、皮肤白白的,眼睛又黑又亮,长着一头卷卷的黄头发,看起来很像洋娃娃,可讨人喜欢了。见过妹妹的人都夸她可爱,但平平觉得他们都被妹妹"骗"了,因为她是一个"表里不一"的小女孩。

"表面"

每次妈妈带妹妹出去,看见她的人没有不夸她的。有的人说妹妹乖巧,不会惹妈妈生气;有的人说妹妹懂礼貌,总是热情地和陌生人打招呼;有的人说妹妹活泼,人家叫她背古诗或者跳舞,不管背得对不对、跳得好不好,她从不扭捏,表现得很大方。

妹妹是幼儿园的孩子王，她不但不和小朋友争吵，还会做老师的小助手，维护课堂纪律。一天中午，老师来分水果，南南和晓兵因为争抢一个西红柿哭闹起来。老师忙着给其他小朋友分水果，没有注意到。这时，妹妹走过去，说："你们别吵了。"他们马上安静了，不过噘着嘴背对背坐着，不理对方。妹妹拿起自己的西红柿，说："南南，这个西红柿给你，你把那个西红柿给晓兵吧。"南南看了妹妹一眼，满脸通红地说："我们三个一起分着吃这两个西红柿吧。"妹妹像小老师一样，简单地化解了小朋友之间的矛盾。

"里面"

但是一回家，妹妹就变成了另外一个人，像男孩子一样调皮，简直就是淘气包、捣蛋鬼。别看妹妹长相甜美，但却不喜欢毛绒玩具，反而总是抢平平的玩具，飞机、坦克、火车、潜水艇无一幸免，被妹妹玩过后，不是少了车轮就是缺了车头。平平气得和妈妈告状，每次见到妈妈过来了，她就一脸无辜地说："妈妈，我错了，下次再也不这样

了。"妈妈被她无辜的眼神欺骗了,转身想走,平平拦住她说:"妈妈,她上次也是这样说的。"妈妈瞟了平平一眼,说:"藏好你的玩具!"然后转身离开了,妹妹却在一旁笑得直不起腰。每次看着她得意的样子,平平真是无可奈何(没有办法,没有办法可想)。

妹妹的"表里不一"还不止如此。下次不知道她还有什么新花招儿,但是有这样一个妹妹,平平却觉得很幸福。

❖ 成长课堂

懂礼貌的人也会有调皮的一面,热情大方的人也会卖萌撒娇,这些"不为人知"的一面使我们的形象更加生动立体。养成良好的性格很重要,让自己变得更加自信、活泼,更受别人的欢迎吧!

❖ 读书笔记

_____

_____

_____

_____

好性格决定好人生

一个人的成长过程中,有许多因素会影响性格的发展。先天形成的无法改变,但是由家庭、社会等后天因素影响的性格是可以改变的。如果从小就能有意识地培养优良性格,那么我们的人生之路就会开满芬芳的花朵。

专注的性格可以让我们专心致志地学习,提高我们的学习效率;勇敢独立的性格能够促使我们大胆尝试新鲜事物,积极参加各种活动,给我们的生活增添色彩;勤劳善良的性格让我们的身边充满温柔。学会分享,懂得关爱周围的人,好的性格使人身心愉快。

我们无法改变环境,但是可以赋予自己更好的性格。希望我们每个人脸上都洋溢着笑容,将好性格埋在心底,刻在骨子里,融进血液里。

"捣蛋鬼"同桌

一辈子很长,要和有趣的人在一起,
做有趣的事,过有趣的生活。
——王小波

严严的同桌叫孙喆岷,他个子不高,瘦瘦小小的,一头干净利落的短发,在阳光下显得有点儿黄。他的眼睛又圆又黑,一眨一眨的,看起来古灵精怪。同学们都叫他"孙悟空",一是因为他姓孙,二是因为他非常调皮,是他们班出名的捣蛋鬼。

一天早上,严严看他**鬼鬼祟祟**(形容行动诡秘、怕被人发现的样子)地往书包里藏什么东西,便好奇地探过头去看。他发现后,赶紧把书包捂住,瞪大眼睛说:"你怎么学会偷窥了?"严严悻悻地说:"小气鬼,看一下都不行。""当然不行啦,请尊重个人隐私。"他严肃地说。

到了课间休息时,"孙悟空"就按捺不住了,他从书包里拿出一个面具,悄悄地戴在脸上,然后突然回头大声说:"你这妖怪,还不快快现出原形。"坐在他后面的同学被他吓得愣了神。严严看了一眼孙喆岷,大笑道:"哈哈,'孙悟空'这回真成'孙悟空'了。"那个同学好像被严严的话惊醒了,凶巴巴地对孙喆岷说:"你这妖猴,休要在这里撒泼耍赖!"同学们闻声赶过来,瞬间就把"孙悟空"围了起来,都想看看他的面具。"孙悟空"把面具摘下来,骄傲地说:"这是我爷爷给我做的面具。怎么样,看起来很逼真吧?""你爷爷真厉害!""你戴上之后就成了真的孙悟空了。""让你爷爷帮我们也做几个吧。"同学们七嘴八舌地说。"安静,安静!"孙喆岷打断大家的话,"放心吧,爷爷已经答应给我做猪八戒、沙和尚、东海龙王、牛魔王面具了,以后我们就是'西游记家族了'。""为什么没有唐僧?"有人问。"因为我不想被师父约束啊。""哈哈,你太狡猾了。"同学们被他的话逗得大笑。

后来,"西游记家族"在"大师兄"的带领下出现在学校操场上,一个个

关于《西游记》的新故事每天都在校园里上演，还引起了不小的轰动呢。老师无奈地说："肯定是我们班的'孙悟空'又调皮了。"

能和孙喆岷成为同桌，严严感到十分荣幸，因为他给严严带来了快乐，让严严的学习生活趣味十足。

成长课堂

一般"捣蛋鬼"都是惹人讨厌的，但是因为"调皮"的力度恰到好处，极有分寸，就会带给别人不一样的感受。有趣的灵魂总是可以使人熠熠生辉，待人接物时善用幽默感会使周围的人更加融洽，他们不甘于让自己的生活如此平凡，所以总是有办法让生活更有滋味。

读书笔记

_____

_____

_____

_____

班里的"包青天"

心如规矩，志如尺衡，平静如水，正直如绳。

——严遵

"脸膛儿黝黑，脑门儿新月，英明决断，刚正不阿"，谈及此人，想必大家都不陌生，那就是大名鼎鼎的包拯，人称"包青天"。正巧，我们班也有一位"包青天"——班长王恒。他的皮肤黑黑的，个子不高，是班上的纪律担当和学习担当，颇有威信。别看他人长得瘦小，做起事来却雷厉风行（像雷一样猛烈，像风一样快，形容执行政策法令等严格而迅速。也泛指做事情声势大而行动快），毫不含糊，着实有一股"包青天"的风范。

大公无私义灭亲

自习课上，大家都在认真地做作业，只见"包青天"以迅雷不及掩耳之势将一个同学课本下藏着的答案夺了过来。

"大胆，竟敢当着'本官'的面抄答案！"班长声如洪钟，气势逼人。

"'大人'饶命，我只是一时糊涂，还望'大人'念在我们往日的情分上，别向老师报告。"这位同学迅速入戏，一个劲儿地赔不是。

这个同学和班长是从小玩到大的铁哥们儿，关系特别好，大家都以为班长会网开一面。没想到班长竟一脸严肃地说道："坚决不行，班规面前，不可含糊，你抄答案就应该接受惩罚。走吧，跟我去见老师。"说完，便将他"押送"到老师办公室去了。事后，班长又主动给他辅导功课，监督他独立完成作业，帮助他改掉抄答案的坏毛病，两人的关系也比以前更好了。

神机妙算破专案

"'包青天'，草民有冤！"我们班的"逃课大王"张明来找班长申冤了。

"别着急，慢慢道来。""包青天"一听有"冤情"，立即放下手中的"公务"。

张明说他把

写完的作业本放在桌子上了,但是现在不见了,可学习委员却怀疑他根本没有完成作业,而是在找借口。也难怪学习委员会这么想,因为张明经常不按时交作业。"包青天"本着"人人平等"的原则,没受张明之前的不良行为影响,而是尽心尽力地去"案发现场"进行**勘察**(实地考察、调查、勘查)。最后,终于在张明同桌的书包里找到了,原来是他的同桌不小心装错了。通过此事,"包青天"深得民心,班上的同学也都更加信任他。

这就是我们班的"包青天"。他刚正不阿的性格和认真负责的精神值得我们每个人学习。

成长课堂

做个正直的人,办事有原则,做事公道有正义感,品行端正,做人才有底气,做事才会硬气。我们要养成刚正不阿的性格,心底无私天地宽,表里如一胸襟广。对待事情认真负责,就会得到别人的信任和尊重。

读书笔记

"大嗓门儿"妈妈

历史给我们最好的东西就是它所激起的热情。

——歌德

我的妈妈,她有个大嗓门儿,说起话来铿锵(形容声音响亮而有节奏)又有力,唱起歌来有腔又有调……这是我写给妈妈的打油诗(旧体诗的一种。内容和词句通俗诙谐、不拘于平仄韵律)。妈妈看到后,轻轻地戳了一下我的头说:"你这小屁孩。"

妈妈的大嗓门儿是工作中的法宝

妈妈是急诊室的护士,每天都很忙,经常值夜班,但妈妈却总是精力充沛。爸爸说过,妈妈的心里有一个小太阳,因为她总是笑容满面地面对患者。有一天半夜,交警送来两个醉酒的人。他们不停地吵闹着,都说自己没喝多,还比画着做起了游戏,一点儿也不配合护士抽血化验。这时,我的"大嗓门儿"妈妈来了,她瞪大眼睛,大声说："你俩别吵了,这是医院!"妈妈的声音就像神奇的电波一样,钻进了醉酒人的耳朵里,他们都瞪大眼睛看着妈妈,护士姐姐趁着他们安静的时候完成了抽血。我想说:厉害了,我的妈妈!

妈妈的大嗓门儿为我奏响了冲锋号

今年,我要在校园艺术节上唱歌。当我把这个消息告诉妈妈的时候,妈妈笑得开心极了,跟自己中了大奖似的。可是,我却在排练的时候遭遇了瓶颈(比喻事情进行过程中容易发生阻碍的环节),始终找不到状态。妈妈听见我在小声地唱歌,头摇得像拨浪鼓,不住地说:"声音这么小,怎么上台表演?"突然,她拍了一下我的肩膀,说:"我有个好主意。"第二天一大早,妈妈就把我从被窝儿里拽了起来。她带我来到小区的公园里,然后带着我一起唱《我爱你中国》。妈妈的声音高亢、洪亮,我跟着她唱了几遍,声音也逐渐大了起来。妈妈还让我把观众想象成萝卜、白菜,帮我缓解了紧张的情绪。后来,我在校园艺术节上演唱的《我爱你中国》，博得了热烈的掌声。

妈妈的大嗓门儿给我们带来了欢乐

妈妈还是我们家的开心果。在全家聚会结束后，我们都要开家庭联欢会。有一次，妈妈兴高采烈地报幕：接下来，将由我和然然的爸爸为大家演唱《掀起你的头盖骨》。她刚说完，爸爸便反抗道："太恐怖了，我可不和你一起唱。"说完，我们便被一阵笑声包围了。

这就是我的"大嗓门儿"妈妈！妈妈，希望您继续风风火火、快快乐乐地生活！

❖ 成长课堂

> "大嗓门儿"的人往往都大胆勇敢、热情奔放，像鲜红炽热的火焰一样燃烧着自己，照亮着别人。他们骨子里奔腾着热情的血液，用幽默的态度过积极向上的生活。让我们的人生也充满激情，活得淋漓尽致。

❖ 读书笔记

_____

_____

_____

_____

那天,那个少年

把一切平凡的事做好即不平凡,
把一切简单的事做好即不简单。
——韩寒

周五放学早,陈安和章航打算去学校附近的书店看漫画书。

他们走到校门口时,看见赵亮急匆匆地从他们身边走了过去。陈安朝章航使了个眼色,他便心领神会(不用对方说明,心里领悟其中的意思)地大喊:"小个子,你要去哪儿啊?"赵亮看了他们一眼,什么也没说,转身离开了,这可激怒了陈安和章航。

赵亮是班里个子最矮的同学,他成绩一般、长相普通,同学们常常开他的玩笑,有时候还会让他去跑腿。赵亮似乎习惯了,从不会对同学们说"不"。没想到他今天竟然没有理陈安和章航。他们决定悄悄跟着他,看赵亮去干什么。

赵亮先来到学校附近的一个公园，他刚坐到长椅上，一群流浪猫就围了过来。赵亮从书包里拿出很多零食分给它们。看得出来，这群流浪猫和赵亮很熟悉，它们很依赖他，不停地往赵亮的裤子上蹭。赵亮爱抚地摸了摸它们，说："你们要乖乖的，别乱跑，马路上很危险的，千万别被车撞到了。过几天我给你们做一个温暖的小家，等天气冷了，你们就有地方待了。今天的食物有点儿少，因为我昨天贪吃，买了一个冰淇淋，我以后不会这样了，一定给你们带充足的食物。"

陈安和章航看到这一幕，觉得小个子赵亮瞬间高大了很多。他们走了过去，赵亮发现是他们来了，腾地站了起来。陈安满脸歉意地说："赵亮，对不起。以前我们不懂事，常常笑话你，但我们没有恶意，希望你能原谅我们。"赵亮看了看他们，说："没关系，我们是同学，我不在意那些小事。"章航说："那我们一起回家吧。""你们先回去吧，我还有事。"赵亮回答。陈安急忙说："你有什么事？我们可以帮忙。"赵亮犹豫地说："可是……"章航赶紧说："带我们去吧，

我们不会给你添麻烦的。"赵亮这才点头同意。

离开公园后，几个人一起去了小吃一条街。他们以为赵亮要去买吃的，没想到他竟然捡起了垃圾。他拿出一个大塑料袋，把空矿泉水瓶都捡到了里面。陈安和章航不明所以，呆呆地站在原地。等袋子快要装不下时，赵亮才心满意足地走出来。然后带着两人走到不远处的一个小房子里，把这些垃圾送给了一位收废品的老爷爷。

夕阳的余晖照在这个小小少年身上，仿佛镀了一层金，映得他的心灵比金子还要闪亮！

成长课堂

"那个少年"拥有着平凡的外表，却充满了正能量。他很善良，把自己的零食分给流浪猫，给它们带去温暖。他宽容，不因为同学的玩笑而生气。他还有环保意识，他的心灵比金子更纯粹。这样的人是我们学习的榜样。

读书笔记

_____

_____

_____

_____

"小气"的同桌

志勿虚邪，行必正直。

——管仲

王陆有一个让他"又爱又恨"的同桌。

王陆的同桌叫于倩倩，是一个可爱的小姑娘，圆圆的脸上有一双忽闪忽闪的大眼睛，笑起来的时候还有两个小酒窝儿。她的性格活泼开朗，是大家的开心果。她的成绩很好，每当王陆有不懂的问题问她时，她都会耐心地给他讲解。大家一定很奇怪，王陆为什么会"恨"她呢？他这个同桌什么都好，就是太"小气"了！

"小气"事件之一

王陆很喜欢吃零食，每天下课之后，他都会冲进学校里

的小超市买零食。每当他准备大饱口福时，他的"小气"同桌就会开启唐僧模式，唠叨个没完没了，一会儿说零食含高油、高盐、高糖，不利于健康；一会儿说吃零食会产生很多垃圾，增加值日生的负担；一会儿又说可以把买零食的钱存起来，花在更有意义的地方，简直比他的老妈还烦。为了换取一片安宁，王陆只好放弃这个爱好。"小气"同桌这才露出满意的微笑。

"小气"事件之二

　　有一次，王陆把作业本落在学校了。他只好第二天早早去了学校，打算抄同桌的作业。到学校后，王陆拿出早餐递给她。她**警惕**（对可能发生的危险情况或错误倾向保持敏锐的感觉）地问："你有什么事求我？"王陆讨好似的说："好同桌，我的作业本昨天落在学校了，没完成作业，你把作业借给我抄一下吧。"她把早餐还给了王陆，义正词严地说："不行！不能抄作业，你这既是欺骗老师，也是欺骗自己。""我这不是来不及了嘛，你先借我抄，交完作业以后我会把这些题做一遍的。""不行，你还是和老师说实话吧，老师不会批评你的。"不管王陆如何软磨硬泡，同桌就是不肯把作业借给他。无奈，他只好和老师实话实说。没想到老师并没有批评他，还告诉他把作业补完以后交上来就可以了。

"小气"同桌果然没有骗他。

虽然王陆的同桌很"小气",但是和她做同桌的这段时间里,他也进步了很多。想到这儿,王陆对她就只剩爱了。王陆决定以后叫她"可爱同桌"!

❖成长课堂

"小气"的同桌其实很大气。她刚正不阿的性格让人又爱又恨。但是这份正直就如同一把戒尺,丈量着人们的行为,端正着人们的态度,使人看清自己,不断进步。我们需要这样的人来督促我们,让我们在人生之路走得更远。

❖读书笔记

天堂与地狱

自私,对灵魂而言是牢狱。

正如牢狱夺去肉体的自由一样,自私会夺去幸福。

——马洛礼

有一天,一个人遇到了小天使,小天使问他:"你想知道天堂和地狱的区别吗?"那个人点了点头。天使接着说:"我先带你去地狱参观吧。"

说完,就带着那个人朝地狱飞去。到了地狱,那个人看见一排长桌子,桌子上面摆了很多美味佳肴,两边坐满了人,他们正准备吃饭。一切准备就绪之后,每个人都拿出一公尺长的筷子开始夹菜,往自己嘴里送,但是因为筷子太长,所有的筷子都在"打架",夹起来的菜掉到了地上。所有的人都面目狰狞(凶恶。指状貌十分可怕)

39

地怒视着身边的人,"打架"的范围由筷子扩大到了每个人的眼神和内心。似乎一场战争就要爆发了,那人和天使不忍再看下去,便转身离开了。

他们来到了天堂,看见了和地狱里一样的长桌子和美味佳肴,两边同样坐满了等待吃饭的人,手中仍握着一公尺长的筷子。那人想起了之前在地狱看到的情形,便想离开。天使拉住了他,让他稍等片刻。开始吃饭后,所有人夹起了菜,但是他们没有往自己的嘴里递菜,反而是往对方的嘴里递。大家配合得很好,所有人都和颜悦色,其乐融融。

❖ 成长课堂

> 天堂和地狱本来没有分别。如果你处处为别人着想,你就会生活在天堂;如果你自私自利,一直想着自己,那么你永远也不会感受到天堂的幸福与快乐。其实,天堂和地狱只是一念之差而已。

❖ 读书笔记

_____

_____

_____

_____

好心态

好心态使我们走向成功。不管对待何事,保持乐观开朗的心态会让我们的生活积极向上,充满阳光。好心态犹如黑夜中最亮的星光,为人们指引正确的方向。

在成长的过程中,我们会面临很多苦难,或春暖花开,或寒风凛冽。但无论怎样变幻,我们都要保持健康的心态,面朝阳光,在寒冷的环境中绽放艳丽的玫瑰。

调皮的雨

你不能左右天气，但你能转变你的心情。
　　——李嘉诚

　　转眼，五月就到了。与四月的含蓄不同，五月分外热情。阳光穿过薄薄的云层洒下柔情。风儿也不再冷漠，挂着和煦的笑容，亲吻孩子的额头。河流变得忙碌起来，跳跃着、翻滚着朝着远方奔去。大地换上了新衣，漫山遍野的苍翠，喜气洋洋的，透着生机……这所有的一切都昭告着一个讯息——踏青的时候到了。

　　时不我待，为了捕获新鲜的五月，新新全家在五月的第一个周末来到了郊外。他们齐心合力搭了帐篷。刚要走出去拥抱五月，就被**不期而至**(事先没有约定而意外到来)的雨打乱了计划。

　　"看来要在帐篷里郊游了！"爸爸开玩笑地说。

　　"只是阵雨而已，一会儿就晴了。"妈妈说。

"那现在干吗？"新新百无聊赖地问。

"写作业怎么样？我把你的作业本带来了！"就在这时，雨停了，空气里透出芬芳的泥土气息。他们走出帐篷，帐篷外是一片草地。嫩绿的草刚长到脚踝，叶子上挂着晶莹的雨滴。草丛中零星点缀着小花儿，黄色的居多，也有一些紫色的。娇滴滴、俏生生的，像含羞带怯的少女。草地的尽头是一片小树林，他们刚走到那里，那恼人的雨又悄然而至了。

"它也太调皮了吧！"新新生气地说。

"它是谁？"爸爸不解地问。

"还能是谁，当然是雨啊，它早不下，晚不下，偏偏在我们出来玩的时候下。"新新说。

"我们有两个选择，继续往前走，或者灰溜溜地跑回去。"妈妈说，"补充一句，我不仅带了作业本，还带了两把伞。"

"妈妈，你也太优秀了吧！"新新说，"快给我，我要跟它对抗到底！"

新新刚把伞撑起来，雨又停了。

"这雨确实很调皮啊！"爸爸感叹道，"你要是跟它一样，我一定会踢你的屁股！"

"好了，别贫了，"妈妈说，"快来帮我挖婆婆丁！这里有好多啊！"

"婆婆丁是啥？"新新好奇地问。

"就是蒲公英，营养价值很高的！"妈妈解释道。

于是他和爸爸收起伞，帮着妈妈一起挖蒲公英。阳光从树缝里照进来，温暖了他的脊背。新新想，这调皮的雨总算过去了。可这念头刚起，乌云就遮住了太阳，像是专门跟他作对一样，雨又淅淅沥沥下起来了。

◆ 成长课堂

　　世事无常，我们不会一直称心如意地过完一生，波折和坎坷在所难免。这就需要我们用积极乐观的心态去看待事情，即使在雨天撑伞前行，也能体会别样的乐趣。即使陷入低谷，也能仰望星空，获得平静。

◆ 读书笔记

"差不多"奶奶

宽容意味着尊重别人的任何信念。

——爱因斯坦

奶奶今年六十岁了,她的身材胖胖的,笑起来时眼睛眯成一条缝,给人感觉既和蔼又慈祥。在我的印象里,奶奶一直是笑呵呵的,她的口头禅是——差不多。

记得有一次,我考试没考好,妈妈没收了我的手机,也不许我看电视。我坐在沙发上愤愤不平(形容对不公平的事情感到不满,非常生气)地说:"手机不给我玩,电视机也不让我看,我都快成原始人了,而且是疯狂原始人。"奶奶眯着眼睛听着,笑呵呵地说:"欣欣,发几句牢骚就行了,差不多得了。""奶奶!"我气得大喊,"我是说妈妈不给我自由,干涉我的生活,不关心我的身心健康!""妈妈都是为了你好,以后你要好好学习,我会跟你妈妈说的,让她也差不多得了。"说完,奶奶偷偷塞给我一块糖,平息了我心头的怒火。

　　可是，期中考试我的英语又考砸了。妈妈生气地卷起我的卷子，一边敲着桌子，一边数落我。这时，奶奶走过来对妈妈说："差不多行了，别总教训孩子，学习需要一个过程，不会立竿见影(在阳光下把竹竿竖起来，立刻就看到竹竿的影子。比喻立即见到功效)的，给她点儿时间吧。"妈妈气呼呼地看着我说："她的进步也太慢了，而且总是马虎。"奶奶继续说："做菜还得等慢慢炖才能熟呢，种地还得等节气到了才能收呢，揠苗助长(比喻违反事物的发展规律，急于求成，反而坏事)可不行啊。"妈妈无奈地说："妈，你不知道她多能偷懒。"奶奶说："什么事都得慢慢来，这一次不算什么，看她期末考试的表现，我猜期末成绩差不多能提高。"妈妈被奶奶的"差不多"逗笑了。奶奶看了我一眼，脸上写满了慈爱，她对我说："你以后可不能再偷懒了，要好好学习，偷懒也得有限度……""差不多就行了！"我和妈妈同时接下话茬儿说，说完，我们三个人同时笑了起

来。这时,妈妈彻底没了脾气,也不再训我了。

后来,我加倍努力,期末考试时发挥超常,破天荒地考了全班第三,妈妈拿着我的成绩单笑得合不拢嘴。奶奶看了一眼沉浸在快乐中的妈妈,微笑着说:"我看这个成绩也就算是差不多,下次还可以再进步。"

这就是我的"差不多"奶奶,她的"差不多"是一种宽容的生活态度。我爱我的奶奶,也爱她的"差不多"。

❖ 成长课堂

"差不多"是一种宽容,是一种从容,是一种激励,还是一种积极乐观、充满正能量的心态。愿我们都能体会到"差不多"的精髓,让我们的身边充满平和与从容,让平淡、烦躁、激愤的生活重新散发出迷人的光彩。

❖ 读书笔记

_____

_____

_____

_____

塞翁失马，焉知非福

乐观者在灾祸中看到机会；悲观者在机会中看到灾祸。

——李嘉诚

　　我是一个乐观的、微胖的男生，前段时间却被一堆晶莹透亮的东西——水痘打倒了，但正是因为水痘，才让我明白了成语——塞翁失马，焉知非福的意思。期末考完试的第二天，我本可以睡个大懒觉，但却早早地醒来了，因为身上很痒。又躺了一会儿，我觉得头越来越沉、浑身没劲儿，这才发现身上长出了很多透明的疙瘩，我急忙叫来妈妈。妈妈火急火燎（形容非常焦急）地把我送进了医院，经过一系列检查，医生说我身上长的是水痘，而且水痘会传染，需要在家里静养。

　　回家后，我就开始了和水痘的斗争。前三天，我感觉非常痛苦，高烧剥夺了我的食欲，我觉得浑身上下又痒又黏，总忍不住用手去挠。这时妈妈会耐心地对我说挠破了会留下疤痕，要多忍耐一下。我只好让自己多睡一会儿，这样才能好受一点儿。等高烧退去，我渐渐恢复了食欲，可是只能吃些清淡的白米粥。每天妈妈都会给我涂紫药水，我无奈地说："我觉得自己快变成'紫色侠'了。"爸爸说："我听过蜘蛛侠、蝙蝠侠，还是第一次听说'紫色侠'。"我咧着嘴笑了，估计满是紫色痘痘的脸，笑起来更吓人。为了转移我的注意力，爸爸让我找一些自己感兴趣的书或电视节目看看。我喜欢朗诵，于是上网找了很多朗诵的视频。跟着那些朗诵名家读，不知不觉中我找到了语感，知道了朗诵不仅要声音大，还要理解作者想表达的感情。带着感情去朗读，读出来的东西才能打动人。我每天都在屋子里读诗歌，从"北国风光，千里冰封，万里雪飘"读到"我有一个强大的祖国"，从"青纱帐、甘蔗林"读到"少年强则国强"。而且我越读越有精气神，连妈妈都说："如果不看你脸上的痘，谁能相信你正生着病啊。"

就这样过了十天，我脸上的水痘终于完全消失了，而我也瘦了八斤，看起来比原来帅气多了。病好后，我去参加了少年宫小主持人班的选拔，凭着高高瘦瘦的模样，还有**抑扬顿挫**(指声音、语调等高低起伏和停顿转折)的朗诵，我直接进入了少年宫小主持人班。

我第一次明白了"塞翁失马，焉知非福"的道理。此时，我想说：感谢你，曾折磨我的水痘。

❖ 成长课堂

　　"塞翁失马，焉知非福"。上帝给你关上了一扇门，就会打开一扇窗。万事没有绝对的好坏，往往你认为糟糕的事情，会给你带来意想不到的收获。以积极乐观的心态面对困境，坏事也能变好事。

❖ 读书笔记

学会转变心态

当你被负面情绪支配的时候，你会觉得世界充满黑暗，每个人都是极度扭曲的，每件事情都让你觉得烦躁不已。但是当你抬起头，你就会发现太阳照常升起，月亮依旧皎洁明亮，所有事物都按照正常的轨道运行，你的负能量对这个世界没有一丝一毫的影响，你的坏脾气毫无意义。最终你伤害到的只有你自己。

所有的愤怒、悲伤、痛苦的情绪在浩瀚的宇宙中都渺小得如同尘埃，你所能纷扰的仅仅是你自己，被负面情绪所累，使自己陷入无边无际的黑暗中。但是只要你转变一下想法，尝试着发现美好，一朵花、一行诗、一些涂鸦、一片粉色的云朵……踏上一条充满阳光的大道，你会发现曾经那些恐惧和迷茫将不会来临。

无论环境怎样变幻，或者春暖花开或者寒风凛冽，你的心都要朝向阳光，在冰封的土地里，解冻无数朵怒放的玫瑰。

乐观面对生活——《小鹿斑比》读后感

挫折磨难是锻炼意志，增加能力的好机会。

——邹韬奋

　　这个暑假，同学推荐给我一本名叫《小鹿斑比》的书。看完之后，小鹿斑比的样子就一直浮现在我的脑海中，久久挥之不去。

　　《小鹿斑比》是奥地利作家费利克斯·萨尔腾所作的一部童话小说。它讲述了一个充满爱与温馨的成长故事。小鹿斑比是故事的主角，他从小和妈妈一起生活在森林里，在妈妈的庇护下无忧无虑地成长，还结交了许多好朋友。他一直以为自己和身边的小伙伴一样，只是一只普通的小鹿。但其实他从出生起就注定了会拥有不平凡的一生，因为他是森林鹿群领袖——老鹿王的孩子。

　　然而小鹿斑比的成长过程充满了曲折，快乐的日子也总是那么短暂。鹿妈妈为了保护斑比牺牲在猎人的枪下，此后斑比只能靠自己了。在老鹿王的悉心陪伴和教导下，在经历了猎人一次次的追捕后，斑比变得越发坚强和成熟，最终成长为一位有担当的鹿群新领袖。

读完斑比的故事，反观自身，我们不就是现实生活中的小鹿斑比吗？小的时候，我们在爸爸妈妈无微不至（没有一个细微的地方没有考虑到，形容待人非常细心周到）的呵护之下快乐地成长，有一群和自己年纪差不多的小伙伴，每天嬉戏玩耍，共同度过了一个简单而快乐的童年。可是雏鹰终有离巢的一天，我们也不可能一直生活在父母的庇护下。终有一天，我们会背上行囊独自远行，去面对未知的生活和挑战。

当我们踏上成长之旅时，就注定要与困难和挫折为伴。正如斑比，在失去了疼爱他的妈妈之后，在经历了一次又一次的磨难之后，他没有放弃，反而变得更加坚强，带着勇气和决心去战胜一切。我们应该向斑比学习，不要因为一些小小的打击而沮丧、颓废，也不要因为暂时的失败而一蹶不振（一遭到挫折就不能再振作起来），我们要勇敢、乐观地面对生活,笑对生活。

　　成长的道路不是一帆风顺的，失意和挫折不可避免，但只要怀着一颗勇敢、乐观的心，积极地面对一切,终有一天,我们会变成自己期望的那个样子,成长为最好的自己!

❖ 成长课堂

　　成长就像行走在广袤无垠的沙漠上，没有了驼铃的陪伴,就会陷入无边无际的孤独中。但如果我们始终怀着乐观的心态，勇敢面对一切,那么风沙的摧残与死亡的恐惧就不会轻易将我们击垮,我们的心里也终会长出富饶的绿洲。

❖ 读书笔记

_____

_____

_____

_____

快乐的真谛

应该笑着面对生活,不管一切如何。

——尤利乌斯·伏契克

我们校门口有一个煎饼果子摊,卖煎饼果子的是一个叔叔,他又高又黑又瘦,喜欢一边干活儿一边唱歌,我们都亲切地叫他煎饼叔叔。

一天放学,我经过他的摊位,看见他正在收摊,可我的肚子却咕噜噜地叫了起来。于是我走过去问:"叔叔,能帮我做一个煎饼果子吗?"他迟疑了一下,然后笑着同意了。随后,他麻利地在平锅上倒油,撒上面糊,然后一圈圈地搅动面糊,他还边做边唱:"在我心中,曾经有一个梦,要用歌声让你忘了所有的痛……"他沉浸在自己的歌声里,脸上洋溢着快乐的笑容。

他唱完一段之后,我忍不住问他:"叔叔,您每天都这么开心吗?"他抬起头说:"唱歌就代表开心吗?不是的,其实我是想让自己快乐起来。""我感觉您每天都很快乐，买您的煎饼果子似乎都能被您的快乐感染了。"我说。他顿了一会儿，说："我的女儿是你们学校二年级的学生，前段时间被诊断患有过敏性紫癜，要在医院里治疗很长时间，她因为不能上学，所以很难过。我在这里摊煎饼，就是为了能看见你们这些学生，给她讲讲学校里的事，让她开心起来。如果我每天都板着脸，她看见了也不开心啊。所以，我得做个快乐老爸。""原来是这样啊，您真好，我相信您的女儿很快就会好起来的。我没耽误您去医院看她吧？"我问。"没有，时间刚刚好。谢谢你的祝福，小同学，和你聊天儿很开心。"他笑着说。随后把热乎乎的煎饼果子递给我，还说："欢迎你经常到我这里来，我们可以聊聊天儿。你给我讲一讲校园里的事，我回去讲给我女儿听。"我爽快地答应了。

我捧着热乎乎的煎饼果子往家走，耳畔好像又响起了煎饼叔叔的歌声：不经历风雨怎么见彩虹，没有人能随随便便成功……我想他一定很高兴，因为他马上就可以见到女儿了。他的女儿虽然不幸生病了，但她又幸运地拥有这样一个乐观的老爸，我相信她一定可以战胜疾病，马上好起来的！

煎饼叔叔让我知道了快乐的真谛 (真实的意义或道理)：快乐不是嘻嘻哈哈的表象，快乐是在困难面前保持乐观的心态，快乐是把幸福传递给他人。

❖成长课堂

> 生活总是苦乐交加的，有的人选择逃避痛苦，有的人则迎难而上。笑对生活的人无需伪装坚强，因为他们内心的富有，足以让他们承受世间所有苦难。内心强大，才更懂得生命的意义。快乐不是一个表情或一个动作，快乐是真正经历过风霜雨雪后，沉淀下来的宝贵财富。

❖读书笔记

乐观的爷爷

悲观的人虽生尤死，乐观的人永生不老。

——拜伦

我的爷爷很乐观，周围的人都叫他"老乐头"，不认识他的人还以为他姓乐呢。我从小就喜欢和爷爷待在一起，每天都想黏着他。妈妈常常无奈地说："你就是爷爷的跟屁虫。"

三年级时，我是班里成绩最好的学生，但是期末考试却因为发挥失常，成绩排到了十名之后。那个暑假，我的情绪很低落。爷爷发现了我的异常。一天，爷爷说："小阮，走，跟爷爷出去遛弯儿。"我闷闷不乐地跟着爷爷出了门。路上，爷爷打开了话匣子，一直给我讲爸爸小时候的糗事。开始，我依旧面无表情，后来逐渐被爷爷的话逗得前仰后合。爷爷说："这就对了，小孩子要充满活力，不要像老年人一样无精打采。"我撇了撇嘴说："老年人无精打采？我看您这个老年人比我还有活力呢。"爷爷大笑道:"那你应该向爷爷学习,遇到挫折别沮丧、别气馁,乐观一些,以后继续努力,一定会进步的,对不对?"我走过去抱住爷爷说:"谢谢爷爷,以后我会像您一样乐观的。"爷爷拍了拍我的肩膀说:"乖,这才是爷爷的好孙子!"

前几天,爷爷不小心摔了一跤,虽然没有伤筋动骨,但还是需要卧床休息一段时间。我们很担心爷爷,**惴惴不安**(形容因害怕或担忧而心神不定的样子)地陪在爷爷身边。倒是爷爷反过来安慰我们,他说:"我的伤不严重,你们别大惊小怪的。"妈妈说:"您这么大年纪了,还因摔伤住进了医院,我们怎么能不担心呢!"爷爷没办法了,假装生气地说:"你们不要每天在我面前苦着一张脸,这会影响我恢复健康的进度。我正想找机会偷懒呢,现在我早上不用买早餐了,晚上也不用去接小阮了,倒是乐得清闲。怎么,我难得休息一下,你们还不高兴了？"我们被爷爷的话逗乐了,爸爸无奈地说:"好,我们不愁眉苦脸了,以后天天唱歌庆祝你卧病在床。"爷爷笑着说:"这才对。那我提前说一下,明天我想听《龙的传人》。"我大笑道:"爷爷,你是认真的吗?"妈妈和爸爸也被爷爷突如其来的点歌环节惊得愣了神。

这就是我的爷爷,一个乐观的爷爷,一个给我们全家带来正能量的爷爷。

成长课堂

乐观的人擅长用幽默调节气氛,用诙谐驱散愁云,他们以微笑为药,以坚强做引,消灭沮丧的病毒,治愈闷闷不乐的心情。乐观的人像太阳,总能给身边的人带来温暖,总能用自己的光和热,滋养积极向上的种子。

读书笔记

_____

_____

_____

_____

为二师兄作传

永远以积极乐观的心态去拓展自己和身外的世界。

——曾宪梓

今年是二师兄的本命年，所以我琢磨着给二师兄作个人物小传。

二师兄，法号猪八戒，别称猪悟能。他原本是天庭的天蓬元帅，因在王母娘娘的蟠桃会上犯了错误，被贬下凡，错投猪胎。长成人形猪样。他使用的武器是一把九齿钉耙，同时还会三十六般变化。

二师兄下凡后，变成了猪妖，却并不危害人间，只想娶个媳妇，过平凡人的生活。但他这个小小的愿望落空了。在百般不愿的状况下出了家，成了取经人。

二师兄刚踏上取经路就表现优秀。师徒三个途径黄风岭，遭遇了会操纵风的妖怪。二师兄在这一难中可谓是有勇有谋，有情有义。先是劝大师兄避开怪风，再来勇猛杀敌，然后对中了妖怪诡计的大师兄不离不弃，照顾得细致入微。着实令人刮目相看（用新眼光来看待）。

　　过了黄风岭，师徒几个来到了流沙河。老沙就住在里面。不过当时他们未曾谋面（之前从来都没有见过面），还是敌人。为了收服老沙，二师兄出了很大的力。大师兄不善水战，便哄着二师兄下水。

二师兄纵然有几分抱怨，但还是乖乖听命，几次下水与老沙死战。展现了过去天蓬元帅的风采。

　　给二师兄作传，少不得要提"三打白骨精"一难。这一难，读者们对二师兄颇有微词。怪他责难大师兄。实际上，二师兄天生善良，耳根子软。跟唐僧一样，二师兄没看出妖精的变化，以为大师兄滥杀无辜，才气走了他。等他发现真相，立刻知错能改，亲自上花果山赔罪，请回了大师兄。

　　二师兄自然也有缺点。我在给他作传之前，曾问他，我是否要对此避而不谈。他说："大可不必。我正因为有缺点才修行，如今我已经修成正果，说明我已经改掉了缺点。但说无妨！"那我就简单说两句。二师兄的缺点很少。比如，好吃懒做、贪财好色、爱占小便宜、圆滑世故（形容为人处世善于敷衍、讨好）、欺软怕硬……

当然这些都不重要，重要的是他善良、阳光、心态好，甘当取经路上的绿叶，甘当师父和师兄之间的调和剂，甘当师兄的好师弟、师弟的好师兄、师父的贴心乖徒弟，所以二师兄理所当然地修成了正果。

❖成长课堂

二师兄最大的优点就是心态好，无论大师兄怎么使唤他，他都不曾真正计较。取经路上艰难险阻无数，只有他始终嘻嘻哈哈、没心没肺。这告诉我们，拥有一个好心态，活得自在、活得潇洒也是一种修行，也可以修得正果。

❖读书笔记

_____

_____

_____

_____

我家的"老顽童"

不要计较何时年轻,何时年老,
只要我们生存一天,青春的财富就闪闪发光。
能够遮蔽它的光芒的暗夜只有一种,
那就是你自以为的已经衰老。

——毕淑敏

"'老顽童',你慢点儿,等等我。"我气喘吁吁地说。"哎呀,你怎么这么慢。都说小学生是早晨七八点钟的太阳,我看你倒像是夕阳。""老顽童"气急败坏地说。"没错,我是夕阳,您是朝阳,请朝阳等一等夕阳吧。"我讨好地说。"老顽童"回头拉起我的手,一边往前走一边嘟囔:"快点儿,电视剧马上就要开始了。"就这样,我被"拖"回了家。

想知道"老顽童"是谁吗?他就是我的爷爷,一个爱玩、爱闹,永远都活力十足的人。

去年,少年宫要举行化装舞会,老师说可以邀请家长参加。回家后，我和妈妈说这件事的时候，爷爷突然走过来对妈妈说："你们工作忙，我就**勉为其难**（勉强做能力所不及的事）作为家长代表参加吧。"我笑着说："爷爷，您是想去凑热闹吧。"爷爷瞪了我一眼，我赶紧补充道："谢谢爷爷，您能去，我感到很荣幸。"

接下来的几天，我和爷爷一直在讨论要扮演什么角色。我建议道："爷爷，你就扮演老顽童周伯通吧，算是本色出演。"爷爷说："不行，你们这些小孩都不认识他，我要想一个你们都喜欢的角色。"几天后，爷爷兴奋地对我说："我知道我要扮演谁了。""谁？"我好奇地问。"孙悟空！小孩子都喜欢孙悟空。"爷爷说，"你来扮演红孩儿。"我不服气地说："那我不是你的手下败将吗？""没错，你就是我的手下败将，哈哈。"爷爷笑得直不起腰来。化装舞会那天，扮演孙悟空的爷爷得到了最多的关注，同学们都争抢着和爷爷拍照，爷爷摆出各种姿势满足大家的要求，并且乐在其中，玩得开心极了。

晚上回家后，奶奶

看着我和爷爷的奇装异

服（与现时社会上一般衣着式样不同的

服装），忍不住数落了几句。爷爷捏着嗓子

说："你这妖怪，竟敢教训俺老孙。"奶奶气得瞪大眼

睛，爷爷见情况不妙，赶紧说："神仙姐姐，饶命啊！"然

后一溜烟儿地跑了出去，把我和奶奶逗得哈哈大笑。

　　这就是我家的"老顽童"，我家的开心果，他给我

们带来了很多欢乐。

成长课堂

> 　　上了年纪的人免不了感叹岁月不饶人，抱怨时
> 间的飞逝。但抱怨也改变不了老去的事实，不如学
> 着欣然接受，把握当下，珍惜时间的馈赠，活出不同
> 的风采与惬意。不妨就做个"顽童"，万事不过心，
> 积极乐观没烦恼。

读书笔记

_____

_____

_____

_____

阳光下的向日葵

冬天已经到来，春天还会远吗？
——雪莱

　　春风带来了温暖，春雨滋润着万物，大地换上了绿装，柳树抽出了嫩芽，连去南方过冬的小燕子都飞回来了，春天就这样悄悄来到了我们身边。今年，妈妈在小花园的四周种了一圈向日葵，说秋天就可以吃到瓜子了。

　　一天早晨，我在花园里看见一抹绿色。走近一看，发现是妈妈种的向日葵长出了嫩芽。一个个绿油油的嫩芽冲破泥土，沐浴在阳光中，彰显着无限的生命力。接下来的日子里，小小的秧苗尽情地吸收着阳光雨露，健康快乐地成长着。初夏，小秧苗长得比我都高了，绿色的叶子愈加茂盛，像小扇子一样。它的身体细长翠绿，上面长满了短茸毛。瘦弱的身体支撑着头顶的绿色花盘，花盘也越长越大，周围开出了一圈黄色的花瓣，中间是密密麻麻的金黄色花蕊。蜜蜂和蝴蝶被惹眼的金黄色吸引，三三两两地跑来了。一时间，寂静的花园热闹多了。

妈妈说向日葵的头始终朝着太阳，我开始有些不相信，可是观察了几天后发现的确是这样的。早晨，向日葵睁开蒙眬的睡眼，面朝东方迎接初升的太阳；中午，向日葵高高地昂着头，似乎在和太阳公公说着悄悄话；傍晚，向日葵依依不舍地目送太阳离开，期待着新一天的到来。看着向日葵那纤瘦的身体和大大的脑袋，我心想：它每天都锲而不舍(做事情能坚持到底，不半途而废)地追着太阳跑，这种始终追逐阳光的信念真坚定！

到了秋天，向日葵黄色的花瓣凋谢了，叶子变黄了，但花盘里的花蕊却结出了果实，葵花籽挤挤挨挨的，花盘也慢慢低下了头。到了深秋，花盘越来越低，似乎在说："收获的季节到了，我已经成熟了！"又过了一段时间，妈妈摘下花盘，把里面饱满的葵花籽打落。品尝着美味的瓜子，我的心情好极了。

　　向日葵,没有缤纷的花朵,却低调地展现着自己的美;向日葵,没有诱人的芬芳,却用累累硕果回报世人;向日葵,没有华丽的外表,却始终面向太阳,用积极阳光的心态面对一切。我们应该以向日葵为榜样,在阳光下成长,努力学习、天天向上!

❖ 成长课堂

　　生命需要阳光,心态更需要阳光。向日葵向着太阳生长,努力实现自己的价值。我们也不能落后,赶紧打开心门,让阳光照进来,种下积极、乐观的种子,无惧困难挫折,无惧狂风巨浪,勇敢前行。

❖ 读书笔记

_____

_____

_____

_____

好习惯

　　好习惯是伴随我们成长的良师益友。拥有好习惯，可以避免我们走很多不必要的弯路，帮助我们的人生向着美好的方向一路前行。

　　生活上，好习惯可以让我们享受高质量的生活，身心愉悦；学习上，好习惯能使我们合理利用时间，达到事半功倍的效果。好习惯帮助我们远离不健康的生活，让我们始终保持阳光乐观、积极向上的心态。

我锻炼，我健康

运动是一切生命的源泉。
——达·芬奇

今年冬天，我又一次被冻感冒了。我从小就体弱多病，换季的时候经常感冒，为此同学们还给我起了一个"林妹妹"的外号。妈妈带我去医院检查，医生说因为我平时不注重锻炼身体，所以免疫力低下，身体素质差，容易生病。

从医院回来后，妈妈给我制订了一个"强身健体"的计划，还和我签订了协议，如果我能严格执行计划一个月，就带我去我一直心驰神往 (心神飞到向往的地方，形容非常向往) 的欢乐谷玩。如果我能长期坚持下去，每个月都给我一个奖励。按照计划，我要每天早上六点半起床，晨跑三十分钟，每天下午写完作业后做100 个俯卧撑。周末，我还要去游泳、打网球。虽然训练计划有些严苛，但是为了有一个强健的身体，也为了欢乐谷,我决定挑战自我!

第二天早上,六点半的闹钟一响,妈妈就来叫我起床了,真是一分钟也不肯让我多睡。睁着惺忪(形容因刚醒而眼睛模糊不清)的睡眼,我在楼下小广场开始了第一天的晨跑。一圈、两圈、三圈……不知道跑了多少圈,我气喘吁吁地问妈妈:"妈妈,我好累呀,可以回家了吗?"妈妈说:"不行,还有 5 分钟,要坚持到底。"我说:"今天是第一天锻炼,少跑 5 分钟没关系吧。"妈妈沉着脸说:"正因为是第一天,才要打好基础,如果第一天就偷懒,以后怎么会坚持呢?"听了妈妈的话,我感到很羞愧。我擦了擦汗,迈开步子继续向前跑。

一天又一天,跑步、做俯卧撑、打网球、游泳,我严格执行着"强身健体"计划。虽然也有想放弃的时候,但只要想到锻炼可以增强体魄,我便又有动力坚持下去了。经过一个月的努力,我惊喜地发现自己似

73

乎长高了一点儿，肚子上的肥肉也少了，老师和同学们都说我最近精神状态很好，都不生病了，再也不像"林妹妹"了。当然，妈妈也履行了约定，带我去欢乐谷**酣畅淋漓**（形容非常畅快、舒适）地玩了一天。尝到了这些甘甜的果实，我觉得之前的疲惫都不算什么。

我会继续坚持锻炼，让疾病远离我，让自己拥有健康的身体。最后，我想说：我锻炼，我健康。希望你也能像我一样，做一个精神饱满、朝气蓬勃的小学生。

■ 成长课堂

养成运动的好习惯不仅可以强健体魄，还可以锻炼自己的意志。我们常说要"德智体美劳"全面发展，身体健康才是读好书的本钱，假如我们每个人都病恹恹的，又如何实现我们的雄心壮志，一展宏图伟业呢？让我们赶紧行动起来，向着未来奔跑吧！

■ 读书笔记

_____

_____

_____

_____

诚实的哥哥

生命不可能从谎言中开出灿烂的鲜花。

——海涅

    我有一个哥哥,他的眼睛大大的,鼻梁高高的,说话声音很响亮。他的性格很沉稳,平时总爱捧着一本书看,像个"老干部"似的。我不太喜欢哥哥,因为他总是管教我。

    有一天,外面下着很大的雨,爸爸和妈妈去给生病的奶奶送饭了,我和哥哥在家写作业。不一会儿,我听见有人敲门,便急忙跑去开门,原来是邻居张叔叔。张叔叔说:"小梦,我们家熬药的砂锅坏了,可以借你家的用一用吗?妍妍姐姐生病了,我要熬药给她喝!"看着他着急的样子,我很想帮忙,但心里又很纠结,爸爸和妈妈不在家,我不敢自己做决定。我想了想,说:"张叔叔,我找不到家里熬药的砂锅,我不知道妈妈把它放在哪里了!"张叔叔看我为难的样子,只好说他再想想办法。

就在他转身要离开的时候，我的"老干部"哥哥从房间里一溜烟儿地跑了出来，他仰着头问："张叔叔，你是来借砂锅的吗？"张叔叔说："是啊。小梦说找不到，我再去别人家问一问。""我知道砂锅在哪里，我去找。"说完，哥哥急忙跑进厨房，踩着凳子把砂锅拿了出来，然后又跑回来把它递给张叔叔，说："张叔叔，给您，快回去给妍妍姐姐熬药吧。"张叔叔接过砂锅，感激地说："好孩子，谢谢你，我用完就还回来。"说完，哥哥把张叔叔送出了门。

我闷闷不乐（因有不如意的事，心情烦闷不快活）地回到房间，心想：就你会装老好人，等爸爸妈妈回来，我一定要告状！这时，哥哥来到我的房间，背着手，依旧一副"老干部"模样。他对我说："小梦，你怎么能说谎呢？这样可不好，邻里之间要互相帮助。上次你的滑板坏了，还是张叔叔帮忙修好的呢！"听了哥哥的

话,我的脸"唰"的一下红了,像一个熟透的红苹果。我意识到了自己的错误,便小声对哥哥说:"对不起,是我不对,我会改正的!"哥哥摸了摸我的头说:"乖,要做一个诚实的孩子。我们继续写作业吧!"

我有一个诚实的哥哥,他像一面镜子,我可以从中看见自己的不足。我在心里默默地对他说:哥哥,你是我的榜样,我要向你学习!

❖成长课堂

> 说谎是坏习惯,它将真相拒之门外,拉远了人与人之间的距离,有时甚至会导致无法想象的悲剧。我们现在就以故事中的"哥哥"为镜子来检验自己吧,如果发现自己有说谎的陋习,赶紧改正过来,做一个诚实的孩子。

❖读书笔记

_____

_____

_____

_____

我学会了分享

幸福越与人分享，它的价值越增加。
——森村诚一

去年暑假，由于爸爸妈妈工作忙，没有时间照顾我，便把我送到了奶奶家。恰巧叔叔家的小弟弟豆豆也在那里，我在奶奶家住的这一个月的时间里，和豆豆成了好朋友。别看他只有六岁，可是他却成了我的小老师，因为他让我学会了分享。

我是家里的独生子，家里的好吃的、好玩的都是我的，我从不会主动与别人分享。第一次和豆豆玩，我就因此出了丑。我拿起一根香蕉，扒开皮之后，习惯性地把香蕉塞进了自己嘴里，一边吃一边玩小汽车。这时，豆豆瞪着圆圆的眼睛看着我，肉乎乎的小拳头不停地挥舞着，不满地说："哥哥自己吃香蕉，不管我，怎么当哥哥的？"我感到很不好意思，尴尬地说："对不起，哥哥刚才忘记给你拿香蕉了。"这是豆豆给我上的第一课。

几天后，奶奶要带豆豆去海洋馆，并且已经提前订好了门票。因为去年暑假，奶奶已经带我去过了，所以这次没打算带我。不过，听说海洋馆里新来了很多白鲸，它们的表演可精彩了。我的心阵阵发痒，但又不好意思让奶奶再带我去，毕竟一张门票的价格不便宜。豆豆这个小家伙儿真幸运。

正当我躺在床上闷闷不乐的时候，豆豆骑到了我的身上，我有些不耐烦地说："豆豆，到一边玩儿去，别压我。""哥哥，你不开心吗？妈妈说不开心就要说出来，说出来就不难过了，能跟我说说吗？"人小鬼大的他一下子就看出了我心情不好。我一脸醋意地说："你快去睡午觉吧，睡醒后，奶奶还要带你去海洋馆呢，还可以看白鲸表演。"豆豆一听我这样说，就迅速跳下了床。只见他走到奶奶身边，摇着奶奶的胳膊说："奶奶，如果你不带哥哥去海洋馆，我也不去了。老师说，快乐的事要一起分享。"奶奶说："哥哥去过了啊。""不行，不行，我和哥哥一起去才能更快乐，哥哥还没见过白鲸呢。"豆豆一

边摇着奶奶的胳膊，一边为我**据理力争**（根据事理，努力争辩或尽力争取）。在豆豆的争取下，我如愿地去了海洋馆。

这个暑假，我从豆豆身上学会了分享，分享痛苦，痛苦就少了；分享快乐，快乐就多了。分享真好！

❖ 成长课堂

分享是一种善良，是一种心境，更是一种快乐。分享不单单指物质的分享，还有精神层面——思想与感情。把人生感悟分享出去，把思想感情传递回来，不仅可以加深人与人之间的沟通，也拉近了彼此的距离。让分享成为一种习惯，你就能收获更多的幸福。

❖ 读书笔记

_____

_____

_____

_____

好习惯的养成

习惯是镌刻在骨子里的性格，它是一种顽强而巨大的力量，能够主宰人的一生。

科学证明，凡事只要坚持 21 天就可以让人形成一个习惯，而好习惯的养成就贵在坚持。很多人在第一天就败下阵来，就像运动中的肌肉拉伤，让人痛苦不堪，难以忍受，但是只要坚持下去，就能渐渐体验到其中的快乐。在挥洒的汗水中，找到快乐的真谛；在慢跑的一呼一吸中，听到生命的律动。

养成好习惯，更多时候是逼迫自己去做不愿做的事，这是成长的必然。就像我们执着地爱着油炸食品，但是它们在不知不觉间侵害着我们的身体，我们不得不转向绿油油的蔬菜；就像我们沉浸在手机游戏的世界里，却不得不为了"好好学习，天天向上"拔出深陷泥潭的双脚……

养成好习惯的过程也是别除坏习惯的过程，是痛苦且漫长的。但是只要我们不懈地努力，就一定可以清除坏习惯的杂草，汲取好习惯的养分，成长得更加繁茂。

云雀一家和麦田主人

滴自己的汗,吃自己的饭,自己的事情自己干,
靠人靠天靠祖上,不算是好汉。
——陶行知

　　春天到了,万物复苏,生命不断繁衍。云雀也在不停地忙碌着,它先在碧绿的麦田里垒好了窝,然后下蛋,孵出小云雀,一切都进展得十分顺利。

　　然而时间过得飞快,转眼就到了秋天。麦田里的麦子从碧绿色变成了金黄色,麦田主人随时会来收割。而云雀的孩子们羽翼尚不丰满,不能独立地在空中飞行。云雀妈妈每次外出觅食都提心吊胆(形容十分担心或害怕),再三叮嘱孩子们要提高警惕,认真观察:"如果麦田主人把他的儿子带来,你们一定要仔细听他们之间的对话,这关系到我们需不需要搬家。"

　　有一天,云雀妈妈出去觅食,麦田主人果然和他的儿子一起来到麦田。小云雀们全都低着头,竖起耳朵,

一点儿声都不敢出。麦田主人对他的儿子说："你看麦子已经成熟了，我们一会儿到朋友家做客，正好请他们来帮我们收麦子。"

傍晚，云雀妈妈回来了，小云雀们露出焦急的神情，争着告诉妈妈："他说明天就会请他的朋友们过来帮忙收割麦子……"云雀妈妈听后不慌不忙地说："如果他是这么说的，那么我们就不用着急搬家了。你们下次继续听他们的对话。现在大家先吃东西吧，你们一定饿坏了。"吃完后，云雀一家安心地睡着了。

第二天，太阳早已升上天空，但是麦田主人和他的朋友们都没有来，云雀妈妈就又飞出去觅食了。这一天，麦田主人又带着他的儿子来到麦田巡视，他说："收麦子的事情不能再耽搁了。上次我们请那些朋友过来帮忙，但是他们迟迟没有过来，看来是指望不上了。儿子，你现在就去找我们的亲戚，让他们明早就带上镰刀过来帮忙。"小云雀们听到后更害怕了，它们告诉妈妈："他说明早就让亲戚过来帮忙……"云雀妈妈听后淡定地说："你们放心地睡觉吧！我们现在还不用搬家。"第二天，果然如它所料，还是没有人来。

又过了一段时间，麦田里的麦子已经全

部成熟了，麦田主人又一次带着他的儿子来了，他望着整片没有收割的麦子，深深地叹了一口气说："儿子呀！我们之前都错了，自己的事情就要自己做。其实做任何事都是如此，求人不如求己，自己去做才能最好最快地完成，你以后也要记住这一点。现在你知道我们应该怎样做了吗？从明早开始，我们全家人都要拿起镰刀，亲自收割麦子。"小云雀们把听到的话如实向妈妈转达。云雀妈妈听到后说："孩子们，现在是时候搬家了。"

　　小云雀们听了妈妈的话，一个个扑棱着翅膀摇摇晃晃地飞出了麦田。

❖ 成长课堂

　　我们要养成独立自主的习惯，靠依附他人来寻求保障终归不是长久之计。我们要学会不断提升自己的能力，拓展自己的空间，摆脱依赖，强大到做自己的参天大树，为自己遮风避雨。

❖ 读书笔记

_____

_____

_____

_____

诚实的快乐

过而不能知，是不智也；知而不能改，是不勇也。

——李觏

　　最近，在我们小区流行一个新游戏——小汽车比赛。小汽车不是普通的塑料汽车。我也说不上是什么材质。反正看起来很结实。小汽车小小的，大概有手掌一般大，有四个轱辘。轱辘上好像有什么特殊的东西，在地板上使劲儿滑动几下，就会嗖地一下蹿出去。小汽车比赛，就是看谁的汽车"蹿"得最远。

　　很荣幸，我又在小汽车比赛中获得了第一名。我蹦蹦跳跳地回到家里，一进门，就察觉到气氛有些不对。

　　"老实交代吧，你是不是把抽屉里的 10 块钱拿去买烟了？"妈妈对爸爸说。

　　"怎么可能，大丈夫说戒烟就戒烟，怎么会出尔反尔 (指说了翻悔或说了不照做，表示言行前后自相矛盾，反复无常)？"爸爸反驳道。

"那抽屉里的 10 块钱哪去了？总不可能被老鼠叼走了吧？"妈妈翘着二郎腿看着爸爸，显然认为爸爸在撒谎。

我心里忐忑不安，很想走上前去，对妈妈说，"我就是那个老鼠。我拿着那 10 块钱，买了一个漂亮的小汽车。"但是，一开口却变成了："爸，妈，我回来了，发生什么事了吗？"

我竟然装无辜，我是一个坏孩子吗？我心里疯狂地指责自己。

"抽屉里没了 10 块钱，我正拷问你爸呢？"妈妈说，"去哪玩儿了，满头大汗的。快去冲热水澡，一会儿妈妈给你做好吃的。"

妈妈的话让我心生内疚。几乎就要坦诚自己的错误。

"乖儿子，别听你妈的，老爸的为人你还不清楚吗？最诚实了。要是我拿的，我肯定承认。知错能改，善莫大焉啊！"爸爸说。

爸爸的话，好像是说给我听的，又好像不是。我更加惴惴不安了，

就连晚饭都食之无味。

　　晚饭后，我终于顶不住了，主动跟爸爸妈妈坦白。当我说出"钱是我拿的"这几个字后，瞬间有种解脱的感觉，随之而来的是等待"宣判"的紧张。结果爸爸和妈妈相视一笑，对我说，他们早就知道了。只是希望我能坦白，并且从这次事件中得到教训。当然惩罚是不可避免的，我被扣掉了整整一个星期的零用钱。但我仍然很开心，就像被太阳照拂的小花一样，忍不住绽放最真诚的"笑容"，释放最纯粹的"花香"。我想这大概就是诚实的快乐吧！

❖ 成长课堂

　　在成长过程中，犯错是不可避免的。但是在错误产生后，我们要勇于承认错误，为自己的错误买单。如果只是一味地逃避责任，就如同把自己关进了牢笼，阻碍自己健康成长。养成"闻过则喜，知过不讳"的习惯，是对自己境界的提升，也是对人格的升华。

❖ 读书笔记

_____

_____

_____

_____

礼物

北京市海淀区中关村第一小学　祁小雨

对人诚信，人不欺我；对事诚信，事无不成。

——冯玉祥

　　我的 10 岁生日是在美国过的。要说这次生日有什么让我难忘的地方，那就是我的表弟西西送的"生日"礼物。

　　我还记得 2 年前，4 岁的西西刚知道什么是生日礼物时，恰好赶上我的生日。于是整天嚷着要送我生日礼物，可他那时在美国，礼物就没送成。他给我打电话，认真地说："姐姐，等你来了，我送你生日礼物。"可我只把他的话当成一句玩笑。

　　又过了一年，我 9 岁生日，西西 5 岁。我的生日虽然在寒假，但是由于种种原因我没去成美国。西西又打电话说了那句："姐姐，等你来了，我送你生日礼物。"我还是把它当成玩笑。

今年寒假，我终于来到了美国，我能在美国过生日，西西应该很开心吧。终于到了生日那天，早上，西西便一脸兴奋地祝我生日快乐。我想，他肯定是想吃蛋糕了，真是小吃货一枚。

"吃蛋糕了！"西西听到这句后，马上笑得跟花似的，眉毛都要飞出去了。他一脸不耐烦地看我点蜡烛、许愿。恨不得马上吃到香甜可口的蛋糕。

终于到了吃蛋糕的时候了，我分了他一大块蛋糕，半开玩笑半认真地说："多给你点儿，补偿前两年你没吃到的蛋糕。"听到这句话后，西西愣了愣，好像想起了什么，匆匆忙忙地吃完蛋糕，便进房间找东西了。

到了送礼物时间。姥爷送了一条裙子和一个红包，小姨送给我一条漂亮的项链。"西西，就差你的礼物了！快一点儿啦！"小姨开始催促西西。

"来了！"西西一阵旋风似的冲进餐

厅。把一堆东西放在桌子上。

我仔细一看，惊呆了。

首先，放在最上面的是一个歪七扭八的"盒子"，上面写着：生日快乐！2014.1.30。打开后，一张小纸上画了一幅画，看着那幼稚而简单的图画，我的心里竟有了一丝感动。

2014年，我8岁，西西4岁。

再往下看是一个盒子，已经有了盒子的雏形。打开后，里面有2个玩具恐龙蛋，一张彩色的字上面写着：祝小雨姐姐生日快乐！2015.1.30。

2015年，我9岁，西西5岁。

最后一个礼盒，是最大的，也是最漂亮的。上面贴满了贴画，还扎了一个红色蝴蝶结。我轻轻一拽，蝴蝶结一散开，盒子开了。里面是几本我跟他提过的书。里面的字也有了变化：祝姐姐生日快乐！天天开心！西西，2016.1.30。

从一幅幼稚的画，到两个玩具恐龙蛋，再到我喜欢的书。

每份礼物都代表着承诺。每份礼物都代表着不同年龄的西西心中对礼物的认知，而不变的是，每份礼物都代表着西西满满的心意。

成长课堂

> 最好的礼物,不是甜美的蛋糕,不是有趣的玩具,不是任何物品,是弟弟对姐姐的心意,对承诺的坚守。诚信是立身之本,是熠熠生辉的金子,能够坚守诚信的人,必然能够得到别人的尊敬,必然未来可期。

读书笔记

_____

_____

_____

_____

姥爷的三大爱好

人应当具有热情，但是也应当具有驾驭热情的本领。

——玻尔

　　我的姥爷是一家出版社的编辑，今年 59 岁，身高
1 米 8，方方的脸上架着一副黑边眼镜，眼镜后边是一
双细长的眼睛，表面上看是个很严肃的人，但实际上，
他是一个非常温和的人。了解姥爷，得从他的三大爱
好说起。

爱好一

　　姥爷的第一个爱好是喝酒。每天，他都会喝一点儿
白酒。周末，我们去姥爷家，姥爷会喜笑颜开（因为高兴
而笑容满面的样子）地拿出一瓶白酒，和爸爸开心地喝
起来。我真的不明白那又苦又辣的白酒有什么好，有
一次，我故意给姥爷唱了首民谣——《酒是大老虎》：

"瓶子里的奶酒啊，圈子里的小绵羊，倒出来的奶酒啊……跳出来的大老虎，甜甜蜜蜜的乳汁啊，怎能变成辣又辣？明明白白的人儿吆，怎能变成傻又傻？"姥爷端着酒杯听我把歌唱完，微笑着说："小清，等你长大，你就知道白酒的好处了，要像姥爷一样喝点儿，但别喝多，喝多了酒真的就变成大老虎了。"说完，他把一小杯白酒全干了下去，还闭上眼睛，满脸都是陶醉的表情。姥姥说："你姥爷就是个大小孩儿，真拿他没办法。"

爱好二

　　姥爷的第二个爱好是健身。他每周要去三次健身房，可谓雷打不动、风雨无阻。有一次，我们爬山回来，我一边走一边喊累，可是姥爷回家后，却把背包一放，拿着健身包又出发了。他还喜欢给我秀他健身时的照片，看着手机里满脸通红、汗流浃背的姥爷，我说：

"姥爷，看起来健身一点儿也不好玩啊？"姥爷却郑重地对我说："小清，你不知道，当你出了一身透汗之后，会感到浑身的每个毛孔都充满活力。你也应该多运动，爱运动的小男子汉才帅。"

爱好三

姥爷的第三个爱好是唱歌。而且，他喜欢抒情歌曲，《北国之春》《当你老了》《贝加尔湖畔》都是姥爷的拿手曲目，最近这几年，姥爷对一些新歌也产生了浓厚的兴趣，每当听到自己感兴趣的歌，他便对着镜子反复地练习，比小学生还认真。妈妈说姥爷还对国外歌曲感兴趣，现在正苦练英文呢。今年姥爷单位元旦晚会，姥爷高歌一曲《You are my sunshine》，当唱到一半的时候，我就被他成功圈粉了，姥爷的歌声有些深沉又充满阳光，高亢（形容声音昂扬，响亮）又悠扬，姥爷真帅！

这就是姥爷的三大爱好，从这些爱好中可以看出，他是一个有自我约束力的人，一个对生活充满热情的人！

❖ 成长课堂

故事中的姥爷是一个热爱生活的人。他有一个好习惯,那就是懂得怎样放松,也知道如何克制。生活是丰富多彩的,我们要善于发现,勇于追求,这样才会发现生命的真谛。但在陶醉、沉浸时,我们还要保持清醒,懂得克制和约束,学会浅尝辄止。

❖ 读书笔记

_____

_____

_____

_____

读后感

自我修养提升书系

口才三绝

崔钟雷 主编 ▲

会表达
会拒绝
会幽默

黑龙江美术出版社

图书在版编目(CIP)数据

自我修养提升书系／崔钟雷主编. —— 哈尔滨：黑
龙江美术出版社，2019.8
ISBN 978-7-5593-5585-0

Ⅰ.①自··· Ⅱ.①崔··· Ⅲ.①个人－修养－通俗读物
Ⅳ.①B825-49

中国版本图书馆CIP数据核字(2019)第171239号

书 名／自我修养提升书系
ZIWO XIUYANG TISHENG SHUXI

主 编／崔钟雷
策 划／钟 雷
副主编／苏 林 石冬雪
责任编辑／李 倩
装帧设计／稻草人工作室
出版发行／黑龙江美术出版社
地 址／哈尔滨市道里区安定街225号
邮政编码／150016
编辑版权热线／ (0451) 55174988
销售热线／4000456703 (0451) 55183001
网 址／www.hljmscbs.com
经 销／全国新华书店
印 刷／莱芜市新华印刷有限公司
开 本／880mm×1230mm 1/32
印 张／24
字 数／660千字
版 次／2019年8月第1版
印 次／2019年10月第1次印刷
书 号／ISBN 978-7-5593-5585-0
定 价／158.40元(全八册)

本书如发现印装质量问题，请直接与印刷厂联系调换。

前言

周国平在《面对苦难》中说道："对于一个视人生感受为最宝贵财富的人来说，欢乐和痛苦都是收入，他的账本上没有支出。"

我们在成长的路上不断奔跑，反复摔倒，这是一个艰难且漫长的过程。有的人沉淀自己，在黑暗中平缓自己躁动的心，终于在春暖花开时破茧成蝶，翩翩舞动；有的人修炼自己，在烈火般的磨难中坚定信念，终于在冲天火光中涅槃重生，脱胎换骨。在我们拼尽全力过后，蓦然回首，便会发现，过往的所有痛苦与磨砺都是在帮助我们成长。

本套丛书是为小学生倾力打造的精品励志读本，共 8 册，通过古今中外众多通俗易懂、积极向上的故事，来帮助孩子塑造好性格、培养好习惯，帮助孩子学会为人处世，树立正确的思想观念，助力孩子的成长。书中的每篇故事都依据其中心思想，附有一条名人名言，帮助孩子在愉快的阅读中积累作文素材，提高写作能力；文中还穿插着精美的图片，吸引孩子的阅读兴趣；每篇文章的结尾都有一个总结性的小道理，让孩子轻松理解文章的深刻含义。

成长伴随着父母的谆谆教导、老师的循循善诱。但是归根结底，成长是一个人的自我升华。我们要学会摒弃懦弱、迷茫、愤怒、悲伤；学会拾起乐观、自信、赞美、宽容，我们要成为房檐下穿石的水滴，成为没有人能够扑灭的火花。

目录
Contents

会幽默

目录
Contents

会拒绝

目录
Contents

会表达

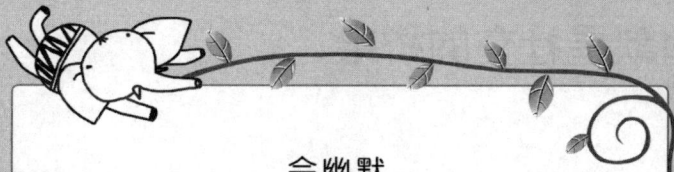

会幽默

　　幽默是一种灵活的表达方式,是一种智慧的语言艺术,更是一种乐观的生活态度。幽默可以化解困境,扭转局面,使人笑对生活的苦难;幽默也可以缓解尴尬,为社交拂去紧张的气氛,重新笼罩愉快的氛围。具有幽默感的人总是能敏锐发掘事情有趣的一面,让生活不再枯燥。愿你能建立自己独特的风格,释放幽默的力量。

幽默是社交的桥梁

幽默是多么艳丽的服饰，又是何等忠诚的卫士！

它永远胜过诗人和作家的智慧；

它本身就是才华，它能杜绝愚昧。

——司各特

　　春秋时期，很多能臣谋士游走于各国之间，凭借自己的口才和智慧，各为其主，谋求霸业。晏婴就是其中的佼佼者。他临大节而不辱，凭借幽默的语言出奇制胜。给后世留下深刻的印象。

　　晏婴，字仲，谥平，又称晏子，夷维（今山东高密）人。春秋时期重要的政治家、思想家、外交家。他接替其父，继任为齐国上大夫，在齐国颇受敬重。据说晏婴身材矮小，**其貌不扬**（形容人容貌难看），常被邻国人耻笑。

　　一次，齐王派晏婴出使楚国。楚王听说使者是身材矮小的晏婴，便想羞辱他一番。于是，派人在城墙下开了一个又低又矮的小门让晏婴走。晏婴知道这是楚王故意为之,便对守城门的人说:"我是齐国派来的使者,既然是从狗洞进城,那我访问的就是狗国了。"楚国人一听,立即打开城门让晏婴进去了。

楚王见到晏婴,**趾高气昂**(形容骄傲自满,得意忘形的样子)地说:"齐国没有人了吗?怎么派如此矮小之人来访?"晏婴回答说:"我国是一个有规矩的国家,上等国家就派上等人才。我是不中用的人,所以就被派到楚国来了。"楚王听了,非常气愤。

在与晏婴谈话过程中,楚王又安排人押上来一名犯人。楚王问道:"此人所犯何罪?"大臣回答说:"他是齐国人,犯了偷窃罪。"晏婴立即说:"淮南的橘子树到了淮北就成了枳;齐国人到了楚国就成了贼,看来是水土不同啊!"经过几次羞辱晏婴而不成,楚王深感晏婴才高学深,敬佩之情油然而生

(自然地产生某种思想感情),并向他道歉,还盛情款待了他。

晏婴**虚怀若谷**(形容十分谦虚,能容纳别人

的意见），闻过则喜，大度随和，十分注重自身修养。孔子曾称赞他："不以己之是，驳人之非，逊辞以避咎，义也夫！"晏婴生性十分乐观，就连生死也都淡然视之。他认为人不管怎么样都是要死的，不论贤者、仁者、不肖者，还是贪者都无一例外。因此，晏婴既不"患死"，也不"哀死"，他将生老病死看作是大自然的规律。所以他始终保持积极乐观的心态。

成长课堂

晏婴代表齐国出使楚国，面对楚王的多次刁难打压，他不卑不亢，利用幽默的语言讽刺了狂妄自大、傲慢无礼的楚王。幽默的语言使晏婴维护了自己和齐国的尊严。幽默的语言可以拉近人与人之间的距离。

读书笔记

_____

_____

_____

_____

巧用反语

有许多真实的话都是在笑话中讲出来的。
——尼采

春秋时期，楚国人优孟，**能言善辩**（形容能说会道，有辩才），常以说笑的方式劝谏楚王。

楚庄王有一匹爱马，穿锦绣做的衣服，住在华美的房子里，睡在床上，吃着枣脯。马最后胖死了。

楚庄王叫大臣们为它治丧，要用棺椁收敛尸体，根据大夫的葬礼来埋葬。身边的大臣都劝阻庄王，认为不应该这样做。庄王下令说："有谁胆敢为葬马之事进谏，就会被处死。"

优孟听说以后，跑进宫殿大门，仰天大哭。楚王吃了一惊，问他为什么而哭。优孟说："那匹马是大王的心爱之物，凭着楚国这样的堂堂大国，有什么办不到的？大王下令按照大夫的葬礼埋葬，太轻待它了。我请求大王按君王的葬礼来**厚葬**（形容不惜财力地丧葬）它。"

庄王说："那是怎么个葬法？"

优孟说："我请求用雕花的美玉做棺材，用纹理漂亮的样本做外椁，用贵重的木头做题凑，发动士卒挖掘墓穴，命令老弱群众背土筑坟，叫齐、赵的代表陪侍在前，让韩、魏的代表护卫于后，为它建宗庙(帝王或诸侯祭祀祖宗的处所)，使它享受太庙的祭礼，赏赐万户之邑的赋税以供祭奠洒扫。各诸侯国听说后，就都明白大王重马轻人了。"

庄王说："我的错误竟然到了这种地步吗！该怎么办？"

优孟说："请大王以对待六畜的通常办法来安葬它。用土灶做外椁，用铜锅做棺材，用美枣做调料，再加上些香料，用稻米做祭品，用火光做衣服，然后把它埋葬在人的肚子里。"庄王于是派人将马交给了掌管膳食的太官，并下令不让天下人长期宣扬这件事。

❖ 成长课堂

忠言逆耳，在古代劝谏君王弄不好就要掉脑袋。优孟凭着机智幽默的语言，采用"反转说服"的方式，表面上同意楚王厚葬爱马的想法，实际暗示楚王不该重马轻人。最终使楚王欣然地接纳了优孟的劝谏。

❖ 读书笔记

合理规划金钱

幽默和风趣是智慧的闪现。

——莎士比亚

女孩的姐姐叫晓鸥，只比她大一岁。在她看来，姐姐特别小气，她曾偷偷地叫姐姐"小抠"。每当她想起给姐姐起的绰号，就暗自窃喜。

每个月妈妈都会给她们足够的零花钱，她的零花钱都用来买文具和零食了。可姐姐呢，却像一只铁公鸡（形容生活中小气、吝啬、一毛不拔的人），把零花钱都放进了储蓄罐里，还在上面安了一把锁。哼，真小气！

女孩很喜欢那些五颜六色的文具。每个月的零花钱一到手，她就兴冲冲地跑到文具店。带香味的橡皮、各种颜色的彩色笔、大小不一的笔记本让她眼花缭乱（看着复杂纷繁的东西而感到迷乱。也比喻事物复杂，无法辨清），每次她都满载而归（装满了东西回来，形容收获极其丰富）。而姐姐却从不这样，她选的是普通的橡皮、简单的笔记本。每当这时，女孩都会撇着嘴说："真小气！"

哪个女孩不喜欢吃零食啊！下课铃声一响，她就会快速地冲向学校里的小超市，辣条、薯片、巧克力都是她的最爱，但"小抠"却对这些零食毫不动心。她疑惑地问姐姐："妈妈给的零花钱不就是用来花的吗，你为什么要留着呢？"姐姐却淡定地说："钱要花在有用的地方，我才不像你，乱花钱。"

有一天，她到超市才发现零花钱只剩一元了，但她特别想买一包蓝莓饼干。没办法，她只得硬着头皮向"小抠"求助。"小抠"摆出了高冷范儿，递给她五元钱，说："记得下个月还我，你要是再这样乱花钱，我就告诉妈妈。"她接过钱，心里不停地说："讨厌的'小抠'，小气的'小抠'！"

不过，最近她发现了"小抠"的好。她们俩都喜欢看课外书，最近大家都在看《父与子》。可是，她的零花钱都买文具和零食了。正当她琢磨该向谁借这本书的时候，"小抠"回来了。只见她从书包里拿出一本崭新的《父与子》，"啪"的一下扔到了桌子上，"新买的，你先看吧。"她说。女孩捧着书，开心地说："谢谢姐姐。"

从那之后，她才发现"小抠"除了买文具和少量的

零食外,把零花钱都花在了有用的地方,比如买课外书和英语资料,剩下的就存到储蓄罐里。上周,学校组织同学们给山区的孩子送温暖,'小抠',不,是晓鸥姐姐带头捐款,第一次把储蓄罐倒空了。得知这个消息,她不禁对姐姐竖起大拇指。

蒋晓鸥,你真厉害,你一点儿也不小气,我要向你学习。女孩在心里暗自下定了决心。

❖ 成长课堂

一个具有幽默感的人,能经常发掘事情有趣的一面,从而建立自己独特的风格,展现自己幽默的生活态度。女孩用轻松幽默的语言"吐槽"姐姐的"小气",在诙谐的对话中展现出女孩与姐姐充满欢乐的日常生活。幽默能增添人生的光彩,使我们的生活更加有趣。

❖ 读书笔记

急脾气的利与弊

幽默是一种优美的、健康的品质。

愿你让自己幽默起来。

——列宁

男孩有一个弟弟，是家里名副其实（名声或名义和实际相符）的急脾气。但有时他也能用幽默给家人带来轻松和快乐。

每天一回家，弟弟把鞋子一甩，就像小旋风一样冲进自己的房间。他把书包往床上一扔，掏出作业本就开始写作业，而且非得写完作业才去吃饭。对此，爸爸妈妈很满意，因为他们不用监督他写作业了。可男孩却是满腹怨言（形容心情极为抑郁，充满怨念）：为什么非要在吃饭前完成作业？他经常向爸爸妈妈投诉，说自己已经饿得写不下去了，但是总会被他们教训一顿，还说男孩要向弟弟学习，做一个爱学习的孩子。所以，他只好和弟弟一样，每天回家就写作业，并且在睡觉前把书包收拾好。不知不觉中，男孩养成了好的学习习惯。

男孩弟弟的急脾气不仅表现在学习上，不管是什么事，只要想起来，他就要去做。

去年四月，他们两个都在作文比赛中获奖了，爸爸妈妈决定在暑假带他们去云南旅游。当他们宣布这个好消息时，他和弟弟正在吃晚饭，弟弟高兴得跳了起来，他拉着男孩在屋子里又蹦又跳。等他们平静下来后，男孩继续吃饭，可弟弟却回到卧室收拾行李去了。妈妈无奈地说："这孩子也太着急了。"

不管做什么，弟弟总是第一个准备好的人，而且还不停地催促其他人去准备。在他的影响下，男孩养成了今日事今日毕、做事情不拖沓的好习惯。可这急脾气却是一把双刃剑（形容事情的双重影响性，既有利也有弊），有些时候因为太急，弟弟也会闯祸。

有一次，妈妈在用面包机做面包，按照说明书上写的，两个半小时之后面包才会做好。可是一个小时后，弟弟就等不及了。他跑到厨房按下了暂停

键,打开面包机的盖子,撕下一块面包塞进了嘴里。可面包还没有熟,又酸又黏的湿面粉难吃极了。事后,妈妈狠狠地批评了他。

中午,弟弟郁闷地坐在窗前发呆,午后的阳光暖暖地从他的头上照射下来,把他的身影映衬得更加瘦小了。男孩看见这幅景象,想对他说:亲爱的弟弟,总有一天你会知道,有些事情可以抓紧时间去做,可有些事情是急不得的。但无论怎样,我都会一直默默地支持你,希望你能快乐、健康地长大。

❖ 成长课堂

弟弟的急脾气给家人带来不少趣事。不过急脾气是一把双刃剑,急躁容易闯祸。但急脾气也不全是坏事,急脾气也可以让人养成做事不拖沓的好习惯,让我们能够利用空余时间做其他的事。我们若能合理利用急脾气,一定能享受多彩人生。

❖ 读书笔记

可贵的执着精神

幽默是具有智慧、教养和道德上优越感的表现。

——恩格斯

　　航航有一个可爱的表弟，是小姨家的，叫硕硕，硕硕对于画画的执着精神给家人带来了不少欢乐。一起来看看硕硕的趣事儿吧。

　　"表哥，看我画得怎么样？"硕硕表弟**翘首以待**（形容殷切盼望）地看着他问。他接过硕硕手中的画，那是一幅简单的室内陈设素描，但是细节处理得很好。他赞许地说："不错，画得特别好，一点儿都不像你这么小的孩子画出来的，比之前进步太多了。"他的话音还没落，硕硕就一溜烟儿地跑去跟姥姥说："姥姥，表哥夸我画得好。"姥姥一脸宠溺地说："好，那就**再接再厉**（一次又一次地继续努力）！"

　　祖孙二人的对话把他的记忆拉回到了半年前。

　　半年前的一次家庭聚会上，硕硕表弟说自己最近在学画画，并且拿起纸和笔画了一辆简单的小汽车。姥姥看了看，说："请航航小画家评价一下。"姥姥之所以说他是小画家，是因为他从小就学画画，而且经常在一些比赛上获奖。他接过画，从专业角度指出了很多问题。他说的问题越多，硕硕的表情越失落，他发现后便急忙补充道："不过，你还小，已经画得很好了。"姥姥在一旁打趣道："想得到小画家的认可没那么容易吧。"硕硕一脸严肃地说："等着看吧，我一定会进步的！"大家被硕硕认真的模样逗得哈哈大笑，谁也没有把他的话放在心上，但是硕硕却牢记在心。

那天之后，硕硕学画画的时候更用心了。每次去绘画班时，硕硕都特别积极，早早把画画用的东西装好，还一直催他的妈妈快点儿出发，担心路上堵车会错过老师讲的内容；在家里，硕硕也不玩乐高了，而是经常坐在画板前专心画画，连最有吸引力的动画片都无法让他动摇；在游乐场玩的时候，也不像以前那样赖着不走了，反而会提议早点儿回家，理由竟是要画画……

看着硕硕的执着劲儿，他的妈妈既欣慰又担心，欣慰的是硕硕长大了，终于知道认真做一件事了；而她担心硕硕这样太辛苦了，会因此失去很多小孩子该有的乐趣。航航知道后安慰小姨说："也许硕硕在画画的时候找到了乐趣，所以才会这么积极的，因为兴趣是最好的老师。"

面对画画，硕硕的执着精神值得每个人学习。希望无论将来遇到多大的困难，他都能用执着的精神**披荆斩棘**（前进道路上清除障碍，克服重重困难），收获属于自己的成功！

❖成长课堂

> 硕硕表弟对于画画的执着给家人带来了欢声笑语。他的经历告诉我们：对于自己感兴趣的事情一定要坚持到底，要有一种执着的精神。不要害怕困难，而且用幽默乐观的心态和坚定的信念战胜困难，"宝剑锋从磨砺出，梅花香自苦寒来"相信成功就在不远的彼岸。

❖读书笔记

_____

_____

_____

_____

考试综合征

幽默是生活波涛中的救生圈。

——拉布

患者：陈思童

年龄：9 岁半

症状：一到考试前，就陷入到异常紧张、容易生病的怪圈。

而陈思颖，作为她的姐姐，她的专属小中医，及时对她进行了诊断。

诊断方式：

望：患者面容憔悴、眼圈发黑，可见最近熬夜苦读，熬成了一只大熊猫。看，她的头发都出油了，可见足有三天未洗头发；看，她的面色苍白、双目无神、眉头紧皱、鼻头红肿，鼻子下还有两行晶莹的鼻涕！看来可怜的妹妹被学习折磨得失去了儿童应有的精气神儿。

闻：一走进陈思童同学的书房，便闻到了一种紧张的考试气息,她的书桌上堆满了高高的书,一不小心,这些书就会倒,把她埋起来,她好像把考场提前搬回了家。只见,她复习完数学、复习生字,复习完英语又背古诗,忙得不亦乐乎(用来表示极度、非常、淋漓尽致等意思),忙得茶饭不思、零食不吃。咦?空气中怎么还有一股板蓝根的味道,原来,思童小公主连日苦读,身心交瘁(形容身体和精神都过度疲劳),已被感冒病毒侵扰,现在属于带病备考、"轻伤不下火线"。

问:"陈思童同学,为什么你一到考前就生病啊?""因为,我总怕考不好,爸爸妈妈会对我失望啊!""你认为你是属于上课认真听讲、课后认真复习的同学吗?""这个,不算,我平时马马虎虎(形容做事不认真、不仔细)吧,但,我喜欢考前搞突击,临阵磨枪。""你有没有非常有把握的科目?""好像没有。"

切:陈思颖轻轻地给她把了把脉,对她的情况又多了一些了解。平时,她喜欢边写作业边玩,而且是个慢性子,对学习一点也不着急,直到考试的前一周才分外紧张,急得像热锅上的蚂蚁,恨不得一宿把要考

的内容全记住,结果第二天,效果极差。通过对比,陈思颖知道了自己的妹妹患上了"考前综合征"。

药方:首先,去室外呼吸呼吸新鲜空气,做些有氧运动,然后,找出考试要点和自己薄弱的地方,认真复习,把难题当碉堡,一个个攻破!早睡早起,提高学习效率。还要从心理上调整——读书不是为爸妈,考试是检验学习成果的一个方式,明白这个道理,换个轻松的心态去考试吧!

愿陈思童同学早日摆脱考试综合征的困扰!

❖ 成长课堂

女孩用幽默搞笑的语言表达了妹妹在考前的状态,找到了妹妹的病因并给出解决方法。在现实生活中用幽默解决难题,不仅不会伤害对方的感情,还会达到良好的效果,这是其他方式难以媲美的。

❖ 读书笔记

女儿给老爸的家规

北京市海淀区中关村第一小学　祁小雨

一个成功的人是以幽默感对付挫折的。
——詹姆斯·潘

　　"咳咳，敬爱的老爸，您好！请在 22 点之前，务必回家。不然后果很严重，女儿很生气！"

　　爸爸很快回信了："收到，谢谢提醒，马上出发！"在 22 点之前回家，这是我给老爸制定的家规。

　　看到这里，你可能会觉得很奇怪：爸爸怎么对女儿这么"言听计从（形容对某人十分信任）"呢？别着急，这还要从一件事说起……

　　一天晚上，我在看书，妈妈在工作，老爸在看电视。"好！进了！现在场上比分是……"虽然我关着门，但解说员的声音仍然很大，和老爸兴奋的呼叫声混在一起。烦死了！为什么要这么吵？我气急了，刚要冲出去把电视关了，正好看到书上写着"十一岁男孩给父亲的规矩",我的眼珠一转,灵机一动,为什么不给爸爸"量身定制"些家规呢?

我**昂首挺胸**(形容斗志高、士气旺)地走出房门,站在老爸和电视之间,一本正经地大吼一声:"老爸,由于你回家后'**不务正业**(指丢下本职工作不做,去搞其他的事情)',只会看电视,而且瘫在沙发上的样子像极了最近的流行的'葛优瘫',对健康不好。因此我要制定'十一岁女孩给老爸的家规',怎么样?"

"是吗?"老爸好像有点感兴趣,但又不太相信我的样子。

"没错,咱们今天就把这件事情定下来!"

"好啊,具体是什么规定?"老爸一下坐正了,饶有兴趣地问道。

"第一条:必须在 22 点之前回家,如需加班,请及时通报。第二条:回家后做些**力所能及**(指在自己力量的限度内所能做到的)的家务。第三

条：如果看球赛，请把自己调成静音模式，不要打扰我和妈妈。"

"如果我不想做呢？"老爸嬉皮笑脸地看着我，觉得很好玩似的，像个永远长不大的孩子。

我一想，这么嚣张，不如就用"狠"点的惩罚吧！我说："22点准时锁门，差1秒都不行！回家后不做家务就做俯卧撑。如果看比赛不能保持安静，我们将剥夺您看现场直播的权利。"说完，我得意地望着老爸，想看他有什么反应。

没想到，老爸爽快地说："行！一言为定（比喻说话算数，决不更改）！"

从此，老爸真的做到了22点之前回家，但为了不做家务，他能想到无数个理由，比如今天工作太累了，刚跑完10圈等，看电视的问题更是多，总是控制不好他自己，但妈妈总放过他，真是太气人了。

有一次，真是惊险，表针指向了22点，我在门口徘徊，想着该如何惩罚老爸呢，老爸"轰"的一下把门推开了，吓了我一大跳。他还扬着公文包，**得意扬扬**（形容非常得意的样子）地说："就差10秒，我厉害吧！"

这就是"好老爸养成记"，虽然第二条和第三条做得不够好，但我要找出办法"击败"……不，"击溃"老爸，也要让妈妈别太"**心慈手软**（心怀恻隐而不忍下手）"。

总而言之，我们一定要让老爸养成更多好习惯！

老爸改变了，受益最大的莫过于我们幸福的一家！

成长课堂

> 每个人的生活习惯不同，即便是最亲的人也难免因此产生矛盾。"我"通过"制定家规"的方式，机智、风趣地化解与爸爸的矛盾，同时也表达了自己想让爸爸养成好习惯的愿望。幽默不仅能化解危机，减少冲突，还能让人感受到你的诚恳与善意。

读书笔记

幽默的重要性

社交在现代生活中的作用日趋重要,运用幽默的语言是成功社交中的一种重要方法。幽默的语言可以使你在人际交往中引人注目。当两个人处于敌对的状态时,幽默的语言可以巧妙地化敌为友,使社交更加顺利。学会幽默能更好地享受生活中的乐趣。

面对困难时,幽默可以助你尽快走出低落的情绪,笑对困难。具有幽默感的人不仅有助于个人健康,还可以给身边人增添乐趣与快乐,给生活营造轻松愉悦的氛围。善于运用幽默的人,可以巧妙地从别人那里得到帮助,事半功倍地解决自己的问题。

培养自己的幽默意识。经常在心里告诉自己"我能学会幽默,我一定能行。"让我们成为幽默的"开心果"吧。

战"螂"

并不是每个人都能具有幽默态度。
它是一种难能可贵的天赋，
许多人甚至没有能力享受人们向他们呈现的快乐。
——奥·弗洛伊德

　　暑假，睿睿全家都出去旅游了，可没想到回家后却发现家里来了"不速之客"（指没有邀请而自己来的客人）。这些家伙很不自觉，明明知道自己不受欢迎还赖着不走，非逼着睿睿"剿灭"它们。

　　这些"不速之客"就是蟑螂，人们太讨厌它们了，甚至都不想叫它们本名，而是叫它们"小强"，还是"打不死的小强"。因为蟑螂的生存能力太强了，它们在地球上已经生活了几亿年，当然这和它们的"厚脸皮"有很大关系。

到家后的第一天晚上，睿睿**蹑手蹑脚**(形容放轻脚步走的样子。也形容偷偷摸摸、鬼鬼祟祟的样子)地来到厨房，想偷吃一个鸡腿。在打开手机手电筒的那一刻，一个小黑点从他面前闪过。睿睿立即打开灯，朝小黑点逃跑的方向追去，可是拖鞋成了"猪队友"，害得睿睿差点儿摔倒，小黑点也钻到了橱柜后面，不见了踪影。妈妈被响声吵醒了，问他发生了什么事。睿睿心急地说："有一个不明物体跑到橱柜后面去了，速度太快了，我都没追上。"妈妈说："应该是'小强'吧。它们喜欢阴暗潮湿的地方，可能出来觅食了。""'小强'？"睿睿诧异地问，"是传说中'打不死的小强'吗？""没错，就是'打不死的小强'！"妈妈回答。睿睿**义愤填膺**(发于正义的愤懑充满胸中)地说："太嚣张了，竟敢在我眼皮底下'作案'，看我怎么收拾你们！"

第二天，在得到"百事通"姥爷的帮助后，睿睿买了一包粉末状的"灭强药"。回到家，睿睿把药撒在了厨房的各个角落，连卫生间和储物室也没有落下，以免"小强"临时"搬家"。看着布置好的"战场"，睿睿对这场"战役"充满了信心。

经过一个晚上的漫长等待，终于到了检验"战果"的时候了。睿睿拿着笤帚和撮子，准备给它们"收尸"。

果然，"小强"的尸体凌乱地倒在"战场"上。睿睿不屑地说："哼，传说就是传说，'打不死的小强'也不过如此，不足为惧。"妈妈走过来说："可别小看了它们，只要给它们一点儿机会，它们就会'东山再起'(比喻失势之后又重新得势)。我们还是趁现在有时间，好好打扫一下房间的卫生，切断'小强'的生存供给，这才是'制胜法宝'。"

就这样，他们一家人开始了新一轮的"防御战"。

✦成长课堂

> 本文描写男孩与蟑螂的战争，语言风趣，描写得生动形象，在消灭蟑螂的过程中给人启迪：遇到问题就要想办法解决，以轻松愉悦的心态面对困难，不能惧怕困难，只有坚持不懈的人才能取得永久的胜利，享受成功的果实。

✦读书笔记

风往哪儿吹

一个真有幽默的人别有会心，欣然独笑，
冷然微笑，替沉闷的人生透一口气。
——钱钟书

　　风往哪儿吹，谁也决定不了，那是老天爷的事。但是在男孩家，谁都可以决定风往哪儿吹。暑假，天气闷热无比，一点儿风都没有，屋子好像一个大蒸笼。而男孩家唯一的电风扇成了"宠儿"，他们都想让电风扇对着自己吹。所以，电风扇抢夺战每天都在上演。

　　早晨，奶奶从菜市场回来，把蔬菜往厨房一放，就去客厅吹风了。不到十分钟，买早餐的爷爷回来了，他随手把早餐放在茶几上，对奶奶说："老婆子，饭买回来了，去准备早餐吧。"奶奶瞪了一眼爷爷，说："哼，你就是想吹风，才故意把我支开的。"爷爷嘿嘿一笑，没有说话。奶奶拿着早餐去了厨房，爷爷开始吹风了。不一会儿，外出晨练的爸爸回来了，他满头大汗，一进屋就来到电风扇前，调整了一下电风扇的角度，对爷爷说："爸，外面太热了，我都要中暑了，快让我吹一会儿吧。"爷爷撇了撇嘴，说："这么热的天去晨练，不中暑才怪！"

中午，男孩走出房间，推开正在吹风的妈妈，说："妈妈，你能相信吗，我写作业竟然写到流汗了？我需要电风扇救命。"妈妈瞪了男孩一眼，说："臭小子，我洗衣服累得**汗流浃背**（形容出汗很多，背上的衣服都湿透了），正靠电风扇恢复元气呢。"说完，她调整了电风扇的角度，风又吹向了妈妈。男孩向爸爸求助，大喊道："爸爸，救命，你儿子要中暑啦，可是你老婆根本不管。"爸爸闻声从卧室里走出来，无奈地说："儿子，你还是救救爸爸吧，爸爸刚被你妈妈从电风扇前撵走，现在也快中暑了。"听到他俩的对话，妈妈忍不住笑了，说："劳动人民最光荣，我才是最有资格吹风的人。"男孩和爸爸被妈妈的话"打败"了，无力地瘫在沙

35

发上。男孩还不服输地说："女士优先，我们男子汉本应礼让女士。"爸爸无力地说："没错，一定要先照顾女士。"这时，爷爷从客厅走过，用同情的眼神看了看男孩和爸爸。

唉，风究竟该往哪儿吹呢？男孩觉得风应该吹向最需要它的人！你认为呢？

❖成长课堂

> 懂得幽默的人，能让家庭氛围更和谐，哪怕他们因为"风往哪儿吹"产生了争论。可见，当大家意见不统一，容易发生矛盾的时候，幽默的语言方式就很重要了。调侃、自嘲、搞笑是生活的调和剂。

❖读书笔记

_____

_____

_____

_____

会拒绝

　　学会拒绝需要勇气，善良也要自带锋芒，有能力自己解决事情，却还要懒惰地求助于别人，这种情况我们要勇敢说不！学会拒绝也需要智慧，纵容别人的不良习惯，可能造成更大的伤害，这种情况我们要大胆说不！学会拒绝还需要坚定，隐忍只会让自己受尽委屈，助长别人的嚣张气焰，面对不公平我们要大声说不！

窝囊

[俄]契诃夫

所有的残忍都是由胆怯而产生的。

——辛尼加

　　几天之前,我把两个孩子的家庭教师尤利娅·瓦西里耶夫娜叫来,请她到客厅来结算一下薪水。

　　"您来了,快坐吧。"我说,"今天叫您过来,是想结算下您的工资。我知道您肯定在等着用钱,但您总是拘束自己,您从不主动要……来吧,女士,一开始和您讲好的是月薪 30 卢布……?"

　　"先生,是 40……"

　　"不对啊,就是 30……您看,本子上都记着呢……而且,我之前支付给家庭教师的月薪都是 30 卢布……女士,您来了两个月……"

　　"两个月零五天……"

　　"不是的,正好两个月……您看,我这儿有记录。这样讲，我应该付您 60 卢布……其中包含九个礼拜天的钱，得要扣除……因为每到礼拜天您都不给科里亚上课的，只休息不劳动……还要算上三个节假日……"

尤利娅·瓦西里耶夫娜脸涨得通红，她不停地拉扯衣服上的皱边，但是……她**一语不发** (一句话也不说)。

"算上三个节假日……还要扣除 12 卢布……加上科里亚病了四天，这段时间并没有上课……仅瓦莉娅一人来上您的课……而且有三天您牙痛，我妻子同意您下午不上课……12+7，是 19。扣除这些……额，还剩 41 卢布。对吗？"

尤利娅·瓦西里耶夫娜的左眼变红了，眼中噙着泪水。她的下巴不停颤动，她的鼻子发出"呼哧呼哧"的声音，可是她依旧不反驳。

"除夕那晚，您打碎了一只茶杯和一个茶碟。这得扣除两卢布……那茶杯很珍贵，是父辈传下来的！之后，女士，由于您的过失，科里亚爬上了树，他的上衣还被树划破了……这个得扣除 10 卢布……还有因为您的**粗心大意**(指做事马虎，不细心)，一个女仆偷走了瓦莉娅的一双皮鞋。您应该所有事情都照看周全才对。您是要领薪水的啊，这就表示，还得扣除 5 卢布……1月 9 号，您在我这儿预支了 10 卢布，您还记得吧……"

"不，我没拿！"尤利娅·瓦西里耶夫娜小声地反驳道。

"可是本子上记着呢！"

"哦，那……好吧。"

"41 减 27,剩余 14 卢布……"

现在尤利娅·瓦西里耶夫娜的两只眼睛都充满了泪水……她那小鼻子上渗出了汗珠。这个委屈的姑娘！"我只拿过一次……"她的声音有些发抖,"我在您太太手里拿过 3 卢布……除那次外,我就没再拿过……"

"这是真的吗?可是您看本子,我并没有记您刚说的那笔钱！14 再减 3,剩余 11 卢布……好啦,这是给您的钱,女士！给您:3 卢布,3 卢布,3 卢布,1 卢布,1 卢布。女士,请您收好！"

我把 11 卢布交给她……她拿着钱,手指颤抖着把钱揣进衣袋里。

"谢谢。"她小声说。

我在房间里快步走着。我怒火中烧。

我问她:"您为什么要说'谢谢'?"

"因为您支付了我薪水……"

"但是,要知道,是我克扣了您的工资,是我夺了您的薪水！要知道是我侵占了您的钱财！您为什么还要说'谢谢'?"

"若在别的地方,人家根本不会支付我薪水……"

"不付钱?确实会有这种情况,我一点儿也不意外！得了,刚才我是在跟您开玩笑,只是给您上了一课……您那 80 卢布我会分毫不差地支付给您！钱我放在这个信封里了！可是，人怎么这么软弱呢？您怎么不与我争辩呢？您为什么一个字都不反驳呢？在这个世界上，每个人不都应该以牙还牙(比喻针锋相对地进行回击)吗？难道做人可以窝囊成这个样子吗？"

尤利娅·瓦西里耶夫娜挤出了笑容，可我看她脸上的表情告诉我："可以的。"我希望她能原谅这残酷的一课，我能把她应得的薪水都交给她，使她感到十分惊喜。她弱弱地说了一声谢谢，离开了这里……看着她远去的背影，我情不自禁地想到：在这个世界，做一个强者真的太容易了。

成长课堂

契诃夫笔下的家庭教师让人既心疼又气愤，面对不公平的情况，不要隐忍，应学会拒绝。要记得强迫者不会因为你的隐忍而归还你应得的利益，反而会变本加厉。在现实生活中我们也要懂得拒绝，坚持原则，捍卫自己的合法权益。

读书笔记

借钱

习惯形成性格,性格决定命运。

——约·凯恩斯

亚伯拉罕·林肯(1809—1865)曾连任美国总统。林肯有一个弟弟,是他继母的儿子,叫江斯顿,林肯收到了他向自己借钱的信。他在回信中这样写道:

亲爱的江斯顿:

你朝我借 80 块钱。我认为最好不要借给你。原因就是你那浪费的恶习,改掉这种坏习惯对你来说至关重要(比喻最重要的,是解决问题时的关键点),这对你的儿女来

说也很重要。因为,他们的未来之路还很漫长,在没有养成**游手好闲**（游荡成性,不好劳动）的习惯之前,你还是可以纠正的。我给你的建议是去工作,去找一个迫切需要员工的老板,为他尽心尽力地工作。为了能让你收获比较满意的劳动所得,我现在允诺你,即日起,只要你工作挣到一块钱或是偿还了一块钱的债,我就再给你一块钱。

照这样下去,如果你每得到 10 块钱的报酬,那么你就可以从我这里再得到 10 块钱,也就是说你一个月就赚了 20 块钱。我并不是说让你到圣路易或加利福尼亚州的铅矿、金矿去工作,而是让你在距离家近的地方,就在柯尔斯县境内找个最挣钱的工作。

若你按我说的做,债务很快就能还清。更重要的是你会养成不再欠债的好习惯。如果我帮你还了债,明年你还是会**负债累累**（形容负债甚多）。听我的,保证你工作四五个月后就能成功挣到那 80 块钱。你说,只要我把钱借给你,你愿意用田产抵押,如果将来没有能力还钱,田地就归我所有?这根本就是**胡说八道**（没有根据或没有道理地瞎说）!你现在有田地还入不敷出,要是失去土地又拿什么维持生计?你对我一直都很好,我现在这样对你也不是冷酷无情,若你接纳我的建议,你以后会发现,对于你而言,这远远胜过 8 个

80块钱!

挚爱你的哥哥:亚伯拉罕·林肯

❖成长课堂

> 　　曾连任美国总统的林肯,面对亲人的求助,有能力但也拒绝纵容弟弟。俗话说授之以鱼不如授之以渔,对于身边人不合理的请求,我们都要学会拒绝,这样才能帮助他们改正坏习惯,遇到更好的自己。

❖读书笔记

_____

_____

_____

_____

悲惨命运

等待和犹豫是让人一事无成的最大原因。

——三毛

　　有一部分人，在到别人家做客或在晚上与别人聊天的时候，总认为离开是一件十分困难的事。时间一点点地流逝，到了客人认为应该离开的时候了，他站起来吞吞吐吐（形容说话有顾虑）地说："呃，我想我……"紧接着主人就说："噢，你怎么这么快就要走？时间还早呢！"于是客人拿不定主意的尴尬就接二连三地出现了。

　　在我认识的人里，遭遇这样事情的，最悲惨的要数我可怜的朋友琼斯先生了。他完全不知道该如何从主人家里脱身。他是那么老实，又是那么恪守规矩，总觉得执意告辞会有些失礼。

　　在他放暑假的第一天下午，天空是蓝蓝的。他到一个朋友家里做客。他在那儿聊了一会儿天，喝了两杯茶,然后犹豫了好久才鼓足勇气说:"呃,我想我……"可是女主人说:"噢,别急!琼斯先生,你再多待一会儿吧!"

琼斯一直都很实在。"哦,好的。"他说,"那我就再待一会儿。"就这样他留了下来,连续喝了11杯茶。

天渐渐黑了,他再一次站起来。

"呃,现在,我想我真的……"

"你一定要走吗?"女主人客气地说,"我还以为你可以留下来吃饭呢……""呃,是可以的。"琼斯说,"如果……""那就留下来吧。我丈夫看见你一定会很高兴的。"

"好吧,那我就留下吧。"他挫败地回到椅子上,肚子里全是茶水,难受极了。

男主人回来了,他们开始吃晚饭。琼斯从始至终都在计划着要在八点三十分告辞。主人一家都在琢磨,琼斯到底是因为呆板迟钝而显

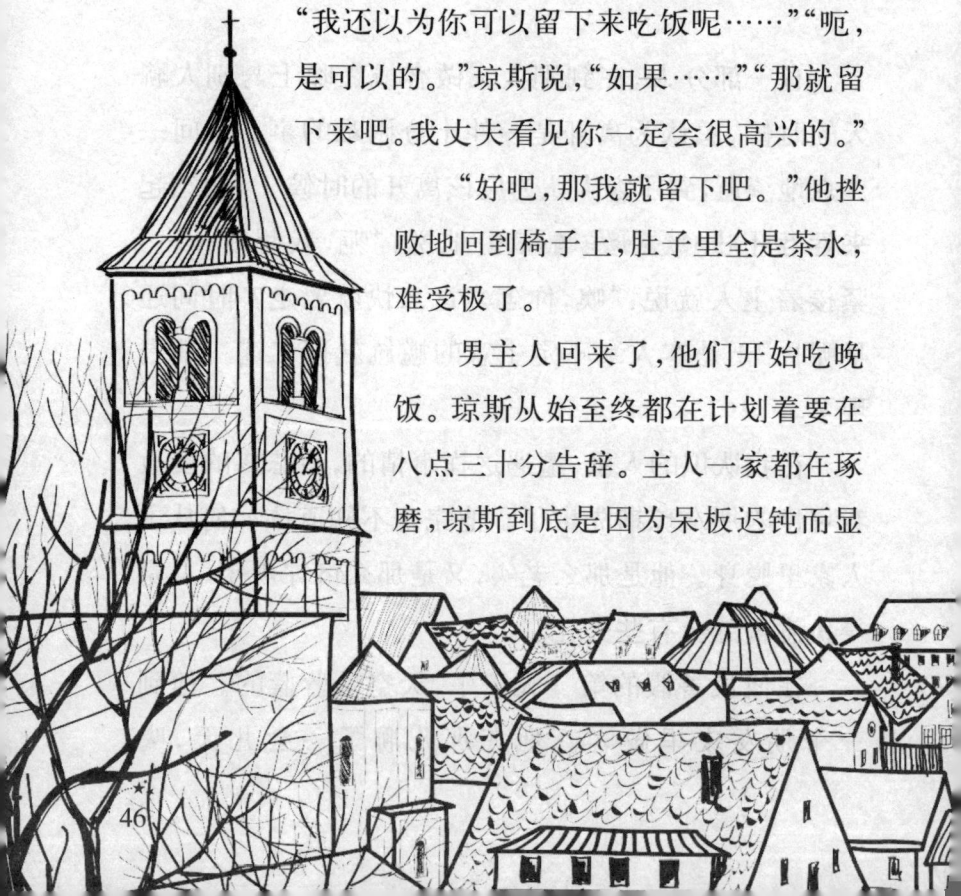

得**闷闷不乐**(形容心事放不下，心里不快活)呢，还是真的呆板迟钝。吃完饭后，女主人想让他多说几句，于是把家里珍藏的全部照片都拿了出来。到八点三十分的时候，琼斯已经看了七十一张，还有六十张左右没有看。琼斯站起来，"现在到告辞的时候了。"他恳切地说。

"告辞？"他们说，"才八点三十分，你有什么急事要去做吗？"

"没有。"他坦诚地说，然后苦笑了一下，接着又闷闷不乐地坐下来。

就在这时，大家发现琼斯的帽子被主人的宝贝儿子——那个可爱的小调皮鬼藏起来了，因此，男主人说，看来琼斯先生得留下来了，于是就请琼斯一起抽烟、聊天。琼斯无时无刻不想着赶紧离去，可就是办不到。

后来男主人开始厌烦他了，就用反话**挖苦**(指用俏皮话讽刺)他说："琼斯先生留下来过夜好了，我们可以给你临时搭一张床。"琼斯误解了他的意思，竟然不停地道谢。于是男主人给他准备了一个

房间,心里却狠狠地咒骂他。

第二天吃完早饭后,男主人进城上班了,留下琼斯和主人家的宝贝儿子一起玩。

琼斯一整天都在思考着离开,可他又踌躇不前。男主人晚上下班回来了,发现琼斯还没有离开,非常吃惊和生气。他想开个玩笑让琼斯主动离开,于是说:"我认为该向琼斯先生收房租和伙食费了!"不幸的琼斯先生**目瞪口呆**(形容因吃惊或害怕而发愣的样子)了一会儿,然后握紧男主人的手,向他预付了一个月的食宿费。

在此后的一个月,他忧心如焚,最后他病倒了。他高烧不退,神志不清。后来病情逐渐恶化,吓人极了。有时候他会突然从床上坐起来,惊叫着:"呃,我想……"然后又倒在枕头上,同时发出一阵令人**毛骨悚然**(形容十分恐惧)的大笑。又过一会儿,他又跳起来,大叫着:"上茶,拿照片来!哈哈!"

在琼斯假期的最后一天,大雨"哗哗哗"地下个不停。经过一个月的痛苦煎熬,琼斯去世了。人们说在他弥留之时,还在床上说:"噢!天使们在呼唤我,我是真的该走了。再见!"

❖ 成长课堂

> 可怜的琼斯先生,反复犹豫、烦闷、苦恼,最后还惹得男主人也不开心,最终被优柔寡断折磨致死。他的经历告诉我们:当我们做正确的事情时应该果断,哪怕是拒绝别人的好意,也应该坚定自己的立场。"当断不断,反受其乱"的道理是值得深思的。

❖ 读书笔记

_____

_____

_____

_____

其实拒绝没有那么难

你是否因为不会拒绝而产生苦恼？比如没有勇气拒绝改变自己的坏习惯，担心拒绝会得罪人，担心面子会挂不住等，其实拒绝没有那么难。

对于自身，若你经常因为莽撞或者过于犹豫而做出让自己后悔的事情，那与其沉浸在无尽的懊悔之中，不如分析问题的根源并加以改正，这样做不仅能使自己摆脱困扰的怪圈，还能使自己学会拒绝莽撞与过度犹豫的坏习惯。同样认识到自身其他的问题也要有改变现状的勇气，这样才能提升自己。

对于他人，不要总因为顾虑别人的感受，不好意思拒绝他人，而宁愿自己受委屈甚至损害自身利益，最终使自己陷入憋闷之中，事情反而做不好受到埋怨。其实，如果自己不愿接受别人发来的求助请求，就应果断拒绝，这样对双方都有好处。针对别人的无理请求，拒绝的同时若能让他们知道你的想法与心意。这样还能促进彼此的感情，何乐而不为呢？

学会拒绝，其实拒绝没有那么难。

老舍的谢客之道

拒绝是一种权利,就像生存是一种权利。

——毕淑敏

  闭门谢客(指不接待客人)的事大概是每个人都会遇到的,有所成就的人为了专注于自己的事业,更是**惜时如金**(形容珍惜时间就像珍惜金钱)。著名作家老舍先生就有用"四请"之法打发那些没有什么重要事情的"不速之客"的故事,一时在文坛传为佳话。

  老舍先生是个非常勤奋的作家,但名气大了以后事情也就多了起来,采访的、宴请的、签名的、请教的**应接不暇**(形容来人或事情太多,应付不过来),占用了时间不说,还使人**疲惫不堪**(形容非常

<u>疲乏</u>）。迫于无奈，老舍就想出了一个谢客的好办法。他事先备好烟茶，还买了几本画报放在桌上。每当有客人登门拜访的时候，他都很热情地接待，先是很客气地打招呼："请坐！"然后是倒上一杯茶递给客人说："请喝茶！"再次就是递上一根香烟，招呼说："请抽烟！"最后是拿出准备好的画报说："请看画报！"

"四请"之后，老舍先生就请客人随意，自己则继续伏案搞创作，客人见老舍先生这么忙，也就不好意思继续打扰他，坐了一会儿，只好告辞。就这样，老舍先生又可以安心写作了。

❖ 成长课堂

老舍先生想出的"四请"谢客方式值得我们学习。日常生活中总有自己抽不开身，没办法实现对方的请求或者答应了别人，就会让自己的利益受到损失的时候，这种情况下拒绝了对方，又不伤害到对方的情感，确实是一门学问。

❖ 读书笔记

二十年后的约定

原则是我的信条而不是我的权术。
——迪斯累利

　　纽约的一条大街上，一位值勤的警察正在巡视。寒风凛冽。快到夜间 10 点了，街上的行人屈指可数（形容数目很少）了。

　　在一家小店铺的门口，昏黄的灯光下站着一名男子。他的嘴里叼着一支没有点燃的雪茄。警察脚步一顿，仔细打量他一会儿，然后，朝他走了过去。

　　"这儿什么事儿也没发生，警官先生。"看见警察向自己走来，那个男子急忙说，"我只是在这儿等一个朋友。这是 20 年前的一个约定。很罕见是吗？这样吧，如果你感兴趣，我来给你讲讲。大概 20 年前，就在这儿，这家店铺的位置，曾经是一家餐馆……"

　　警察接上去说："早在 5 年前餐馆就被拆除了。"

　　男子划了根火柴点燃了雪茄。借着这一闪即灭的微亮，警察看见男子脸色苍白，右眼角处有一块白色小伤疤。

"20 年前的这个夜晚，"男子继续说，"我和吉米·维尔斯在这里共进晚餐。要知道，他可是我最好的朋友。我们都是在纽约这个城市里长大的。一直以来我们都形影不离(形容彼此关系亲密，经常在一起)，情同手足(如同兄弟一样)。当时，我马上就要去西部谋生了。临走前的最后一晚，我们俩约定在 20 年后的同一时间地点相聚。"

"这听起来倒挺有趣的。"警察说，"后来你们之间有联系吗？"

"我收到过他写的信，也回了几封。"那男子说，"可是之后的一两年，我们就失联了。因为西部是个很大的地方，我还不得不为了生计东奔西走。但我相信，只要吉米活着，肯定会遵守约定。他可是我最信任的朋友啊。"说完，男子从口袋里掏出一块精致的金表。表上的宝石在黑暗中闪着耀眼的光芒。"九点五十七分了。"他说，"若没记错，我们上一次是十点整分手的。"

"你在西部混得很好吧？"警察问道。

"没错！吉米的境况要是能赶上我的一半就好了。啊，真的挺难的！这么多年，我一直四处奔波……"寒风呼号而过。之后一片寂静。两人无话。不一会儿，警察就要离开了。

"我得走了，"他对那个男子说，"但愿你的朋友很快就会到来。假如他没有准时到，你会立刻走吗？"

"不会的。我最少还要等他半个小时。只要吉米活着，就一定会来的。就这样吧，再见，警官先生。""再见，先生。"警察边说边沿街离开，街上看不到一个行人。

大概过了二十分钟，男子依旧在店铺门口等待，这时候，一个身材高大的男子朝他快速走来。他穿着黑色的大衣，衣领竖着，盖住了他的耳朵。

"你是鲍勃吗？"黑衣男子问道。

"你是吉米·维尔斯？"站在小店铺门口男子十分激动。

来人握住了男子的双手。"不错，你是鲍勃。我之前就相信一定会见到你的。20年的时间可不短啊！你看，鲍勃！曾经的那个餐馆已经不在啦！要是它没有被拆除，我们还能像之前那样在这儿共进晚餐多好啊！

鲍勃,你在西部混得好吗?"

"哈,我已经得到了我想要的一切。吉米,你的变化可真大。我简直不敢相信你长了这么高的个子。"

"哦,你走了以后,我是长高了一些。"

"吉米,你在纽约还好吧?"

"还好,还好。我在市政府的一个部门里上班,坐办公室。来,鲍勃,咱们四处走走,找个地方好好叙叙旧。"

这条街的街角有一家大商店。尽管时间已经很晚了,商店里的灯还亮着。来到亮处以后,这两个人都不约而同(事先没有约定而相互一致)地转过身来看了看对方的脸。很快那个叫鲍勃的男子就停住了脚步。

"不,你不是吉米·维尔斯。"他说,"20 年的时间很长,但它不至于完全改变一个人的容貌。"

"但是,20 年的时间却可以使好人变坏。"高个子说,"你被捕了,鲍勃。芝加哥的警方料到你会来到这座城市,于是他们希望我能把你带过去'聊聊'。这样吧,在去警局之前,先给你看一张便条,这是你的朋友写给你的。"

鲍勃接过便条。便条上的内容让他的手不住地颤抖,那张便条上写着:

　　鲍勃：刚才我准时赶到了我们的约定地点。当你点烟时，我发现你就是那个芝加哥警方正在通缉的人。我请了个便衣警察来帮我逮捕你，因为我自己实在狠不下心来逮捕你。

◆ 成长课堂

　　身为警察的吉米因为20年前的约定与已经变成通缉犯的老朋友鲍勃再次相逢，但吉米没有因为交情就对他网开一面，而是坚持了警察的原则，拒绝放任鲍勃，看似无情实则是为老朋友好，坚持原则是做人做事的根本。没有原则的人就像是树没有根，难以在现实社会中生存。

◆ 读书笔记

_____

_____

_____

_____

燃烧我的卡路里

我生平喜欢步行,运动给我带来了无穷的乐趣。

——爱因斯坦

"别吃了,大树。"姐姐突然出现在小树身后。

"我不是大树,我是小树!"小树吃下最后一个薯片,迅速擦了一下嘴。

"我就没见过你这么胖的小树,还是叫大树比较适合。"姐姐继续说。

"你胡说,我已经瘦了 5 斤了。"

"对你而言,5 斤就是杯水车薪(比喻力量太小,解决不了问题),你还是继续加油吧,前路漫漫啊。燃烧我的卡路里,燃烧我的卡路里……"姐姐一边说一边做出奔跑的姿势。

小树真是欲哭无泪!她只想问:"我的卡路里燃烧得还不够多吗?而且为了让我的卡路里燃烧起来,全家都动员起来了。"

每天早上,爸爸带着小树去晨跑半个小时。每次小树都累得汗流浃背、气喘吁吁(形容呼吸急促,大声喘气),而爸爸呢,他只会气小树。他骑着自行车在前面带路,总是嫌她跑得慢,一直催小树快点儿跑。小树问他为什么不和她一起跑,他说:"需要燃烧卡路里的是你,又不是我,你要加油噢。"唉,抗议无效,只能咽下这口气,继续燃烧她的卡路里。

周末,其他同学都要去补习班,而小树却要和妈妈去运动场。他们的对手是做不完的习题,而小树的对手是做不完的运动和燃烧不完的卡路里。先来个5000米慢跑热热身,然后开始引体向上和俯卧撑的循环。妈妈每次都会带好几件衣服,就担心小树穿的衣服汗湿之后无法继续运动。看,她多贴心啊。每次运动完回到家,她都会瘫在沙发上,有气无力(形容没有力气,无精打采的样子)地说:"好累啊。"小树不可思议(无法想象,难以理解)地皱起眉头,心想:她刚才一直在玩手机,怎么会累?应该是我比较累吧!但是,小树不敢抗议。因为如果女孩抗议,妈妈一定会说这一切都是为了陪她!看来,小树只能继续燃烧卡路里,争取早日脱离妈妈的"魔爪"。

姐姐是小树最讨厌的人，因为她负责监督小树吃东西。从小树减肥开始，冰激凌、蛋糕、薯片、巧克力、坚果、饼干、糖果……这些她喜欢的零食就都离她而去了，这都是姐姐的"功劳"。她不但不让小树吃，还总是在小树面前狂吃，馋得小树每天都梦到偷吃零食。

减肥，任重道远（比喻责任重大，要经历长期的奋斗）。同在减肥路上的伙伴请跟小树大喊一句：燃烧我的卡路里！

❖ 成长课堂

不要拒绝成为更好的自己，向一切坏习惯说"不"吧！丢掉垃圾食品，丢掉懒惰，充满活力地燃烧起来。这样，你的生活才会更轻松，更惬意，更健康；你的未来才会有更多可能、更多机遇。

❖ 读书笔记

戒烟行动

不良的习惯会随时阻碍你走向成名、获利和享乐的路上去。
——莎士比亚

　　嘉嘉的爸爸哪里都好,但有一点让她很不满意,那就是他是一个吞云吐雾的烟民。爸爸是一名记者,经常要熬夜写稿子,到了后半夜,他就会点上一支烟来提神。妈妈曾多次劝他戒烟,他总说:"抽上一支烟,下笔如有神。"嘉嘉和妈妈都拿他没办法。

　　前不久,他没日没夜地咳嗽,去医院检查后才知道得了肺炎,不得不输液治疗。嘉嘉去医院陪他,看着输液架上的药一瓶接一瓶地换,心疼极了。"爸爸,你真该戒烟了,现在你的肺都开始抗议了。"嘉嘉严肃地说。"好,我回家就戒。"爸爸无奈地回答。

　　回家后,嘉嘉决定当爸爸的戒烟监督员。首先,她把家里的香烟藏了起来,随后在他的书房里放了一些点心、巧克力和糖果,还用水彩笔在纸上写了"吸烟有害健康"几个大字,又画了一支烟,并在旁边打了一个大红叉,然后把纸贴到了爸爸的书房里。

爸爸出院后,推开书房门就看见了戒烟标语,他不好意思地笑了。开始几天,爸爸果然没有抽烟。可是,没过几天,爸爸的烟瘾就犯了。那天,妈妈出差了,爸爸不知道从哪里翻出来一盒烟,津津有味地抽起来。嘉嘉像警觉的黑猫警长,一闻到烟味,就蹑手蹑脚(形容偷偷摸摸、鬼鬼祟祟的样子)地向爸爸的书房走去。她推开门,爸爸像个犯错误的孩子似的,把烟藏在了身后,可是书房里的烟味出卖了他。他面带歉意地说:"嘉嘉,我的病都好了,让我抽一支吧。""不行,坚决不行,你要是还抽烟,我就打电话给妈妈。"嘉嘉严肃地说。爸爸只好无奈地把香烟掐灭了。

为了让爸爸更好地戒烟,嘉嘉从网上找了很多关于吸烟有害身体健康的资料,包括被香烟熏黑的肺的图片,然后把它们打印出来,整齐地放到爸爸的办公桌上。她又把储蓄罐里的零花钱拿了出来,给爸爸买了两盒戒烟糖。

终于,嘉嘉的这些办法见效了。有一天,王叔叔来家里做客,他给爸

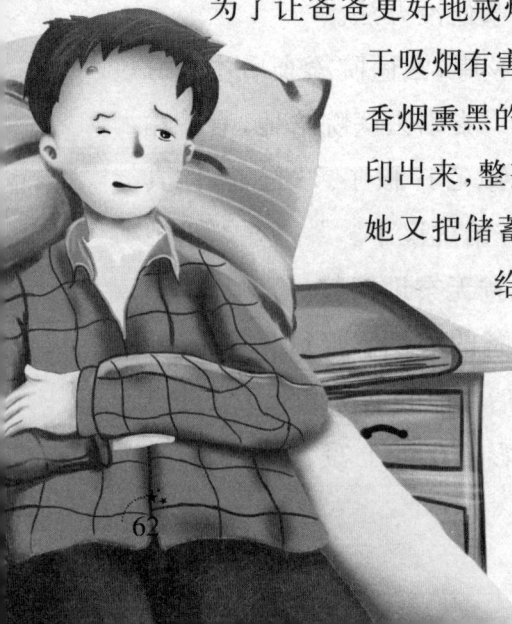

爸点了一支烟，爸爸自然地接过来，才抽了一口就立刻咳嗽起来，说："这烟一点儿也不好抽。"说完，就把烟掐灭了。

看到爸爸的表现，嘉嘉那颗悬着的心终于放下了。她真是一名合格的戒烟监督员。

❖成长课堂

爸爸因病住院后，嘉嘉监督爸爸戒烟，最终成功。众所周知，吸烟有害健康，它不仅对吸烟者会造成伤害，对被动接受二手烟的家人也有损害。拒绝二手烟，从督促身边人戒烟开始。

❖读书笔记

拒绝平庸

平庸的生活使人感到一生不幸，
波澜万丈的人生才能使人感到生存的意义。
——池田大作

鲁哀公手下有个叫田饶的人，他做事非常努力，向来勤勤恳恳（形容勤劳踏实。也形容勤恳的样子）、任劳任怨（不怕吃苦，也不怕招怨）。但是，鲁哀公似乎对此视而不见（指不理睬，看见了当作没看见），很多年来，一直没有重用田饶。

有一天，田饶来到鲁哀公这里，对鲁哀公说："主公，我今天是专门向您辞行的。"

鲁哀公问："你要到什么地方去呢？"

田饶答道："很远很远的地方。"

鲁哀公对田饶的回答有些不解，于是问道："我不明白你话里的含意。"

田饶说："主公，您看过雄鸡吧？"

鲁哀公很纳闷地点点头。

田饶接着说："雄鸡，我们都熟悉，所以没有谁会特别留意它。其实，如果仔细地想一想，它身上有很多长处。比如，它外表就长得很威武，红红的冠子，走起路来高昂着头，遇到威胁时，它会不顾一切冲上去，毫不怯懦，是个了不起的勇士。雄鸡不仅勇敢，而且很有绅士风度，每当找到可口的食物，总是舍不得独自享受，而是唤来母鸡和小鸡一块儿吃，这实在是十分难得的品质。还有，没有人给它分派什么任务，它却总是很自觉地每天凌晨早早醒来，高声地啼鸣报晓，人们多半是因为有了雄鸡司晨才没有耽误许多事。想想看，雄鸡带给人们的好处还少吗？"

鲁哀公仍然不解地问："那么，你想以雄鸡来说明什么问题呢？"

田饶说："别急，这就说到了。雄鸡尽管对人有如此多的贡献，可是人们照样无所顾忌地对它想吃就吃、想杀就杀。因为人们对生活在身边的雄鸡已经习以为常。而鸿雁呢？人们对鸿雁真是**毕恭毕敬**（形容态度十分恭敬），任凭它去捕食池塘里的鱼虾，吃地里的庄稼，似乎这都是它应该享受的。原因很简单，因为它们不是经常能见到的，而是从很远的地方飞来的。"

后来田饶去了燕国做了宰相，将燕国治理得**井井有条**（形容条理分明，整齐有序），鲁哀公**后悔莫及**（指事后的懊悔也来不及了）。

❖成长课堂

> 田饶在鲁哀公眼中是被忽视的人，因此他离鲁赴燕，最终才华得以展现，若他甘于平庸，怎会有一番作为？平庸意味着平凡，而平凡终将平淡一生。拒绝平庸，勇敢地大步向前，才能像田饶一样实现自己的人生价值。

❖读书笔记

_____

_____

_____

_____

会表达

　　学会表达就是学会沟通,善于向别人展示自己内心真实的想法。敢于表达往往都是源于自信,胸中有丘壑、腹中有乾坤,充实了学识、阅历的大脑加上积极、雀跃的心脏,造就了一个会表达、敢表达的人。我们唯有用知识武装自己,才能树立自信,在生活的舞台上不断赋予自己直抒胸臆的勇气。表达是一种能力,需要我们不断修炼自己。

一话之勉

勿以恶小而为之,勿以善小而不为。

——刘备

陈寔是东汉时太丘县令,为官清廉,品行端正,他不但对自己的要求很严格,而且对子孙也管教很严。有一年,天下大旱,庄稼颗粒无收 (多指因灾祸造成绝收),百姓生活十分困难,社会治安混乱,小偷明显多了起来。

有一天晚上,陈寔已经躺下了。突然,他发现房梁上伏着一个人。陈寔心里清楚,这个人肯定是个小偷,趁人不注意的时候混了进来,想等到陈家的人都睡了之后再出来行窃。

陈寔没有声张,他想了想,就又爬起身来,把儿孙们都叫到自己跟前,用严肃的口气教导他们说:"人应该时刻勉励自己上进,不能够放任自流 (听凭自然的发展,不加约束或干涉)。那些做坏事的人,也不见得生下来就是坏人，只是因为他们平时不知道克制自己，养成了做坏事的习惯，才变成了真正的坏人。像那位伏在屋梁上的人就是这样的人！"

躲在屋梁上的小偷听了陈寔的话，**大吃一惊**（形容对发生的事感到十分意外），立即从屋梁上跳了下来，跪到陈寔面前请罪。陈寔看看小偷，觉得他不像是一个惯偷，就对他说："我看你的模样也不像是个坏人，可能是因为生活太困难了，没有办法才走到这一步的。但是，人再穷也要有志气，不能做这种**伤天害理**（形容做事凶恶残忍、丧尽天良）的事。你要从此学好，重新做人，不要再偷了。"

陈寔说完，吩咐家人取来两匹绢，送给那小偷，放他走了。那小偷非常感动，**千恩万谢**（一再表示感恩和谢意）地离开了陈家。他把陈寔的话告诉了其他小偷，一传十，十传百，那些小偷都知道了这件事。

从此，县里就再也没有发现过小偷。

原来小偷们听了这事后，都感到非常惭愧，**无地自容**（形容非常羞愧），纷纷表示要改过自新。

❖ 成长课堂

> 　　陈寔借着教导儿孙的机会劝告小偷要养成好习惯,克制自己,最终劝勉取得极好的效果。人可能会在不得已的情况下做出无奈之举,如果表达得当,很可能就会挽救一个误入歧途的人。总之,批评如果以教育为主,用道理开导人,用后果提醒人,就能达到让对方心悦诚服地认识并改正错误的目的。

❖ 读书笔记

"会说话"的诸葛亮

并非语言本身有多么正确,有力,或者优美,
而在于它所体现出来的思想的力量。

——歌德

　　与人说话,要考虑对方的性格。对于不同性格的说话对象,一定要具体分析,区别对待。

　　诸葛亮在这方面的功夫可以说是**炉火纯青** (比喻功夫达到了纯熟完美的境界)了。在《三国演义》第六十五回中,马超率兵攻打葭萌关的时候,诸葛亮对刘备说:"只有张飞、赵云二位将军,方可对敌马超。"

　　刘备说:"子龙领兵在外回不来,翼德现在这里,可以急速派遣他去迎战。"

　　诸葛亮说:"主公先别说,让我来激激他。"

　　这时,张飞听说马超前来攻关,大叫而入主动请求出战。诸葛亮佯装没听见,对刘备说:"马超智勇双全,无人可敌,除非往荆州唤云长来,方能对敌。"

张飞说:"军师何出此言,小瞧于我!我曾单独对抗曹操的百万大军,难道还怕马超这个匹夫!"

诸葛亮说:"你在当阳拒水断桥,是因为曹操不知道虚实,若知虚实,你怎能**安然无事**(指平安无事)?马超英勇无比,天下的人都知道,他渭桥六战,把曹操杀得割须弃袍,差一点丧了命,绝非**等闲之辈**(无足轻重的寻常人),就是云长来也未必战胜他。"

张飞说:"我今天就去,如战胜不了马超,甘当军令!"

诸葛亮看"激将法"起了作用,便**顺水推舟**(顺着某个趋势或某种方便说话办事)地说:"既然你肯立军令状,便可以为先锋!"

结果张飞与马超在葭萌关下酣战了一昼夜,斗了二百二十多个回合,虽然未分胜负,却挫了马超的锐气,后被诸葛亮施计说服而归顺刘备。

诸葛亮针对张飞脾气暴躁的性格,常常采用"激将法"来说服他。每当遇到重要战事,先说他担当不了此任,或说怕他贪杯酒后误事,激他立下军令状,增强他责任感和紧迫感,激发他的斗志和勇气,扫除轻敌思想。诸葛亮对关羽,则采取"推崇法",如马超归顺刘备之后,关羽提出要与马超比武。为了避免二虎相斗,必有一伤,诸葛亮给关羽写了一封信:我听说关将军想与马超比武一较高下。依我看来,马超虽然英勇过人,但只能与翼德并驱争先,怎么能与你"美髯公"相提并论(把不同的人或不同的事放在一起谈论或看待)呢?再说将军担当镇守荆州的重任,如果你离开了造成损失,罪过有多大啊!

关羽看了信以后,笑着说:"还是孔明知道我的心啊!"他将书信给宾客们传看,打消了入川比武的念头。

一个说话做事有的放矢的人,如果胸怀大志而又才华横溢,必能成就一番伟大的事业。

❖成长课堂

一个会表达的人,一定也是一个善于观察的人。诸葛亮针对关羽和张飞的性格,采取了不同的语言表达方法——一个用推崇法,一个用激将法。毫不费力地实现了自己的目的。让我们学着观察,学会表达吧,人生的精彩也许就在其中。

❖读书笔记

不合时宜的劝说

把握言与行的分寸的关键在于审时度势，
该多讲时大胆放言，不能少说，否则言犹未尽；
该少讲时，不能多说，否则言多必失；
该沉默时，奉行沉默是金，三缄其口。

——董思阳

　　三国时期，魏明帝最疼爱的一个女儿曹淑未满月就死了。魏明帝极为悲痛，追谥为平原懿公主，在洛阳建立宗庙祭祀，安葬于南陵，魏明帝决定亲自前往许昌送葬。

　　司空陈群劝谏说："未满八岁的孩子死亡，没有相应的丧葬礼仪，更何况是还未满月的婴儿。如果以成人的丧葬礼仪送葬，满朝

74

大臣都要身穿白孝服，日夜在棺前号哭，自古以来没有过这样的事。更何况陛下还要亲自去察看陵墓，亲自送葬。臣还听说陛下打算驾临许昌，太后、皇后两宫上上下下全都随驾东行，满朝文武无不惊奇，**议论纷纷**（形容意见不一，议论很多）。有人说陛下是为了避灾，有人说是为了营造宫殿而迁移殿舍，有人则不知道是什么原因。我认为吉凶都是天命，移居来祈求平安是无益于事的。即使是要移居躲避灾祸，也可以修缮整治孟津和金墉城的别宫暂居，没有必要在许昌新建宫舍，耗费大量的人力和财力。而且贤能的人是不会轻易迁居的，以便乡里安宁，何况陛下是天下的主人，一**举一动**（指人的每一个动作）为何还这样轻率呢！"这时，大臣杨阜也出列对明帝说："从前，先皇和太后去世时，陛下都没有去送丧，现在一个尚在襁褓中的婴儿死了却去送丧，这与礼法不合。"

陈群和杨阜说得都**合情合理**（符合情理），但他们却唠唠叨叨地说个不停。当时魏明帝正处在悲痛之中，听不进任何劝说。所以，他不仅没有理会陈群和杨阜的劝说，还把他们赶出了朝堂。他们落得这样的下场，完全是因为他们说话不看场合时机。

成长课堂

> 陈群和杨阜的话虽然合理,但他们没有把握好分寸,最终被赶出了朝堂。据理力争没错,但若不注意时机场合,终究是不明智的做法。正确把握表达的分寸是打开成功大门的一把金钥匙,可以带来意想不到的效果。反之,却可能招来祸患。

读书笔记

_____

_____

_____

_____

冬日暖暖

真正的快乐是内在的,它只有在人类的心灵里才能发现。
——布雷默

外面又下雪了,阳阳坐在窗前看着雪花纷纷扬扬 (指雪花飘洒得多而杂乱) 地飘落,心里觉得暖暖的,思绪也被拉回到了几个月前……

周末,爸爸要去给一个朋友送东西,但是妈妈不在家,他只得带着阳阳和妹妹一起去。到那里后,他让阳阳和妹妹在车里等着,自己一个人上楼去了。阳阳百无聊赖 (精神上无所寄托,感到非常无聊) 地看着窗外的大雪,很庆幸爸爸没让他们跟着一起去。

这时,一阵笑声吸引了阳阳的注意。他转头看过去,发现路边有一个老爷爷和一个小男孩,他们身上落满了雪,好像两个雪人,但是他们笑得特别开心。阳阳不由得打了个冷战,心想:外面那么冷,有什么值得开心的呢?

看了一会儿后，阳阳才知道他们在堆雪人。老爷爷负责运雪，小男孩负责造型，祖孙俩分工合作、默契十足。突然，小男孩摔倒了，老爷爷赶紧走过去扶起小男孩，还不住地数落道："让你慢一点儿，怎么不听话？这回摔疼了吧！"小男孩笑嘻嘻地说："一点儿都不疼，雪是软的，摔一下可舒服呢。"老爷爷被逗笑了。小男孩继续说："爷爷，你要慢一点儿，可不能像我一样不听话。"老爷爷笑着说："好，爷爷要做你的榜样，必须听话！"这时，一位叔叔走了过来，他看着眼前一大一小两个"雪人"，无奈地说："真是拿你们没办法，每次下雪都要堆雪人。"说完，他也加入了堆雪人的行列，欢声笑语萦绕在他们身旁，他们被暖暖的亲情包裹着，竟一点儿也不觉得冷。

"哥哥，我也想和爷爷一起堆雪人。"妹妹突然在阳阳身边说。阳阳拍了拍她的头，没有说话。其实，每年去爷爷家过春节时，爷爷都会叫他和妹妹一起堆雪人，但他们总说外面冷，不想出去，一直赖在房间里看电视。爷爷只得默默扫起院子里的雪，

然后看着空荡荡的院子发呆。想起这些,阳阳内疚极了。

不一会儿,爸爸回来了。阳阳对他说:"爸爸,今年春节我们和爷爷一起堆雪人吧。""太好了,我要和爷爷一起堆大雪人。"妹妹在一旁附和。爸爸先是诧异地看着他们,随后露出了欣慰的笑容。

春节时,他们在爷爷家的小院里堆了一个又大又可爱的雪人。雪人的嘴角弯弯的,幸福地笑着,他们一家人也幸福地笑着。

◆成长课堂

> 人们常常羞于对亲人表达爱意,这会错失很多温暖的瞬间。你的表达,可能就是冬日里的暖阳,可以驱散他们的烦忧、冷寂,能够让他们知道,你比想象中更爱他们。如果你实在说不出口,不妨学一学故事中小男孩的做法,委婉而又含蓄地表达出对亲人的爱与思念。

◆读书笔记

家庭批判大会

时间可以让人丢失一切，可是亲情是割舍不去的。
即使有一天，亲人离去，
但他们的爱却永远留在子女灵魂的最深处。
——高尔基

今天，阿信家有大事发生，这件事是由他主导的。他经过三个星期的努力，才说服了爸爸、妈妈和姥姥，让他们今天必须出席由他主持的家庭大会。

与会人员到齐后，阿信清了清嗓子，说："大家下午好，很高兴你们能准时参会。今天大会的主题是'批判'！"

妈妈瞪大眼睛问："批判？可是你之前告诉我大会的主题是'分享'啊。"

阿信摆了摆手，说："那不重要。"

爸爸偷偷地笑了，阿信严肃地说："请注意大会纪律！首先，我想问一下，我们家是不是'骗子家族'啊？"

"你这个'熊孩子'，别瞎说！"姥姥板起脸说。

"我才没有瞎说呢！先说一下妈妈，她每周末叫我起床的时候都会说谎，明明才七点钟，她非得说：'八点了，快起来吧！'我也是'傻'，每次都上当，急急忙忙洗漱、吃饭，生怕上兴趣班会迟到。"

妈妈坏笑了一下，说："这是善意的谎言，因为我担心你会迟到。"

"还有爸爸，"阿信直勾勾地看着爸爸说，"你能不能有点儿责任心！你给我冲的糖水或者蜂蜜水，不就是白开水吗？为什么要骗我？"

爸爸被逗得哈哈大笑，说："我是为了让你多喝一点儿水。"

"那你直接跟我说喝白开水就可以了。"阿信反驳（提出反对的理由辩驳）道。

"因为你喜欢吃甜食，如果让你喝白开水，你一定不愿意。而且，我还想问问你呢，你现在有几颗虫牙？"爸爸反问起阿信来了。

"好像有……不对，今天是我对你们的'批判'，你们没有权利提问，更不能批评我！还好我聪明，否则就被你带跑题了。"阿信严肃地说，"最后，我要说的是姥姥。姥姥，您怎么也和他们一起骗我啊？还没有入冬，您就说天冷了，得穿棉裤，结果就是我坐在教室里热到出汗。"

"我是担心你会感冒啊。"姥姥笑呵呵地说。

阿信无奈地说："是啊，我没感冒，倒是热伤风了好几次。"

最后，他总结道："我希望家庭成员之间以诚相待，我们共同营造温馨、和谐的家庭氛围。"与会人员纷纷点头，表示同意。

第二天早上，妈妈大喊："阿信，快起床，已经八点了。"男孩充满期待地看了一下闹钟，唉，又是七点钟。

家庭"批判"大会以失败告终。

❖ 成长课堂

"批判"大会看似吐槽，实则展现了满满的亲情。亲情是所有情感关系中最牢靠的一种。亲情是成长的摇篮，在它的呵护下，我们茁壮成长。亲情是力量的源泉，在它的浇灌下，我们勇往直前。若我们羞于表达爱，没关系，不妨从这篇文章中找找灵感。

❖ 读书笔记

妈妈，请听我说

语言是赐予人类表达思想的工具。

——莫里哀

豪豪从王阿姨家回来后，有些不开心，他有很多话想对妈妈表达。他把想说的话写在纸上，请妈妈了解一下他的心声：

妈妈，您看见王阿姨家的军军哥哥弹得一手好钢琴，就羡慕地夸赞军军哥哥，同时还不忘数落我。您说给我报了钢琴班，但是我三天打鱼两天晒网，学得不认真，现在连一首完整的曲子都弹不了。当时，我的脸像被火烤一样，羞愧得无地自容（形容非常羞愧）。

后来，王阿姨给您看了军军哥哥的毛笔字和绘画作品，您瞬间变成了军军哥哥的粉丝，还说："和军军一比，我们家豪豪差得太多了。"您的话深深地伤害了我，如果不是在王阿姨家，我肯定要和您争论一番。更糟糕的是，您要给我报书法班和绘画班。说实话，我对它们没有任何兴趣。

在王阿姨家吃完晚餐，我和军军哥哥一起帮王阿姨收拾桌子。这时，您又开始夸奖军军哥哥了："军军真懂事，如果豪豪能像军军这样，让我做什么都行啊。"这时连王阿姨都觉得您的话有点儿夸张了，她用手摸了摸我的头，说："其实，豪豪也很优秀的。"在那一瞬间，我突然有点儿想哭。

妈妈，我想对您说，军军哥哥的确很优秀，但我也有很多优点啊，比如我善良、温和，做事认真，我期待您能发现我的优点。我不希望您通过和别人家孩子的对比，发现您的儿子一无是处（没有一点儿对的或好的地方），这样我会很伤心的。妈妈，请您仔细想一想，我真的没有优点吗？我太需要您的肯定了！

妈妈，我知道您很爱我，您平时省吃俭用（形容生活简朴，吃用节俭），就为了给我报各种各样的兴趣班。但妈妈，我想对您说，让我学我不感兴趣的东西，不但浪费我的时间，还

增加了家里的经济负担。而我想学的是演讲和唱歌,我希望您能为我报这样的兴趣班。不要别人家的孩子学什么,您就让我学什么,好吗?

妈妈,我知道您爱我,但人生的路要自己走。我希望在我的成长过程中,您能给我更多的鼓励、温暖和肯定,而不是一直和别人比较,我不想接受挫折教育。妈妈,我爱您,我会健康地成长。妈妈,希望您能记得我发自内心的话语,希望您能换种方式爱我。

❖成长课堂

男孩用直抒胸臆的方式表达了自己对妈妈的不满,抒发想要做自己的心声。恰如其分的表达,可以改善人际关系,使事情朝着自己的期望发展。学会表达是助力成功的法宝。

❖读书笔记

_____

_____

_____

_____

别紧张，慢慢来

推心置腹的谈话就是心灵的展示。

——温·卡维林

上周三,作为校艺术团小记者的楠楠接到了一个任务——采访六年一班的李秋雨同学。他是品学兼优(思想品德和学业都很优秀)的好学生,是学校的小明星,上周还在学校报告厅举办了个人公益画展。从接到采访任务那天起,她便兴奋得睡不着,在本子上一遍遍地修改采访提纲,又翻箱倒柜地找衣服,第一次做采访,得穿得正式一些。

约定采访的时间是周五下午三点,地点是报告厅。楠楠提前 20 分钟来到了报告厅,一进门就看见了李秋雨,他站在第一排座椅后面,正目不转睛地看着墙上的画。楠楠快速跑过去和他打招呼:"你……你好,我……我是校艺术团的小记者,我叫楠楠,很高兴认识你。"不知是因为紧张还是激动,她说话断断续续的。"你好,楠楠,我是李秋雨。"说完,他主动和楠楠握了握手。

他们在第一排找了两个位置,刚坐下,楠楠就认真地对他说:"秋雨哥哥,今天我想问你8个问题,第一个问题是你怎样爱上画画的?第二个问题是你的爸爸和妈妈支持你画画吗?第三个问题……"楠楠的话还没说完,李秋雨哥哥就打断她的话,说:"楠楠,你不用一股脑地把问题都问完,你可以一个一个地问,别紧张,慢慢来。"楠楠吐了吐舌头,不好意思地说:"这是我第一次采访,的确有点儿紧张。""没关系,我会回答你所有的问题,你把重要的记到本子上就可以了。"他笑着对楠楠说。他的话让楠楠意识到今天她竟然忘记带本子和笔了。正在楠楠**不知所措**(形容处境为难或心神慌乱)时,李秋雨哥哥从他的书包里拿出一支笔和一个笔记本递给楠楠,说:"你用这个记吧。"

真是万事开头难啊!在李秋雨哥哥的帮助下,采访总算开始了。他说他6岁就开始学画画了,因为感兴趣,所以一点儿都不觉得累。而且画画帮他打开了一扇想象的窗,只要带着想象去画,就能画出最有趣的东西。到现在为止,他已经画了一百多幅画了,而且多次在全国性的绘画比赛中获奖。楠楠问他:"你觉得你得过的最有分量的奖是什么?"他毫不犹豫地说:

"在画画的过程中感受到的快乐是我获得的最有分量的奖。"他的回答让楠楠意外,也让她佩服。

采访结束了,秋雨哥哥给楠楠最大的感觉是踏实,他画画不是为了获奖,更不是为了满足自己和家长的虚荣心,而是自己感兴趣,享受画画的过程。楠楠很感谢秋雨哥哥,他让她明白了该怎样做一个合格的小记者。

成长课堂

一个合格的小记者必须会表达。通过清晰的逻辑思维,组织问题;通过风趣幽默的语言能力,提出问题;通过恰如其分的表情和行为,让对方放下戒备,舒适轻松地回答问题。如果你跟文中的女孩一样,还不具备这样的技能,也别着急,慢慢来,只要努力,总有一天能成功。

读书笔记

_____

_____

_____

_____

自信成就精彩人生

自信对于人来讲至关重要，我们要拥有自信远离自卑，因为我们是世界上独一无二的人！拥有自信会让我们跳出平淡无奇的人生，收获自己独特的精彩。自信是生活的明镜，因为它能让我们既不自负也不自卑地正确认识自己；自信是成长的加油站，因为它能给予我们勇往直前的勇气；自信是人生的指路明灯，因为它将激励我们走向成功。

面对困难时，自信的人不会选择逃避而是会勇往直前。自信的人会影响并带动身边人，因为拥有自信的人每天都会充满正能量，它能带给人无限的生机与活力。

在历史长河中，能成就一番事业的伟人大多都具有强烈的自信心，即使在挫折与困难的磨砺下依旧拥有顽强拼搏的勇气。自信锻炼了我们的意志力，让我们的人生更充实，更精彩。让我们自信地喊出："我能行！"

正方，反方

有效的沟通取决于沟通者对议题的充分掌握，
而非措辞的甜美。
——葛洛夫

最近，陈家的两姐妹都被可爱的小狗迷住了，打算在家里养一只，却遭到了妈妈的反对。她们软磨硬泡，可妈妈还是**无动于衷**（指对应该关心、注意的事情毫不关心，置之不理），坚决反对她们养狗。两个人商量了一下，最终请出了她们的"撒手锏"——爷爷和奶奶。在爷爷的提议下，她们决定在周末举行一场关于是否养狗的家庭辩论会。

周六一大早，老陈家的家庭辩论会就开始了。

"我宣布，家庭辩论会正式开始，这次的辩题是：我们家里可以养小狗吗？两位孙女为正方代表，儿子、儿媳为反方代表，我们采取自由辩论的形式，现在开始。"爷爷的话音刚落，妹妹便站了起来。"我认为，我和姐姐现在正处于身心发育的重要阶段，家里养一只小狗，可以培养我和姐姐的爱心与责任心，让我们在照顾小狗的同时，懂得关爱和责任。"说完，她就坐下了。

这时，妈妈代表反方站了起来。妈妈说："我不同意在家里养小狗，因为我和爸爸的工作都特别忙，没有足够的时间和精力照顾小狗；而你们俩现在正处于学习的阶段，如果把时间过多地花费在照顾小狗身上，成绩一定会受到影响。所以，我反对养小狗。"妈妈说完后，妹妹看爷爷奶奶都频频点头。"我感觉大事不妙啊！"她对姐姐嘀咕道，心里紧张得像揣了一只不安分的小鹿。"别担心，看我的！"姐姐自信地对她说。

"我认为，养小狗与我和妹妹的学习并不冲突，"姐姐**慢条斯理**（形容说话做事慢腾腾，不慌不忙）地说，"我和妹妹可以轮流照顾小狗。而且，养小狗可以丰富我和妹妹的课余生活，为我俩减压的同时，还让我们多了一个玩伴。所以，我们认为养小狗是利大于弊的。"姐姐说完，爸爸缓缓地站起来说："我没有什么意见，我都听你们妈妈的。"一句话惹得全家**捧腹大笑**（形容遇到极可笑之事，笑得不能抑制）。

91

奶奶说:"好,我宣布正方胜利,我们家可以养小狗。但是你们要在爸爸妈妈忙的时候照顾好小狗,最重要的是不能耽误学习。"

"太好啦!"姐妹俩异口同声(指大家说得都一样)地喊道。这次辩论会不仅实现了她们养小狗的愿望,还教会她们遇事要学会和大人沟通,要有理有据地商讨。以后,她们还要举办这样的家庭辩论会。

成长课堂

> 养狗事件通过自由辩论,最终意见统一,姐妹俩得偿所愿。家人之间也需要良好的沟通。良好的沟通可以增进感情和信任。当意见不一致时,有效的沟通还可以化解矛盾。

读书笔记

_____

_____

_____

_____

失败背后的感悟

语言是科学的唯一工具,词汇只是思想的符号。

——塞·约翰逊

　　星期四下午,奇奇的班级举行了以"童年"为主题的演讲比赛。

　　班长佟双第一个登台演讲,演讲的题目是"酸甜苦辣"。她声音轻快、活泼,她时而俏皮地大笑,时而深深地叹气,时而眼中含泪……把童年讲出了味道。童年,因弟弟的出生而让她觉得自己被忽视,心里有些**酸楚**（苦楚；悲痛）；童年,因朋友之间最纯真的友情,让她觉得甜甜的;童年,因为有了作业和考试,使她品尝了苦滋味;童年,因和弟弟一起胡闹,多了些刺激的辣味。而这"酸甜苦辣"正是童年最真实的味道,也是完整童年不可或缺的味道。

　　第二个登台演讲的是本次演讲比赛的小主持人洪娜,她演讲的题目是"童年在梦中"。她天生一副好嗓子，同学们都很期待她的表现。演讲开始，她用稚嫩的嗓音带领所有人进入了童话世界，她和小猴子、大象、孔雀、喜鹊都是好朋友。他们为了营救大熊猫，踏上了未知之旅。一路上，朋友们互帮互助，期间发生了很多好玩的事。洪娜**惟妙惟肖**（描写或模仿得非常逼真）地模仿着小动物们的声音和动作，把同学们逗得哈哈大笑。

很快就轮到奇奇了。他深吸一口气，朝讲台走去，可心里却像揣了一只小兔子一样。站到讲台上，看着同学们鼓励和期待的眼神，他忘记了紧张，开始了自己的演讲。

奇奇演讲的题目是"五彩缤纷的童年"。搬来城里之前，他和爷爷奶奶生活在乡下，那时的奇奇很淘气。夏天，他上树抓鸟、下水捞鱼；冬天，他和小伙伴们在雪地里打滚儿。爷爷常常拿着小树枝追着他跑，可每次被爷爷抓到后，他都会把树枝高高举起，轻轻落下。最后，奇奇说："我怀念那时的自己、爷爷的小树枝、奶奶的臂弯，而我最怀念的是五彩缤纷（指颜色繁多，非

常好看)的童年。"演讲结束,台下响起了热烈的掌声。

很快,参赛者都演讲完了,同学们投票选出前三名。虽然奇奇没有获奖,但是他对自己的表现很满意,他会继续努力,争取下一次有更好的表现。奇奇觉得这次演讲比赛最有意义的一点是演讲稿都是他们自己写的,或许他们的语言很稚嫩,但他们的情感是真挚的,大家用心诉说着自己对童年的感悟。在他们心中,表达自己的声音和观点比什么都重要!

❖ 成长课堂

奇奇虽然在演讲比赛中没有得奖,但最后却明白了勇于表达自己的声音与观点比输赢更加重要。良好的表达能力在生活中至关重要,它是展现自我,掌控人生的无价之宝,是通往成功之路的必要途径。勇于表达,才能成就更好的自己。

❖ 读书笔记

读后感

自律三则

自我修养提升书系

崔钟雷　主编　▲

会自强
会自勉
会自省

黑龙江美术出版社

图书在版编目(CIP)数据

自我修养提升书系/崔钟雷主编. —— 哈尔滨：黑
龙江美术出版社，2019.8
ISBN 978-7-5593-5585-0

Ⅰ.①自… Ⅱ.①崔… Ⅲ.①个人-修养-通俗读物
Ⅳ.①B825-49

中国版本图书馆CIP数据核字 (2019) 第171239号

书　　名／自我修养提升书系
ZIWO XIUYANG TISHENG SHUXI

主　　编／崔钟雷
策　　划／钟　雷
副 主 编／苏　林　石冬雪
责任编辑／李　倩
装帧设计／稻草人工作室
出版发行／黑龙江美术出版社
地　　址／哈尔滨市道里区安定街 225 号
邮政编码／150016
编辑版权热线 ／（0451）55174988
销售热线／4000456703　　（0451）55183001
网　　址／www.hljmscbs.com
经　　销／全国新华书店
印　　刷／莱芜市新华印刷有限公司
开　　本／880mm×1230mm　1/32
印　　张／24
字　　数／660 千字
版　　次／2019 年 8 月第 1 版
印　　次／2019 年 10 月第 1 次印刷
书　　号／ISBN 978-7-5593-5585-0
定　　价／158.40 元（全八册）

前言

周国平在《面对苦难》中说道："对于一个视人生感受为最宝贵财富的人来说，欢乐和痛苦都是收入，他的账本上没有支出。"

我们在成长的路上不断奔跑，反复摔倒，这是一个艰难且漫长的过程。有的人沉淀自己，在黑暗中平缓自己躁动的心，终于在春暖花开时破茧成蝶，翩翩舞动；有的人修炼自己，在烈火般的磨难中坚定信念，终于在冲天火光中涅槃重生，脱胎换骨。在我们拼尽全力过后，蓦然回首，便会发现，过往的所有痛苦与磨砺都是在帮助我们成长。

本套丛书是为小学生倾力打造的精品励志读本，共8册，通过古今中外众多通俗易懂、积极向上的故事，来帮助孩子塑造好性格、培养好习惯，帮助孩子学会为人处世，树立正确的思想观念，助力孩子的成长。书中的每篇故事都依据其中心思想，附有一条名人名言，帮助孩子在愉快的阅读中积累作文素材，提高写作能力；文中还穿插着精美的图片，吸引孩子的阅读兴趣；每篇文章的结尾都有一个总结性的小道理，让孩子轻松理解文章的深刻含义。

成长伴随着父母的谆谆教导、老师的循循善诱。但是归根结底，成长是一个人的自我升华。我们要学会摒弃懦弱、迷茫、愤怒、悲伤；学会拾起乐观、自信、赞美、宽容，我们要成为房檐下穿石的水滴，成为没有人能够扑灭的火花。

目录
Contents

会自省

目录
Contents

目录
Contents

会自强

会自省

　　顾名思义,自省就是要学会自我反省——转变自己的思想,纠正自己的行为。错误重蹈覆辙,人生过得浑浑噩噩,都源于不会自我反省。自省的终极意义就是在自我批判中寻求成功的捷径,无论顺境还是逆境,都要时刻保持自省,防止骄傲情绪膨胀,杜绝不良习惯滋生。唯有脚踏实地,才能在反省中扬长避短,实现自己的人生价值。

都是贪吃惹的祸

从实践中学，从书本上学，
从自己和人家的经验教训中学。
——邓小平

　　轩轩的妈妈常说："你呀，你呀，就是一个'小吃货'，只要有好吃的，谁也别想跟你抢！"没错，轩轩的确很贪吃，是个名副其实（名称或名声与实际相符合）的"小吃货"。而他最爱吃的就是糖果，也因此受了不少罪！

　　有一次轩轩过生日，舅舅给他买了一个糖果大礼包和小汽车做生日礼物。舅舅说："轩轩，听说你喜欢小汽车，舅舅给你买了一个'法拉利'，喜欢

吗？"轩轩笑嘻嘻地说："谢谢舅舅，我非常喜欢。不过，我更喜欢这个糖果大礼包。"在一旁的妈妈说："看你的小眼睛，自从舅舅进门就没离开过那盒糖。不过，我们要先约定好，不能多吃糖果，听到了没？""知道啦。"轩轩噘着嘴说，然后抱着那盒糖开心地跑回了自己的房间。他想：平时不让我多吃，可今天是我生日，多吃几块应该没事的。于是，轩轩打开精美的糖果盒子，将美味的糖果一颗接一颗地往嘴里送。不一会儿，他就吃了二十几颗糖果。这时，他有些心虚，怕妈妈发现，急忙把盒子收好，乖乖出去吃饭了。

刚吃完饭，轩轩的牙就开始疼了。他心想：这回糟了，肯定是因为刚才吃了太多糖果，如果妈妈知道了，一定会批评我的，还是先忍忍吧！过了一会儿，轩轩实在疼得忍不住了，便低声对妈妈说："妈妈，我牙疼。刚才没忍住，多吃了几颗糖。"妈妈焦急地问："怎么样？很疼吗？要不要去医院？"他点了点头。

于是妈妈带轩轩去了楼下的牙科诊所。医生检查之后问道："小朋友，你是不是很喜欢吃糖啊？"他不好意思地低下了头。医生说："以后要注意啦，不能吃那么多糖，不然就要有**龋齿**（一种牙病）了。从现在开始，你要保护好你的牙齿，少吃糖，按时刷牙，知道了吗？"轩轩认真地点了点头说："知道了，谢谢医生叔叔。"

在回家的路上，轩轩信誓旦旦（誓言诚恳可信）地对妈妈说："妈妈，我以后一定不贪吃糖果了。"妈妈笑着摸了摸他的头。

从那以后，轩轩每次想要多吃糖果时，就会想起那次牙疼的经历，然后乖乖收起糖果。现在"小吃货"知道了，糖果固然好吃，但是贪吃可就要牙疼啦！

❖成长课堂

> "经验是思想的结果，思想是行动的结果。"小主人公在经历了牙痛后，痛定思痛，做出了一个决定——不再多吃糖果。那我们下次在做一件事情之前，是不是也要想一想，这件事情会带来怎样的后果，这个后果是自己能承担的吗？只有这样，我们才能避免重蹈覆辙。

❖读书笔记

_____

_____

_____

_____

负"姜"请罪

知错就改,永远是不嫌迟的。

——莎士比亚

早上,爸爸让奇奇去给在公园遛弯儿(散步)的姥姥送外套。当时奇奇正在玩游戏,马上就要到最后一关了,如果现在停下就太可惜了。但他又不敢拒绝爸爸,只好拿着游戏机和外套一起出门了。

走出家门,奇奇立即躲进了楼梯间,想过关之后再给姥姥送外套。可是,没想到半个小时都没有过关。直到游戏界面显示他今天不能再玩了,他才失落地收起游戏机。这时,他突然想起还没给姥姥送外套呢。

奇奇一路小跑来到公园,可是找了半天都没有找到姥姥。他给姥姥打了电话,姥姥说她跟张奶奶去童心公园转转,一会儿就回来,让他不用担心。奇奇拿着外套往回走,心里七上八下(形容心里慌乱不安)的,害怕爸爸知道这件事后会批评他。这时,突然下起了大雨。

奇奇跑到凉亭里躲雨，可是四溅的水花和阵阵凉风让他觉得冷极了。奇奇不禁打了一个喷嚏，急忙披上了姥姥的外套。这时他突然意识到，现在雨这么大，姥姥没有外套，会不会着凉啊？

不一会儿，雨停了，奇奇低着头往家走。到家后，爸爸一脸疑惑地看着他手中的外套。他**内疚**（内心感觉惭愧不安）地说："爸爸，我错了，刚才我在楼梯间玩了半个小时游戏，等我下楼的时候姥姥已经去童心公园了。可是刚才下雨了，不知道姥姥会不会着凉。"爸爸拍了一下他的肩膀，说："你呀，爸爸就是看了天气预报，知道要下雨，才让你给姥姥送外套的。可是你却因为玩游戏而耽误了时间！不过，你承认自己犯了错，没有找其他理由为自己开脱（推卸罪名或对过失的责任），这一点倒值得肯定。"

"可是，现在该怎么办呢？"奇奇问。"我们给姥姥煮点儿姜水，可以预防感冒。"爸爸说。"好，我现在就去煮姜水。"奇奇一溜烟儿地跑进了厨房。

下午，姥姥回来后，奇奇端着姜水对姥姥说："姥姥，我负'姜'请罪来了，请喝了这碗姜水吧。"姥姥知道事情的原委（事情从头到尾的经过）后，咕咚咕咚喝下了姜水，然后笑着说："姥姥身体好着呢，没那么容易生病。"看着面色红润的姥姥，奇奇终于放心了。

奇奇心想：爸爸，对不起，我不应该那么贪玩；姥姥，对不起，我不应该让您淋雨。我真的知道错了，以后绝对不会因为玩游戏而耽误其他事情了！

❖ 成长课堂

> 　　本文记述了小主人公因玩游戏而耽误给姥姥送衣服的事情，可贵之处是小主人公对自己进行了反思，在认识错误的过程中，实现了成长的升华。游戏虽然好玩，但是千万别耽误了重要的事情。小主人公主动向父亲坦白、向姥姥道歉的做法，值得我们学习。

❖ 读书笔记

都是坏习惯惹的祸

人应该支配习惯，而决不能让习惯支配自己。

——奥斯特洛夫斯基

涵涵是老师眼中的好学生，家长眼中的好孩子。虽谈不上德智体美全面发展，但至少学习成绩好，尊老爱幼、懂礼貌。不过他有一个坏习惯，妈妈常对他说："你什么都好，要是再改掉这个坏习惯就更好了。"

每次说到涵涵的坏习惯，妈妈就头疼得不得了。有一次，涵涵一个人坐在沙发上，边看电视边吃薯片，吃完一片还不忘嗍（吮吸）一下手指。一开始，妈妈没有发现。但是他吃得太开心了，嗍手指的声音有点儿大，被抓了个现行。妈妈说："涵涵，你又'吃'手。怎么就改不掉这个坏习惯呢？妈妈和你说过多少遍了，**病从口入**（指疾病多是由不良饮食习惯引起的，应注意饮食卫生），你这样很不卫生。如果真的生病了，到时候可别抱着我哭。"涵涵撒着娇说："知道啦！我保证以后不'吃'手了。"妈妈叹了一口气走开了。涵涵心想：如果吃完薯片不能嗍手指，那该多遗憾哪！于是，他拿起一片薯片放到嘴里，然后又满意地嗍了一下手指。

不过，当天晚上涵涵就尝到了苦果（指坏的结果或使人痛苦的结果）。他刚躺在床上准备睡觉，就觉得肚子很疼，而且疼痛感越来越剧烈。最后，妈妈不得不带他去医院。在路上，妈妈心疼又急切地说："忍着点儿，马上就到医院了。"涵涵躺在车上疼得满头大汗，一直抱着妈妈哭。

到了医院，医生让涵涵平躺在床上，用手按按这儿，按按那儿，然后问他疼不疼。检查完之后，医生问："小伙子，你是不是很喜欢吃零食？"涵涵不好意思地点了点头。医生又问："你吃完零食后是不是还总爱嗍手指？"他的脸"刷"的一下红了，低着头没说话。最后，医生严肃（神情使人感到敬畏）地说："以后不能这样了。都说病从口入，所以饭前、饭后要洗手。而且千万不能嗍手指，不然病菌都进入你的体内了。今天就是因为这样，你才肚

15

子疼的。知道了吗？"涵涵惭愧地点了点头。

在回家的路上，他对妈妈说："妈妈，我以后再也不'吃'手了，我一定会改掉这个坏习惯！"妈妈欣慰地笑着说："这才是乖孩子。"

从那以后，每当涵涵想"吃"手时，就会想起医生说的话，想到和妈妈的约定，然后默默地放下手。最终，他改掉了这个坏习惯！

成长课堂

习惯有好的，也有坏的。好习惯，我们要坚持，因为能让我们受益终身；坏习惯，我们要克服，因为会使我们招致祸患。就像小主人公一样，因为"吃"手的坏习惯，导致自己肚子疼。所以，当我们发现自己有某些坏习惯的时候，一定要第一时间纠正过来。

读书笔记

学习要坚持

在学习上做到眼勤、手勤、脑勤，
就可以成为有学问的人。
——吴晗

学习这件事，真是让人欢喜让人忧！

去年，欣欣作为班级代表之一，报名参加了本年级的成语接龙大赛。为了在比赛中取得好成绩，给班级争光，她每天起早贪黑地背诵和默写成语，没有一刻放松。比赛那天，欣欣和易文过关斩将，一路闯到了决赛。决赛的第一个成语是"高山流水（指知音难遇或乐曲高妙）"，易文马上举手示意，并在黑板上写下"水落石出（比喻真相大白）"四个字。对方也毫不示弱，立即写下"出头之日"。易文紧张地看了看欣欣，欣欣朝她点了点头，写下了"日薄西山（比喻人已衰老接近死亡或事物衰败腐朽）"，这是爷爷昨天教她的成语。对方思考了三秒钟后，写下"山高水长（原比喻人的风范或声誉像高山一样永远存在,后比喻恩德深厚)"。易文自信地一笑,写了"长途跋涉(形容长距离行路的艰辛)"四个字。欣欣心想:易文太聪明了,不但回答了问题,还给对方制造了难题,因为以"涉"字开头的成语太少了。果然,对方被难住了。时间一到,裁判宣布欣欣和易文获胜。她们激动地抱在一起,在台下观看比赛的同学们也鼓掌庆祝。

成语接龙比赛结束后,欣欣有些懈怠了。课堂上也不那么认真了,回家完成作业后就不再看书了。同桌发现了她的异常,便问道:"欣欣,你最近怎么了?"欣欣一脸诧异地看着她,同桌继续说:"你上课时总是溜号(注意力不集中),老师提问题时也不举手回答,学习热情好像减退了很多。"欣欣心虚地看着她,不知道该说些什么。放学回到家,弟弟急匆匆地跑过来对欣欣说:"姐姐,今天你不许和我抢电视看。"弟弟的话为她敲响了警钟:是啊,我最近总是看电视,不像以前那样爱学习了。爷爷走过来意味深长地拍了拍欣欣的肩膀,没有多说什么。而期中考试的滑铁卢

让她彻底醒悟了,看着卷子上的红叉,她的眼圈红了,心里难过极了。欣欣意识到了自己的问题,因为之前取得了一点点成绩而骄傲自满,不再认真学习,最终导致成绩直线下滑。自我反思之后,她决定用平常心对待学习,胜不骄败不馁,用积极的心态面对学习。

学习可以让人品尝胜利的果实,那滋味真是让人**回味无穷**(比喻回想某一事物,越想越有意思)!但学习也可以让人尝到失败的苦果,那苦涩的滋味令人至今难忘。

❖ 成长课堂

小主人公在成语接龙比赛结束后,对待学习的态度变得懈怠了,但是在自我反思之后,认识到了自己的错误,决定以后要"用平常心对待学习"。这一点很值得我们学习。学习的过程中,我们既不应该被好成绩冲昏头脑,也不应该因为坏成绩一蹶不振,应该时刻以一种平常心去对待学习。

❖ 读书笔记

幸福就在身边

真正的幸福只有当你真实地认识到人生的价值时，才能体会到。
——穆尼尔·纳素夫

　　早上，思羽的好朋友张芳迈着轻快的步子向她走去。张芳穿着一条新裙子，那是一条天蓝色的娃娃裙，上面缝着两个白色的兔子，可爱的泡泡袖像两朵含苞待放(花蕾将要开放的样子)的花蕾，裙子后面系着俏皮的蝴蝶结。"你的这条新裙子真好看。"思羽忍不住赞叹。"这是今年的新款，思羽，你也去买一条吧。"张芳高兴地说。
　　晚饭时，爸爸在单位加班，没有回来，思羽和妈妈两个人默默地吃着饭。突然，她的脑袋里闪出了那条蓝裙子。裙子似乎说："思羽，把我带回家吧。"思羽想：爸爸不在家，正是开口的好时机。于是，她对妈妈说："妈妈，我想买一条和张芳一样的蓝裙子。"妈妈说："上周不是刚给你买过裙子吗？怎么又要买？""那条裙子特别好看，我非常喜欢。"思羽解释道。"你的裙子已经多到放不下了，不要再买了。”妈妈**斩钉截铁**（形容说话办事坚决果断，毫不犹豫）地说。妈妈的拒绝让思羽很不开心，于是便噘着嘴郁闷地说：“不买就算了，真抠门。”说完，气呼呼地回了自己的房间。

晚上八点，思羽打开电视看“最美孝心少年”的颁奖晚会。平时她喜欢看娱乐节目，但这是老师留的作业，她不得不看，看完还要写观后感呢。没想到，思羽竟被这个节目吸引了，感动的泪水一次次流下来。主持人介绍，有一个 11 岁的女孩，妈妈卧床不起，爸爸在外打工，照顾妈妈的重任就落在了她身上，但她依然是品学兼优的好孩子，她说她的愿望是家里不再用高压锅做饭，妈妈的病早日好起来；还有一个 8 岁的小男孩，妈妈不幸得了白血病，需要骨髓移植，他勇敢地站了出来，为妈妈捐了骨髓；还有一个孩子，父母在车祸中不幸遇难，只剩下他和年迈的爷爷相依为命，可他却坚强地扛起了生活的**重担**（沉重的担子，比喻繁重的责任），喂猪、收割玉米、做饭，样样精通……在这些孩子的脸

上,思羽没有看到抱怨,看到的都是乐观的笑容。

她被感动了,再想想刚才发生的事,她羞愧不已。和那些孩子比,她的生活条件太**优越**（优胜；优良）了,可是,她从未想过为父母做些什么。在她的印象里,爸爸和妈妈很少拒绝她的要求,但她却很少关心他们的工作是否辛苦。原来,幸福就在身边,只是她不知道。

思羽打开门,看见妈妈正在帮她准备明天要带的零食,她的眼睛湿润了……

✤成长课堂

幸福是什么?这是值得我们终身思考的问题,但是小主人公却用日常生活的小事把答案揭露了出来。当我们的物质生活条件变得越来越好的时候,"父母为我们付出一切"这种想法也随之变得理所应当,但是我们是否应该反思一下呢?知福才能惜福,惜福才会更加幸福!

✤读书笔记

_____

_____

_____

_____

改掉坏习惯

接受别人的建议,是改掉坏习惯的前提。有时候缺点以及坏习惯会为自己招致祸患,这时他人的建议就如同深井里的一根绳子,使我们得以摆脱困境。对待别人的苦口婆心,如果我们置之不理,不仅会使坏习惯更加根深蒂固,还会使缺点成为我们前行的阻碍。改掉坏习惯,不仅要有发掘别人长处的慧眼,还要有弥补自己短处的决心。

时常反省自己,是改掉坏习惯的秘密武器。每日都要多次反省自己,这样做的目的就是为了发现错误、改正错误,所经历的过程就是自我怀疑、自我检讨,最后达到的效果就会是认识自己、改变自己。

坏习惯可大可小,却也无处不在,不要让坏习惯主宰我们的人生,我们要勇敢拿起反省的武器击败它,使自己的人生大获全胜!

淘气的代价

犯错误是无可非议的，只要能及时觉察并纠正就好。
——贝弗里奇

太阳渐渐西斜，鸟儿们迅疾地从天空掠过，似乎正忙着回巢。此情此景与家瑞的心境完全不同，他此刻只希望回家的路能再长一点，但最终，他还是站在了客厅里。

"怎么这么晚才回来？赶紧洗手吃饭！"爸爸一边说着，一边把家瑞的书包接了过去。

"我妈呢？"要是妈妈不在家，也许他还能逃过一劫，爸爸容易对付。

"在单位加班呢。"爸爸说。

"那就好办了。"他心想，然后说道："爸爸，有个人死乞白赖（纠缠个没完）地想找你聊聊！"

"谁呀？"爸爸说，"还死乞白赖的。"

"我们班主任！"家瑞小声地说。

"又闯祸了？"爸爸问。

"没有，都解决了。"家瑞说。

"说吧，闯什么祸了？"爸爸追问。

"我们学校不是有铁栏杆吗？"家瑞说，"今天下课的时候，门外有卖糖葫芦的，我同桌非要吃糖葫芦，可他零用钱被他妈妈扣光了，我看他可怜，就打算给他买一根。我和卖糖葫芦的人，一个在栏杆里，一个在栏杆外。可我一着急，把头伸进去了。然后就卡住了。"

"哈哈哈，卡住了，后来呢？"这是亲爸吗？笑得**前仰后合**（形容身体前后晃动，多指大笑时）的。

"后来，老师打了119，找来了消防员叔叔，叔叔们用一个那么大个的钳子把栏杆剪断。"家瑞一边说，一边比划着。

"行啊，你。**阵仗**（世面、场面；阵势）够大的！"爸爸取笑道。

"我亲爱的爸爸，您明天**拨冗**（推开繁忙的事务，抽出时间），跟我们班主任见一面呗。"家瑞撒娇地说，"还有，千万别告诉我妈。"

"这个我得考虑考虑。"爸爸翘着腿说道。

家瑞正要"割地赔款"，忽然听见门口传来一声怒吼："曲家瑞，你好样的！"

妈妈回来了。

"妈,你听我解释!"家瑞赶紧躲到了爸爸的身后。

"解释什么?你们老师都跟我说了。还让我和你爸明天去找他,谈谈你的教育问题。"妈妈生气说。

"妈,我错了,你扣我零用钱吧!"家瑞赶紧认错,争取宽大处理。

妈妈冷笑道:"扣你零用钱?呵呵!"

作为淘气的代价,家瑞不仅从此告别了零食,还写了两份千字检讨,一份交给老师,一份寄给消防员叔叔,对他们奉上了诚挚的歉意!

成长课堂

当我们犯的错误给别人带来麻烦的时候,应该积极主动地承认错误,并且还要事后反思自己犯错的原因,这就是自省。虽然淘气的"代价"很大,但是能够认识到错误,改正错误,也是为人生积累了经验,避免重蹈覆辙。

读书笔记

怕热的宝宝

一个人不论赋有什么样的棋,他如果不知道自己有这种棋,并且不形成适合于自己棋的计划,那种棋对他便完全无用。
——休谟

寒假仁卫去了爷爷家,在那里他认识了一个新朋友,他的名字叫雪人。

那是一个飘着大雪的早上,爷爷把仁卫从温暖的被窝里叫醒,告诉他,外面有个小朋友正在等他。他穿上衣服就往外跑。刚打开门,仁卫就看见了爷爷口中的"小朋友"——小雪人。只一眼,仁卫就决定和他成为朋友。

小雪人憨憨地站在洁白的雪地里,骄傲地挺着胸膛,眼睛黑黑的,像干净**纯粹**(不掺杂别的成分)的黑宝石;橙色的大鼻子高高地翘着,活泼而灵动;红红的嘴弯着友好的弧度,在**纷纷扬扬**(雪花飘洒得多而杂乱)的雪花中无声地讲述着冬天的传奇;两只手臂大大地张着,像是要给他一个拥抱,欢迎他来到雪之国。

仁卫高兴地拥抱了他的新朋友,尽管他身体冰冷,也不能陪他打雪仗,但这丝毫不影响他们之间的友谊。晚上,仁卫躺在床上怎么也睡不着。他担心他的新朋友。一想到自己躺在温暖的被窝里,新朋友却站在冰冷的雪地上,仁卫心里就一阵难过。于是,他央求爷爷把小雪人抬进屋里。

爷爷说:"宝贝,你认为好的事情却不一定适合小雪人。他是个怕热的宝宝,体温如果超过零度,就会化成一摊水。"

谁会不喜欢温暖的室内呢?就连小狗都喜欢靠在暖气边上取暖,仁卫想爷爷一定在骗他。趁着爷爷不在家,他偷偷地跳下床,把小雪人搬进了他的房间。小雪人感动极了,两个黑曜石般的眼睛突然动了,橙色的鼻子往上翘了翘,红色的嘴巴咧得更大了。仁卫打算给他拿点儿零食,但他的两个树枝做的手臂长出了细嫩的双手,还拉着仁卫一起转圈呢。他们转啊,笑啊,开心极了。等他们停下来时,仁卫发现小雪人不见了,而他面前的地上有一摊水,上面漂着两个树枝、一个胡萝卜、两颗黑豆、一个红辣椒。"糟了,小雪人真的化成水了,呜呜……"仁卫难过地哭了起来。这时,他的耳边响起了奶奶的声音。

"宝贝,快醒醒,怎么哭了?"

"奶奶,奶奶,小雪人化了,爷爷是对的,小雪人怕热,不能搬到屋里。"仁卫一边哭,一边说。

"哈哈,原来宝贝做噩梦了。你看,小雪人不是好好地待在院子里吗?"奶奶拉着他走到了窗前,指着立在雪地里的小雪人说。

看见小雪人完好无损,他才破涕为笑,也终于明白了自己喜欢的,不一定别人也喜欢;适合自己的,却不一定适合别人;朋友之间除了相互关照,还要相互了解,否则,难免好心做坏事。

❖成长课堂

小雪人怕热,小主人公却担心它冷,最后闹了个笑话。在经历了这件事情之后,小主人公明白了己所欲者,也要慎施于人的道理。每个人都是不一样的,自己喜欢的,别人未必喜欢。

❖读书笔记

一次酸爽之旅

上海市海桐小学四年级三班　苏天潼

每个人当然都可以逞强，但限于在他所懂的方面。

——歌德

"酸甜苦辣咸，五味要齐全。"今天，我要来说说我逞能（显示自己能干）吃柠檬的故事。

有一次，我和好朋友一家人出去吃饭，妈妈点了一份我最爱吃的烤鱼。服务员端菜上来的时候，我的好朋友看到烤鱼上有六片柠檬，连忙站起身，抓起两片柠檬，挤出汁，洒在烤鱼上。突然他大声嚷起来："哎哟，好酸哪！咝——咝——"我看他皱着眉头，吮着手指头，酸得直吐舌头。我看了不由得满嘴冒酸水，身体也跟着打了**个冷颤**（因寒冷或害怕，身体突然发抖，文中指因为酸而发抖）。心想：不会吧，有那么酸吗？我**将信将疑**（有些相信，又有些怀疑）地抓起一片柠檬放进了嘴里，这下轮到我的脸抽筋了，酸气直冲脑门，感觉快把脑神经都**麻痹**（身体某一部分的感觉能力丧失）了。可是，为了面子，我强忍着把柠檬吞下肚子，还装出一副满不在乎的样子说："不酸哪，味道很好哇！"说着居然伸手又拿了一片塞进嘴里。咦！这回不但尝出了酸，还尝出了一些苦味。原来，柠檬的皮是苦的。当我想接着再吃一片柠檬时，妈妈赶紧制止我说："不能再吃了，吃多了对肠胃不好！""不，我还要吃！"在我的坚持下，我把所有的柠檬片都吃了！然后得意地说："我现在嘴里感觉是甜甜的味道。"其实这时候我的舌头是麻的，哪里还能感觉到甜味呀，估计是好胜心作怪，导致的错觉吧。

　　回到家，我的肚子就咕噜咕噜地跟我提出了抗议，我捂住肚子跑进了洗手间……不听妈妈言，吃亏在眼前哪！从那以后，我再也不敢空腹吃柠檬了。这次难忘的酸爽之旅告诉我，要保护好自己的身体，将来才能品尝天下所有美食！

成长课堂

有一些事情只有我们自己亲身经历过,才能懂得其中的道理。小作者没有听妈妈的话,空腹吃了很多柠檬片,结果回到家后,肚子就疼了起来。不过,也正是因为经历了这样的一件事,才使小作者明白"要保护好自己的身体,将来才能品尝天下所有美食"这个道理。

读书笔记

_____

_____

_____

_____

心中的阳光永不褪色

最困难的事是自我了解。

——泰勒斯

  阳阳是一个淘气包，最近他又添了一项"壮举"。上周趁老师不在，他悄悄地把老师的椅子拆了，然后又偷偷用胶水粘上了。第二天，由于椅子粘得不牢固，王老师差点儿跌到地上，惹得全班同学哄堂大笑。王老师很生气，下课后看监控，便知道了是阳阳的"杰作"。他把阳阳叫到办公室，一阵"狂风暴雨"的批评后给阳阳的爸爸打了电话。爸爸匆匆来到学校，了解完情况后，向老师道了歉，然后拉着阳阳走出校园。他们径直（表示直接向某处前进，不绕道，不在中途耽搁）来到书店，爸爸挑了一本美国作家马克·吐温的《汤姆·索亚历险记》递给了阳阳，说："这本书最适合你这样的捣蛋鬼了，好好看看吧，反思一下。"

  晚上，阳阳百无聊赖（精神无所依托，感到非常无聊）

地抓起那本书，随意翻看着，不知不觉被精彩的故事情节吸引了。汤姆是一个淘气的孩子，他经常逃学、搞恶作剧，给周围的人制造了许多麻烦，他简直就是另一个阳阳。阳阳饶有兴趣地读起来，慢慢理解了汤姆，也理解了他的调皮捣蛋，更被他的冒险精神与正义感所**折服**（使人从心里信服）。有一次，他与小伙伴到墓地探险，意外目睹了一场杀人案。真正的凶手乔却**嫁祸**（转移灾祸、罪名、负担、损失等）他人，汤姆不顾自身安危，勇敢地在法庭上指认了乔。这让阳阳对他产生了敬佩之情，汤姆也成了阳阳心中的小英雄。

虽然汤姆是别人眼中的坏孩子，但他却有着正义、勇敢的心。汤姆的故事让阳阳懂得，虽然淘气不可取，但只要有美好、纯真、正义的心灵，就会像汤姆一样越来越勇敢。

其实，阳阳淘气只是觉得好玩，没想到会惹得老师和家长发火。看着他们失望的眼神，他的心里说不出地难受。读了这本书，阳阳学会了反思：淘气要有度，不能做伤害别人的事，要做

一个勇敢、积极向上的好孩子。要向王老师道歉,希望得到他的原谅。要保持心中的诚实、善良和美好,就像阳光一样不褪色,要成为老师和家长心中的骄傲。

我们相信学会反思的阳阳,一定会像汤姆一样,成为一个阳光、善良、有正义感的好孩子。

❖成长课堂

我们每个人都有过淘气的时期,如果因为我们的淘气,而伤害到了其他人,那么我们就应该反思一下,这样的行为是否正确。如果是错误的,那么我们应该想办法纠正这些错误。

❖读书笔记

做自己的主人

常言道:"知人者智,自知者明。""自知"即"认识自己"。虽然字面意思简单明了,但要真正做到这一点,还需要我们长时间地从自我反省中汲取经验教训。一个人只有在不断的自省中逐步完善自我,才能渐渐靠近成功。

那么,如何才能学会自我反省呢?第一是要勇于承认错误,并积极主动地寻求改正错误的方法。只有这样,我们才能避免出现同样的错误。第二就是要接受别人的批评与意见,在这个过程中,努力改变自己,寻求进步。

同学们,从现在起培养自省的能力吧!在自省中不断鞭策自己,提高自身修养,力求成为对社会有用的人才!

曾子自省

要留心，即使当你独自一个人时，也不要说坏话或做坏事，而要学得在你自己面前比在别人面前更知耻。

——德谟克里特

　　曾子，姓曾，名参，字子舆，春秋末年鲁国南武城（今山东济宁嘉祥县）人。十六岁时拜孔子为师，他勤奋好学，善于思考，深得孔子赏识，是孔子最得意的弟子之一。他对儒家学派的思想既有继承，又有新的发展和**建树**（建立的功绩），并且对孟子的思想有很深的影响，后世儒家尊称他为"宗圣"。

　　曾参是一个非常重视道德修养的人，他有一个很好的习惯，每天晚上睡觉之前，都会对自己一天的行为进行反思。他曾说："吾日三省吾身：为人谋而不忠乎？与朋友交而不信乎？传不习乎？"意思是说，我每天都要反思自己在一天的时间里究竟做了哪些有意义的事情，做了哪些没有意义的事情，做了哪些对的事情，做了哪些错的事情？帮助别人做事，是否尽心尽力了？在与朋友交往时，是否遵守了诚信？应该学习的知识，是否都已经掌握了？

他这种勤于反思、时刻注重加强自己道德修养的做法一直被人们推崇备至。即使是今天，我们也要向曾参学习，继续发扬他这种自我反省的精神，不仅仅是关注自己的事情，还要时刻留心别人做的事，注意从中吸取经验教训，以鞭策自己，在求知的道路上不断前行。

成长课堂

"人非圣贤，孰能无过？"即使是被人称为"宗圣"的曾子都知道每日反思自己的所作所为，重视自己的道德修养，那么身为普通人的我们，是不是更应该学会反省？

读书笔记

吴同盖房

明日复明日，明日何其多。我生待明日，万事成蹉跎。

——钱福

　　吴同是明朝人，年幼时便跟随泥匠师傅学习本领。然而吴同为人懒惰，师傅每次给他留的任务，他总是今天拖到明天，明天再拖到后天，直到最后不能再拖时，才草草地应付了事。

　　但是，吴同最大的愿望就是能够成为像师傅一样手艺**精湛**（精深）的人，可是他又不肯刻苦努力，还不肯从最基本的手艺学起。过了几年，吴同依然不能独自盖一间房子。

　　这天，吴同的师傅决定考考他手艺学得怎么样，便给他布置了一项任务，

要他在一个星期之内盖好一间房子。吴同心想，这有什么难的，自己这几年从师傅那儿偷偷学了不少的技术，这下可以派上用场了。于是，不到三天的工夫，吴同真的完成了师傅留下的任务，盖成了一间房子。

第四天时，一场暴风雨突然降临，吴同盖的房子在暴风雨中不堪一击，瞬间倒塌。吴同还没来得及跟师傅交差，他的成果就消失在了暴风骤雨中。吴同心里不禁懊悔不已，羞愧难当。于是他立志一定要学成这门手艺，**循序渐进**(学习、工作按照一定的步骤逐渐深入或提高)地从基础开始学习，再也不好高骛远(不切实际地追求过高的目标)了。

❖ 成长课堂

> 这个故事告诉我们，做任何事情都要端正态度，不能敷衍了事，不能得过且过，更不能好高骛远。最重要的，做错了一定要反省，只有这样，才不会一错再错。

❖ 读书笔记

会自勉

　　每一个优秀的人，都会有一段难熬的时光。在生活的洗礼中，在现实的打磨下，我们唯有学会勉励自己，才能在困苦中觉醒。自勉，是我们跌倒后支撑自己爬起的坚实力量，是一种在困难面前的不屈不挠，是激励自己奋发向上的人生态度。我们只有不断磨砺自己的意志，养成良好的生活习惯，树立积极向上的人生信念，才能迈向成功的巅峰。

会书法的老爷爷

吾生也有涯，而知也无涯。
——庄子

  初冬的周末，强强去公园散步。雾蒙蒙的公园里静悄悄的，树枝上可怜巴巴地挂着几片枯黄的树叶，公园看起来有些**萧条**（寂寞冷落，毫无生气）。

  强强仰着头往前走。"脚下留字！"耳边突然响起了一个低沉的声音，他才注意到是一个六十多岁的老爷爷在说话，老爷爷正拿着一个"拖把"在地上写字呢，强强差点儿踩到他的字。他急忙收回了脚，不好意思地看着老爷爷。老爷爷的一头白发梳得很整齐，脸上满是岁月的痕迹，但浓浓的眉毛下那双眼睛却**炯炯有神**（形容人的眼睛明亮有神，精神很好），整个人看起来非常有**威严**（有威力而又严肃的样子）。

  "小朋友，会写毛笔字吗？"老爷爷一边问他，一边挥了挥手中的"拖把"。强强看了一眼他的"拖把"和冻得通红的手,有些紧张地摇了摇头。老爷爷摸了摸他的头说:"想看爷爷写字吗?"虽然他笑容满面,但强强还是觉得有些害怕。"想。"他低声回答。"写毛笔字啊,要心静,拿笔要稳,下笔……"老爷爷边说边写,强强的注意力被他灵活的"拖把"吸引了。蘸上水的"拖把"在光滑的石板路上游走,转眼间就写成了一个"正"字。"哇,爷爷好厉害呀!"强强情不自禁(抑制不住自己的感情)地跑过去仔细观察这个神奇的"拖把",老爷爷笑呵呵地说:"这是毛笔,老祖宗传下来的宝贝。"说到这儿,他的眼睛弯成了月牙儿,看起来很慈祥。现在,强强一点儿也不紧张了,很自然地说出了心中的疑惑:"可是这么长的毛笔拿着都费劲,怎么能把字写好呢?"老爷爷自豪地

说:"这就要勤学苦练了,爷爷还没你大的时候就开始练了。""那岂不是很辛苦?上次我画了一幅画就觉得手酸呢。""你们这些小娃娃呀,都怕吃苦,我的小孙子比你还大呢,练字时总是偷懒。想要写一手好字哪有那么简单,必须

冬练三九,夏练三伏,不能怕困难、怕累!"老爷爷严肃地说。强强想了想,说:"爷爷,我知道错了,以后我一定好好学画画,不会因为一点儿困难就放弃的!"爷爷笑着说:"这才是好孩子嘛!"

后来,强强每次去公园都会看见这位写毛笔字的老爷爷,他的精神感染了强强,使强强立志要向老爷爷学习,在学习上不怕苦、不怕累,做一个勤奋认真的小学生。

❖ 成长课堂

老爷爷活到老学到老的精神,不仅是小主人公学习的榜样,也是我们所有人学习的榜样。学习应该是一件终身坚持的事,坚持的越久,我们就离成功越近。只有不怕吃苦,不怕受累的人,才能享受到学习带来的快乐,才能享受到成功之后的喜悦。

❖ 读书笔记

小账本

要从容地着手去做一件事，
但一旦开始，就要坚持到底。
——比阿斯

　　菲菲有一个厚厚的小账本，账本里记录了她过去的点滴，也教会了她妥善（妥当完善）管理自己的零花钱。翻开第一页，看着稚嫩的笔迹，童年的记忆逐渐浮现在她的脑海……

　　那是新学期的早上，菲菲走进教室，看见同桌小媛正在聚精会神（集中精神，集中注意力）地写着什么。她好奇地问："你在写什么呀？"小媛自豪地说："这是我的账本，合理支配零花钱就靠它呢！"听了小媛的话，她不禁想到自己那些"不知去向"的零花钱，说："你好聪明啊，我也要做一个小账本。"小媛笑着说："好哇，我们一起记账。"放学回家，菲菲迫不及待（急迫得不能再等待）地找出一个新笔记本，在第一页工整地写上"星期一，妈妈给了我 5 元钱，我买了一块橡皮，剩 4 元钱"，然后**小心翼翼**(形容举动十分谨慎，丝毫不敢疏忽)地收好它。

第二天一到学校，菲菲就把小账本拿出来给小媛看，骄傲地说："看，我也有账本了！"小媛翻开她的账本，皱着眉头说："这样记账虽然也很好，但是不够清晰，记录的次数多了就很难看出收支情况了。"然后，小媛把自己的小账本递给她，说："看，我用表格的方式记录，收入、支出、结余分开写，账目一目了然。"菲菲看着小媛的小账本说："哇，好清晰呀，我也要向你学习。"于是，她把昨天的记录擦掉，按照小媛的方式重新记账。

记账看起来简单，但要坚持下来却很难。一周后，菲菲就有些懈怠了。再次看到小账本时，已经不记得应该记什么了。

一天，小媛问她："菲菲，最近怎么都没看见你记账呢？"她顿时心生惭愧，**支支吾吾**(指说话吞吞吐吐，应付搪塞)地说："我……我已经很久没记账了。"小媛认真地说："约翰生说过'成大事不在于力量的大

小,而在于能坚持多久'。记账也是这样,只有坚持下来,才能达到想要的效果。"菲菲既内疚又感激地说:"我知道了,谢谢你的督促,我以后一定会坚持的。"

从那以后,菲菲把小账本放在书包里,随时记录收支情况,不仅将自己的"小金库"管理得很好,还省下了很多钱。妈妈过生日时,她用积攒下的零花钱给妈妈买了个小礼物。妈妈特别开心,直夸她懂事了。

看着厚厚的账本,一想到自己不但把零花钱管理得井井有条(形容条理分明,整齐有序),还用省下的钱做了件有意义的事情,菲菲的心里顿时美滋滋的。

❖成长课堂

> 小主人公在用小账本记账的过程中,出现了懈怠的情绪,但是最终她还是在同伴的督促下坚持下来。坚持虽不易,但成功后的喜悦却也同样能让人感受到快乐。你还记得你最近在坚持的一件事情吗?它有没有让你获得喜悦感呢?

❖读书笔记

学会独立——《学会看病》读后感

滴自己的汗，吃自己的饭。

自己的事情自己干，靠人靠天靠祖上，不算是好汉。

——陶行知

　　上周末，我看了一篇毕淑敏阿姨的文章，叫《学会看病》，这篇文章给我带来了很多思考。

　　文章是从母亲的角度展开的，曾是医生的母亲发现孩子发烧了，但她没有像以前一样直接在家里给孩子看病，而是告诉孩子应该自己去医院看病。孩子用笔记下了母亲说的去医院看病的步骤，并且第一次独自去医院看了病。

　　这是一篇读起来很温暖的文章。在孩子决定自己去医院之前，母亲有些后悔，想要自己带孩子去医院。但那时的孩子很坚定，独自一人出了门。母亲在家里却始终坐立不安（形容心绪不宁，烦躁焦急的样子），心里十分担心。这让我不由自主地想到了我的妈妈。记得有一次，妈妈严肃地对我说："你已经是小学三年级的学生了，以后要自己去坐校车。从明天起，我就不送你了。"听了妈妈的话，我还大哭了一场，觉得妈妈不爱我了。但读了《学会看病》这篇文章，我才明白，妈妈不是不爱我，她只是想锻炼我，让我学会独立。

从我们自身的角度，我也想到了很多：从小父母就给了我们无微不至的关怀，这也导致了我们很多时候都过于**依赖**(依靠某种人或事物而不能自立或自给)他们。他们为我们支付学费，供我们吃穿，给我们买玩具，陪我们看书、游泳、写作业。我们生病时，他们急得团团转；我们取得好成绩时，他们高兴得不得了。但我们要知道，父母不是我们的仆人，我们要学会照顾自己、提高自理能力，从而减轻父母的负担，这样他们才会更开心、更放心。因为总有一天我们会长大，要独立面对未来生活中的风风雨雨。

这篇文章让我明白了要学会独立、自理、自立，并且要在日常生活中去**践行**(实行、实践)。从明天起，我要自己定闹铃，不再让妈妈叫我起床；我要根据天气的变化增减衣服,照顾好自己,让妈妈放心;在学校,我会好好吃午餐,决不偏食;放学后,我会和同学一起回家,过马路时看好红绿灯……我想我能做好的事还有很多。

毕淑敏阿姨的《学会看病》使我理解了父母的苦心,也让我意识到了提高自理能力的重要性。

成长课堂

学会自立,听起来仿佛是一个遥不可及的目标,但实际上,我们在平常生活中就可以做到。自己起床、自己上学、自己吃饭,这些都是自立的表现。我们每多做一样,父母就可以少做一样,为他们减轻负担,不正是我们做子女应尽的义务吗?

读书笔记

_____

_____

_____

_____

地铁历险记

人，只要有一种信念，有所追求，
什么艰苦都能忍受，什么环境也都能适应。
——丁玲

今天是周末，升升要去少年宫学习游泳，但是爸爸出差（暂时到外地办理公事）了，妈妈下午要加班，下课他得一个人坐地铁回家。妈妈不放心，一个劲儿地在他耳边唠叨该怎么坐地铁。但升升却对自己充满了信心，也对第一次一个人坐地铁充满了期待。

下课后，升升迅速收拾好东西，然后背起书包朝地铁站走去。路上，他拿出妈妈事先画的路线图，又在心里熟悉了一遍：从9号线的星中路站上车，坐4站之后在宜山路站下车，然后转4号线在鲁班路站下车。走到星中路地铁站后，他把路线图放进了兜里。

沿着楼梯向下走，升升激动极了，还愉快地哼起了小曲儿。来到检票口，他把地铁卡放在指定位置，"嘀"的一声，**闸机**（设置在出入口，用特制的闸来控制出入的机器）开了，升升三步并作两步地走了进去，感觉很骄傲。很快，他就顺利坐上了通往宜山路的 9 号线。找了一个位子坐下后，他不住地左右张望。可几分钟后，困意袭来，他竟然睡着了。

"前方到站徐家汇站！"广播里播放了下一站的名字。

"徐家汇？我坐过站了！"升升"刷"地一下站起来，困意也一扫而光。他赶紧去翻妈妈给他的路线图，可是翻遍了身上的所有口袋也没有找到，路线图被他不小心弄丢了。这时，地铁在徐家汇站停下了，升升**不知所措**（不知道怎么办才好，形容受窘或发急）地站在原地。地铁再次启动，他的大脑也似乎启动了。"怎么办？怎么办？"他不断地问自己。"打电话给妈妈？不行，妈妈会担心的！还是先下车看看路线图再说吧。"当地铁再次停下时，升升下了车。

在地铁站的一面墙上，升升找到了地铁路线图，可是看着密密麻麻的字和拐来拐去的线路，他有些蒙。这时，一位工作人员走过来问："小朋友，你要去哪里呀？需要帮忙吗？"升升像抓住**救命稻草**（比喻摆脱困境的一线希望）一样，向叔叔说了他坐过站的事情。叔叔把他带到服务台,重新给他画了一个路线图。谢过叔叔后,他再次上了地铁。

这回升升没有睡觉,一直盯着地铁上的路线进度条,按照叔叔给他画的路线,顺利坐到了鲁班路站。

下车后,升升**大步流星**(形容脚步迈得大,走得快)地朝家走去。他要把今天的事情告诉妈妈,虽然第一次一个人坐地铁不是那么顺利,但是他仍为自己骄傲。

❤成长课堂

第一次坐地铁的经历是充满新奇与意外的,是不知所措的,好在主人公最后还是顺利到家了。我们在生活中,也会经历很多个第一次:第一次自己吃饭,第一次自己上学,第一次参加考试……每次我们的心情都是既紧张又激动的,只要我们为自己加油鼓劲,勉励自己战胜困难,就会体会到成功的喜悦,也会更加期待下一个"第一次"。

❤读书笔记

_____

_____

_____

_____

难忘的掌声

我们必须有恒心,尤其要有自信力!
我们必须相信我们的天赋是要用来做某种事情的,
无论代价多大,这种事情必须做到。
——居里夫人

晖晖是一个身材矮小、长相普通的男孩,从小他就很自卑(轻视自己,认为不如别人)。在家里,爱撒娇的妹妹是焦点,而他总是一个人安静地看书;在学校,他成绩平平,没有值得炫耀的特长,总是被老师和同学忽略。

三年级时,晖晖转学了。来到陌生的学校,他有些担心,担心无法和同学友好相处,担心老师不喜欢他,担心他的成绩会越来越差……随之而来的是深深的自卑。可是后来晖晖改变了,他变得不再自卑,成为了积极、阳光的少年。

那是晖晖转学后的第一周班会课,老师要求同学们走上讲台讲述自己的暑假生活。同学们表现得非常优秀,没有一个**怯场**(在人多的场面上发言、表演等,因紧张害怕而神态举动不自然)的,即便是鸡毛蒜皮的小事都被讲得生动有趣,教室里时不时爆发出一阵笑声。但是晖晖却紧张得不得了,他不知道自己该说什么,因为他每天都待在家里,生活非常单调。而且他的普通话也不标准,害怕被同学们嘲笑。晖晖低着头,希望老师会忽略他这个转学生。

突然,老师说:"下面请新同学胡宁晖和我们分享他的暑假生活。"晖晖不安地搓着手,慢慢站起来,朝讲台走去。这时,教室里突然响起了掌声,晖晖惊讶地抬起头,看到了同学们温暖的笑容和鼓励的眼神。他一下子放松了很多,脚步轻快地走上了讲台。他和同学们分享了他在暑假里看过的一本书——《飞越彩虹门的小海豚》。在讲述的过程中,晖晖有时会停顿、有时会结巴,但是台下一直很安静,老师和同学们没有表现出半点儿**不耐烦**(否定句中表示不怕麻烦,不厌烦的意思),都十分认真地倾听着。晖晖讲完后,教室里又响起了掌声。他长长地舒了一口气，深深鞠了一躬，感激地说了声"谢谢"。在掌声中，他回到座位。那一刻，他的心里轻松极了，仿佛卸下了千斤重担，自卑的阴霾也消失了。

后来，晖晖越来越开朗、外向，再也不自卑了。在家里，他常把妹妹逗得哈哈大笑，爸爸和妈妈总是一脸惊讶地看着他，仿佛不认识他一样；在学校，他交了很多朋友，成绩也有所提高，后来他还参加了校演讲社呢。

那次掌声让晖晖勇敢地表现了自己，让他不再自卑。

❖ 成长课堂

战胜自己、摆脱自卑的道路是艰辛的，我们一边要承担自卑带来的负面情绪，一边要与自卑情绪作斗争，一路的艰难困苦都是为了找到那个自信、开朗、乐观的自己。阴霾总会有散开的时候，当别人善意的眼神或鼓励的话语传递过来的时候，就像是一束阳光照进我们的心里。只要我们自己不放弃，最终都能够战胜自卑。

❖ 读书笔记

时间管理者

"盛年不重来,一日难再晨。及时当勉励,岁月不待人。"陶渊明写出了这样的诗句来勉励自己,朝气蓬勃的我们又怎能随意浪费时间呢?生命的价值就在于如何有效地利用时间。

利用零碎的时间来背个单词,认识个成语。比如每天坐车上下学的路上、排队等候的间隙……都是我们可以利用起来的时间。

充分利用早起与睡前时间。早起半小时,在头脑清醒时,读一篇文章;睡前半小时,在记忆效果最好时,把学过的知识巩固一下。学会利用时间,学习便会事半功倍。

时间是公平的,从来都不会为了谁驻足停留,因此我们要把握好已经到来的每时每刻,不要让时间白来这一趟。从现在起,做一个精明的时间管理者吧!

特殊的奖励

最好的满足就是让别人满足。

——拉布吕耶尔

晚上，看着桌子上这个大大的奖状，佟韦感到自豪极了。这个特殊的奖励让她知道了做一个懂得**助人为乐**(以帮助别人为乐事)的小学生是值得称赞的事。事情要从几天前说起。期中考试那天早上，佟韦像往常一样走路去上学。路上，一位走路颤颤巍巍的老奶奶引起了她的注意。她走过去问："老奶奶，您怎么了？哪里不舒服吗？"老奶奶气喘吁吁地说："我早上出来遛弯儿，可能走远了，现在感觉有些累，估计血压有点儿高了。"佟韦一边搀着老奶奶一边说："我扶您去那边的长椅上坐一下吧。"老奶奶摆了摆手，说："不用，前面就是我家了，我慢慢走回去就可以了。"佟韦不放心地说："我送您回去吧。""不用送，你快去上学吧，别迟到了。"老奶奶推辞道。"没关系，我一会儿跑着去学校，不会迟到的。"说完,佟韦就挽着老奶奶朝她家走去。

　　而那天,佟韦迟到了十分钟,语文考试的作文都没来得及写完。考完试后,她发现学生证不知什么时候不见了。但她并不后悔帮助老奶奶,因为她的姥姥就有高血压,她见过老人发病的时候有多危险。本以为事情就这样过去了,可今天中午,班长突然叫住她:"佟韦,班主任叫你去办公室。"佟韦垂头丧气(形容情绪低落、失望懊丧的样子)地站起来,心想:唉,一定是因为语文考试没答完。来到办公室,佟韦心虚地低着头,不敢看班主任。"对,就是这个孩子送我回家的。"循着话音,她发现那天的老奶奶站在她对面。佟韦惊讶地说:"老奶奶,原来是您哪。您的身体怎么样了?""我没事了。反倒是你,当时走得急,学生证丢了都不知道,我是专门来给你送学生证的。"佟韦接过学生证,感激地说:"谢谢您。""你怎么还谢我?我应该感谢你才是啊!那天我问你是哪个学校的学生,你还不说。还好你'留下'了学生证,否则我都不知道去哪儿感谢你。"佟韦不好意思地挠了挠头,说:"您太客气了,这都是我该做的,没什么值得谢的。"下午班会课上,班主任表扬了佟韦,说她是大家的榜样,还给她发了一个红艳艳的奖状。都说送人玫瑰,手有余香,这个特殊的奖励让佟韦体会到了助人为乐的快乐,她为自己感到自豪!

成长课堂

> 助人为乐是一种美德,在我们的身边有很多像佟韦这样的"活雷锋",他们值得被人尊敬,被人当作榜样。即使有的行为只是举手之劳,但帮助了别人又能使自己快乐的事情,为什么不去做呢?

读书笔记

_____

_____

_____

可怕的颠倒

如果你浪费了自己的年龄,那是挺可悲的。

因为你的青春只能持续一点儿时间——很短的一点儿时间。

——王尔德

有一天,赵烨一睁眼发现世界颠倒(上下、前后跟原有的或应有的位置相反;错乱)了,最明显的例子是,已经7点30分了,妈妈竟然还在睡觉。

"妈妈,醒醒。我上学要迟到了!"赵烨催促妈妈,但平时都是妈妈这么催促他。

"那就不去了,上学有什么意思。"赵烨每天早上也这么说,但这次变成了妈妈的抱怨。

"那总得吃饭吧,我肚子饿了!"

"那还不赶紧去做,我要吃皮蛋瘦肉粥,粥要糯,蛋要软,肉要弹,否则我不吃!"妈妈说完就不理他了。

赵烨心都凉了,他还不了解他自己吗?好吃懒做、好逸恶劳(贪图安逸,厌恶劳动),妈妈没少为他操心,这回显然轮到他操心了。赵烨灵机一动，想到了妈妈平时对付他的方法，于是说道："如果你送我上学，我就给你买一个冰激凌。"方法果然奏效了。半个小时后，赵烨成功地来到了学校。他**战战兢兢**（形容因害怕而微微发抖的样子）地走进教室，以为会被老师罚站。但老师只是对着他笑笑，就让他回到座位上了。

"开始自习！"等赵烨在座位上坐好，老师突然宣布道。

这就自习了？不早读吗？不收作业吗？老师您这是要造反吗？

"逗你们玩的，谁说来学校就一定要上课呢？"老师**戏谑**（用有趣、引人发笑的话开玩笑）地说，"想出去玩的同学就出去玩吧，想睡觉的同学也别客气，想玩游戏的，就玩游戏吧。对了，老师最近也沉迷一款游戏，一会儿跟你们交流交流！"

"我排除万难，**绞尽脑汁**（形容费尽心思，想尽办法）地来到学校，是为了玩游戏吗？"赵烨很想这样大声质问老师。但他知道这没有任何意义。因为此刻，老师的心里装着一个孩子。于是他用了老师平时对付他们的办法。

"老师，您的妈妈正在来的路上！"赵烨悄悄地对老师说。

"天哪，又来了，你们就知道找家长！"

　　呵呵,这话听着真耳熟。不管怎样,老师终于开始上课了。

　　放学回家,不提他是怎么回家的,也不提他是怎样解决晚餐的,更不必提他是怎么哄妈妈睡觉的。他只想赶走今天,让明天一切如初。赵烨发现,原来过去的他是那么讨厌,那么可恶。如果一切可以重来,他一定不会让妈妈这么操心,不会让老师那么费心。一定要做妈妈的乖宝宝,老师的好学生。赵烨怀着这样的想法,沉沉睡去。

✲ 成长课堂

　　小主人公经历了一天惊心动魄的"颠倒"——妈妈和老师都变成了他过去的样子,他才发现曾经的自己是多么令人讨厌,让父母操心,让老师费心。体验过别人的角色后,才会体会到他们的感受,才会真正地理解别人,发现自己身上的不足。让我们以他人为镜来勉励自己,完善自己吧!

✲ 读书笔记

我的自传

今是生活，今是动力，今是行为，今是创作。

——李大钊

　　我叫陈佳慧，女，汉族，出生于 2012 年 7 月 1 日。我出生的那一年出现过末日论，因此末日电影成了流行。我本该在 7 月 4 日出生的，但妈妈特别希望我在 7 月 1 日出生，可能是我在妈妈肚子里就表现出了贴心小棉袄的特质，反正她美梦成真了。

　　我的家庭很幸福，我一出生就沐浴在爱河里。爸爸妈妈、爷爷奶奶、姥姥姥爷都非常爱我。他们用爱给我建了一个城堡，它坚不可摧（非常坚固，摧毁不了），呵护着我的成长。他们都是我的启蒙老师，教我千字文、千家诗；教我讲文明、懂礼貌；教我爱自己、爱别人；教我做一个快乐的小女孩。

　　因为有这样的教育，我的性格十分开朗、独立、热情、活泼，别的孩子第一次迈进幼儿园大门的时候，都会

掉几滴"金豆子",我却扬
起太阳花一样的笑脸，
高兴地跟妈妈道别。
这样的性格，让
我在幼儿园里
很受欢迎。老师
们都夸我聪明、
懂事，是他们的小助理。
因为我不仅学习能力强，回答问题积极主
动，还会帮助老师维持秩序，照顾其他小朋
友。小朋友们也都很喜欢我，愿意跟我交朋友，分享
玩具和零食。幼儿园的生活，让我收获很多。一群良
师益友，还有一墙的小红花。

今年，我告别了幼儿园的老师和园长，踏进了小学
校园。我是一名小学生了。我给自己定了目标。第一条
是好好学习，争取每门功课都拿优。第二条是继续跳舞，
争取在校艺术节上大放异彩(奇异的光彩，比喻突出的成
就或表现)。第三条是希望早日加入少先队，戴上红领
巾。目前，前两条已经实现了，相信再过不久第三条也
会实现的。

这就是我的自传，我要以此自勉。它不够精彩，没
有亮眼的成绩，因为我的人生才刚刚开始。我要把它写

下来。因为，如果哪一天我成为了名人，没有时间接受你们的采访，并且也没有时间再**撰写**（写作）一份自传时，它可以帮助你们了解我，呃，至少是 7 岁之前的我。

■▼成长课堂

> 有的同学认为，自传要等到中年或者老年再写。其实不是这样的。我们在不同的年龄段都可以写自传，并且以此勉励自己，待日后再看的时候，也会有一番别样之情。每个人的人生都是不一样的，因此关于每个人的自传也一定各具风采。不妨现在就动手写一下关于自己的传记吧。

■▼读书笔记

_____

_____

_____

_____

会自强

自强是一个人的脊梁，是一种无畏的气概，是一种人格的彰显，更是一个民族的灵魂。自强给人的生命提供的不只是一种寄托、一种支撑，还是生命永远的精神力量，以及超脱一切的强大动力。自强就是面对人生的困境不消磨意志，不丧失信心，哪怕前方千难万险，也决不轻言放弃。用自强做支撑，一定会撑起一个光彩夺目的人生。

做真实的自己

无论大事还是小事，只要是自己认为办得好的，
就坚定地去办，这就是性格。

——歌德

凡凡今年 11 岁了，看着镜子里皮肤白皙、眼睛明亮、鼻梁高耸的自己，他感觉自己已经长大了。凡凡立志要做一个阳光的少年，要让大家看到他俊朗、阳光的外表下最真实的一面。

一年级时，凡凡被选中当护旗手。那时，他的同桌小强很不服气，说："老师选你，是因为你长得好看。"那是凡凡第一次因为长得好看而烦恼。为了让同学们认可他，每天放学后，其他同学都回家了，只有凡凡在操场上不断地练习正步走，一圈、两圈、三圈，操场上留下了一个倔强（性情刚强不屈）又执着的身影。凡凡的姥姥当时心疼地守在校门外，但她什么也没说，而是为凡凡感到骄傲。这是凡凡性格中好强的一面。

二年级时，他加入了小红花少儿艺术团。有一次，他和两个小伙伴要合唱一首歌。他们唱得非常好，凡凡不想拖后腿，也想把最好的状态展示出来。当凡凡单独唱的时候，他们却说："真难听，你都唱跑调了。"他们的话让凡凡羞红了脸，但是为了团队荣誉，凡凡诚恳地对他们说："离演出还有三天，你们教我可以吗？"两人被他谦虚好学的态度打动，后来，他们开始一句一句地教他，凡凡认真地学着，调整自己的每个音调，每个词的发音。到演出的那天，他们的歌获得了最多的掌声。这是凡凡性格中谦和（谦虚和蔼）的一面。

其实，凡凡还有胆小的一面。前几天，他又感冒了，妈妈把他带到了医院，抽血化验后，医生说他的体内有炎症，需要连打三天肌肉针。凡凡一听要打针，吓得紧紧地抓着妈妈的手。妈妈轻轻地拍着他，缓解他的紧张。护士姐姐为凡凡消毒时，他的心已经提到了嗓子眼，眼泪在眼眶里打转。直到护士姐姐打完针，他还紧张得不敢动。后来打针时，凡凡没用妈妈帮忙,而是自己乖乖地准备好,他握着拳头,紧张地咬着牙等待着。病好后,凡凡又成了那个阳光少年。放学后,他直奔小区的篮球场。夕阳照耀着篮筐,还为他的篮球披上了一层金灿灿的衣服。

这就是凡凡,一个爱跑、爱闹、爱玩、爱笑,还有些胆小的少年,一个渴望（迫切地希望）每天都在进步的孩子。

❖ 成长课堂

认清自我是一件很难得的事情,尤其是当我们看见自己缺点的时候。有的人选择掩饰它,有的人选择直面它。我们要学习后者,直接正面地看待缺点,绝不可避之不谈。不足的地方,我们反复练习,弥补它;不正确的地方,我们请教他人,纠正它。只要坚持下去,总有一天,我们都能够实现自己的人生价值。

❖ 读书笔记

小小书法家

永远没有人力可以击退一个坚决强毅的希望。
——金斯莱

　　我的弟弟今年 9 岁了，他的头发有点儿黄、有点儿卷，脸蛋儿胖乎乎的，像洋娃娃一样可爱。别看他年纪小，但总是一副"人小鬼大"的模样。他会突然出现在我们面前，莫名其妙（没有人能说明它的奥妙，表示事情很奇怪，使人不明白）地唱几句歌，然后说："我是歌唱家！"或者跑过来扭几下，然后说："我是舞蹈家！"爸爸妈妈总会被他认真的模样逗笑。不过虽然他不是歌唱家也不是舞蹈家，却是名副其实的小书法家。

　　他还没出生时，就开始学书法了。因为妈妈在怀他的时候突然对书法产生了兴趣，经常欣赏名家的书法作品，偶尔还会练练笔，爸爸说这叫"胎教（指孕妇在怀孕期间，通过自身的调节和修养，给胎儿以良好的影响）"。庆祝弟弟一周岁生日时，在抓周这一环节中，看着眼前的玩具、零食、文房四宝和几本漫画书，弟弟毫不犹豫地抓起了毛笔。爷爷开心地说："太好了，家里要出书法家了。"等弟弟可以拿笔写字的时候，爷爷就兴致勃勃地带着他练毛笔字，祖孙俩练字的场景成了家里一道独特的风景。

有一天，爷爷又给弟弟布置了练字的任务。可是，弟弟的兴致似乎不太高。我走过去问："元元，怎么闷闷不乐的？"弟弟撅着嘴说："爷爷总是让我练'人'这个字，这个字我早就会了，为什么还要练呢？"我笑着说："爷爷是为了锻炼你，让你的字越写越好，书法水平不断提高。其实想写好'人'这个字很难的。""有什么难的？"弟弟一脸的不屑（认为不值得；轻视）。我摸了摸他的头说："一撇一捺即是'人'，写起来很简单，但是撇和捺要互相支撑，无论是角度、力度还是长短都很讲究，可以说它是基础，只有基础牢固，才能写出更好看的字。"弟弟似懂非懂地看着我说："好吧，我会继续练习的，我知道爷爷是为了我好，刚才我只是在发牢骚（烦闷不满的情绪；说抱怨的话）而已。"说完，他就继续练字了。

虽然练字很乏味,但是弟弟从来没有说过要放弃。反而是妈妈看弟弟练字太辛苦,建议他少练一会儿,而弟弟总是一脸严肃地说:"妈妈,我不累,今天的任务还没有完成呢,我得坚持,不能半途而废(做事情没有完成而终止)。"

功夫不负有心人,弟弟在前几天学校举行的书法大赛中获得了低年级组的第一名。回家后,弟弟拿出大大的奖状,一脸骄傲地对我们说:"我是小小书法家!"

❖成长课堂

> 到达目标的路途总是艰难的,唯有坚持方得始终。我们走过的"路",没有哪一条是容易的,也不要指望只翻一座"山",就能到达路的另一端。我们也不知道之后的路是怎样的,但只有走过许多坎坷的路,一路披荆斩棘,绝不放弃,才能看到胜利的曙光。

❖读书笔记

_____

_____

_____

_____

我为班级争荣誉

行动生困难，困难生疑问，疑问生假设，假设生试验，
试验生断语，断语又生了行动，如此演进于无穷。

——陶行知

下午自习课时，班主任来到教室对我们说："下个月，
学校要举行演讲比赛，每个班级有两个参赛名额。谁想
代表我们班去参赛？"同学们热情高涨，都争先恐后(争
着向前，唯恐落后)地举起了手，老师示意我们先放下手，
然后说："既然这么多同学都想参加，那么我们先在班级
内部举行一个比赛，最后由胜利者作为班级代表去学校
大赛上为我们班赢得荣誉，好不好？"同学们齐声答道：
"好！"老师继续说："两周之后举行班级内部比赛。"

为了能够赢得比赛，同学们很积极，都是一副干劲
十足的模样，当然我也不例外。周末，我来到省图书
馆，四处搜集有关演讲的资料，包括如何准备演讲、演
讲稿的写法、演讲技巧，等等。回到家，我先确定了演

讲题目——中华魂。然后我开始写演讲稿，并反复修改，还让读高中的哥哥帮我**润色**（修饰文字）了一下。就这样，一篇完美的演讲稿诞生啦。接下来，我开始练习演讲。每天放学回家，我不但在房间里对着镜子练习，还会在爸爸、妈妈和哥哥面前分别进行演讲，让他们指出我的问题和不足，并及时改正，从不把问题留到第二天。在**不懈**（不松懈）努力下，我的演讲水平有了显著提高。

很快，班级内部的演讲比赛开始了。同学们按顺序上台演讲，大家表现得都很好。终于轮到我演讲了，我自信地走上讲台，像每天练习的那样，顺利完成了演讲。最后，由同学们投票选出了最出色的两个人，而我非常荣幸地成为了其中之一。

接下来的两周时间里，我仍旧坚持练习，没有因为眼前的成绩而沾沾自喜。在学校，我会向老师请教关于如何让演讲更打动人的方法，并且每隔三天面对同学和老师演讲一次，还会让他们对我的演讲提

意见,这样我就可以用更好的状态参加学校比赛。在家里,我仍像以前一样练习,从不偷懒。

转眼间,演讲比赛的日子到了。那天,我信心十足地走上演讲台,把这一个月练习的成果展现在了全校师生面前。演讲结束后,台下爆发了雷鸣般的掌声。最后,我取得了第二名的好成绩,为班级赢得了荣誉。我知道,这个好成绩不是我一个人努力的成果,同学、老师对我的帮助起到了很大的作用。这也使我深刻认识到同学是我的伙伴,老师是我们的大家长,而班级是我们永远的家。

成长课堂

定下一个目标之后,我们就要坚定不移地朝着目标前进。前进的道路不一定是一帆风顺的,如果因为畏惧困难,而妄想找到一条无须费力的捷径,那也不会得到真正的成功。我们只有在路上不断积累经验,培养能力,才能离目标更近一步。

读书笔记

学习贵在持之以恒

"天行健,君子以自强不息。""自强"即自己努力向上,自己奋发图强。想要做到"自强"的方法有很多,首先就是"坚持"。做事情如果不能坚持到底,每每遇到困难挫折就想放弃,那"抵达成功"只是一句空话。

学习也是如此。课堂内的知识要完全掌握,无论是课本上的知识,还是老师讲解的内容,都应该当作最基础的知识来学习,必须完全掌握。如果遇到了困难,应该第一时间询问老师,以得到正确的答案。

课外的知识作为巩固和补充,既可以加深对文内知识的理解,又可以填补课堂上所没有涉及的知识空白。我们也要坚持学习课外知识,为头脑储备更丰富的能量。

"只要功夫深,铁杵磨成针。"相信有一天,你也可以通过坚持达成心中的目标。

我学会了骑自行车

强者能同命运的风暴抗争。

——爱迪生

  去年暑假，我央求着妈妈教我骑自行车。一天傍晚，妈妈推着自行车来到楼下的小广场，决定在那里教我骑自行车。

  首先，妈妈给我做了示范(做出某种可供大家学习的典范)。她先坐在座位上，双手握紧车把，右脚用力一蹬右侧的踏板，自行车就开始慢慢向前行驶了，左脚放在左侧踏板上，紧接着双脚一上一下地蹬着踏板，自行车就稳稳地向前驶去了。在小广场绕了一圈后，妈妈停了下来，把自行车递给我，说："你来试试吧。"

  我紧紧地握着车把，坐上座位，右脚放在踏板上，可左脚怎么也离不开地面。妈妈笑着说："你是要单腿骑车吗？"我不好意思地说："妈妈，我害怕。""别怕，妈妈在后面帮你稳住，不会摔倒的。"妈妈说。我回头一看，妈妈正双手抓着车后座呢，我顿时就安心了。我深吸了一口气，左脚离开地面，开始上路了。可是，自行车像一个调皮的孩子，一点儿都不听我的话，歪歪扭扭地向前驶去，就是不走直线，还直奔花坛去了。我吓得闭上了眼睛，就在这千钧一发（形容事态极其危险）之际，自行车突然稳稳地停住了。我知道一定是妈妈拉住了自行车。

"妈妈，它为什么不听我的话？"我委屈地问。"因为你们太陌生了，还没有成为朋友。别担心，慢慢来，你一定能学会的。"在妈妈的鼓励下，我一遍遍地练习着。一个小时后，我终于可以自己骑直线了。我高兴得**手舞足蹈**（双手舞动，两只脚也跳起来，形容高兴到极点），想要休息一下。妈妈说："取得一点儿成绩就沾沾自喜可不行，你学会转弯了吗？你知道怎么躲避障碍吗？"我摇了摇头。妈妈继续说："所以你要一鼓作气（指趁着劲头大的时候抓紧做，一下子把事情完成），一次性把自行车学会，不能半途而废。"我用力点了点头，再次开始练习。

那天,我终于学会了骑自行车。一个星期后,我还和妈妈去郊外骑行了呢。我在前面迎风飞驰,妈妈在后面一边追赶我一边气喘吁吁地说:"真是青出于蓝而胜于蓝。"

每当回忆起学自行车的过程,我总是禁不住**感慨**(有所感触而慨叹):世上无难事,只怕有心人。只要肯付出,任何困难都无法阻止我前行的脚步,它们终将成为助我成长的动力,让我更坚强、更自信地面对所有问题。

成长课堂

心中有了信念,就犹如海上航行的船只有了指引方向的灯塔,我们在面对困难时也会一往无前、无所畏惧了。困难再多,还能比办法多吗?困难再难,还能比信念更强大吗? 在成长的道路上,只要我们肯付出,肯努力,那么我们就会所向披靡。

读书笔记

_____

_____

_____

_____

麻烦的鞋带

我们一定要自己帮自己。

——霍普特曼

有没有同学跟我一样,特别讨厌鞋带。在我看来,鞋带是一切麻烦的根源,是所有烦恼的**诱因**（导致某种事情发生的原因）,是被人嘲笑、被人误解、被人指责、暴露弱点的**罪魁祸首**（犯罪作恶的首要分子;也指祸害的根源）。

我从小就不会系鞋带,妈妈每次帮我系鞋带时,爸爸都会说:"他都多大了,你还帮他,让他自己系。"

我当时只有 6 岁,但是爸爸逼着我做个小男子汉,于是我开始了每天跟鞋带**较劲儿**（较量;作对）的日子——把左边的带子和右边的带子系到一块,完成一个漂亮的蝴蝶结。鞋带在妈妈手里像个乖宝宝,换成我,它就特别不听话,不是这头长了,就是那头长了,要么系松了,要么费了半天劲儿,根本系不上。这样,

等我终于系出一个差不多的蝴蝶结时，幼儿园都关门了。小朋友们都叫我迟到大王，我当然要反击，结果一不小心把自己迟到的原因说了出来，然后遭到了嘲笑。

上了小学，系鞋带仍然是个麻烦的事，但我想到了一个妙招。每个周末晚上，我都会牺牲看动画片的时间，一遍又一遍地系鞋带，直到系出一个完美的蝴蝶结才罢手。如此，第二天，上学的时候，只要把脚塞进鞋里就万事大吉了。这样，我至少可以保证一个星期都不迟到。尽管如此，我还是被可恶的鞋带拖累了。

有一次上体育课的时候，老师让我们分成两组进行拔河比赛。比赛途中，我的鞋带开了。

我担心成为同学和老师的笑料，因为我系鞋带的样子非常笨拙。于是我假装没看见继续拔河。没想到前面的同学踩到了我的鞋带上，绊了一个跟头，我跟着也摔倒了，然后，就像多米诺骨牌一样，后面的同学接连摔倒，我们这队不战而败。老师让我把鞋带系好，重新比一次。我没办法，只能自曝其短。从此之后，我在同学的眼里成了生活不能自理的娇气包,在老师眼里成了需要被特殊照顾的"弱势群体"。

现在,我是四年级的大孩子了,系鞋带的能力已经娴熟了。但一想到它给我带来的尴尬和窘迫（十分为难），我就希望它能从世界上消失。我与鞋带的恩怨,大概这辈子都不能消除！

⋮⋮成长课堂

一个小小的鞋带都能引起这么多麻烦,可见,无论处在什么年纪,我们都会受到不自立带来的困扰。小到系鞋带,大到独立生活,我们身边的很多事情都和自立有关系。自立自强是成长的前提,也是自身能力的体现,更是自我进步的证明。我们要做一个顶天立地、自强不息的人。

⋮⋮读书笔记

_____

_____

_____

_____

"那可不"小姐

什么事都自己动脑筋的人是最值得称道的。

——赫西奥德

她长得像个白白胖胖的小馒头,圆圆的脸上架着一副黑边眼镜,厚厚的镜片后面是一双小小的眼睛,一笑起来,眼睛就眯成一条缝。她是一个没有主见（对事情的确定意见或见解）的孩子,很少表露自己的欢喜哀愁。她的口头禅是"那可不",所以她妈妈经常叫她"那可不"小姐。

"那可不"小姐和妈妈生活在一起,妈妈把她照顾得很好。每天晚上妈妈都会帮她准备第二天要穿的衣服。"最近天冷,要穿厚衣服啦,否则冻感冒就难受了。""那可不"小姐一边画着漫画一边漫不经心（随随便便,不放在心上）地点着头。"看,妈妈给你买的这件风衣多漂亮。"妈妈又说。"那可不。"她回答。妈妈瞪着眼睛,气呼呼地冲她喊:"你能不能不要总说'那可不'哇！""哦。"她头也不抬地回道。

　　她以为在她成长的过程中，妈妈会帮她安排好一切，她只要随口附和一句"那可不"就可以了。可是，天有不测风云，前段时间妈妈生病住院了，让她去姥姥家住几天。可这回，她不能再像以前那样简单地附和妈妈了，因为她小小的心灵被担心填满了。她想：妈妈刚做完手术，会不会很难受？她什么时候能吃一点儿东西？她的心里生出了一颗叫作牵挂的种子，那颗种子告诉她，是时候甩掉"那可不"小姐的帽子，该有点儿主见了。于是，她决定周日早上去看望妈妈，给妈妈送点儿粥。

　　周日，习惯睡懒觉的小胖妞6点就起床做饭了。这是她第一次做饭，她笨拙地把米和水倒进了电饭锅，可是水加多了。煮粥的过程中，她打开锅盖，还差点儿被翻滚的热气烫到。终于在早上8点钟时，"那可不"小姐赶到了妈妈的病床前。妈妈看着饭盒里白白的粥，热泪盈眶地说："真是太意外了，这哪像我的

'那可不'小姐呀,真是士别三日当刮目相看(用新的眼光来看待)哪。""那可不。"她又随口一说。随后,她和妈妈相视一笑。

我就是"那可不"小姐,在妈妈住院的那段时间,我长大了很多。

成长课堂

有的时候,如果不逼迫自己一下,我们就永远也不知道自己有多大的本事。正如文中的"那可不"小姐一样,如果不是因为妈妈住院了,她也不知道自己竟能做得出粥来呢。人的潜力总是在紧急的时刻爆发出来,之后我们会体会到成长的滋味。成长就是这样,它总是在不经意间,来到我们的身边。

读书笔记

第一次刷鞋

知识是从劳动中得来的,任何成就都是刻苦劳动的结晶。

——宋庆龄

　　吃完午饭,我挺着圆鼓鼓的肚子在客厅里走来走去,忽然看到鞋架上的白色运动鞋。昨天下雨了,我走路时不小心溅到了一些泥点,鞋看起来有些脏。为了消消食,也为了让我的小白鞋恢复原样,我决定把它刷干净。

　　我拿起鞋奔向阳台,然后端来一大盆水,准备好鞋刷、洗衣液。妈妈见我走来走去,便问道:"小树,你干什么呢?""妈妈,我要刷鞋。""刷鞋?"妈妈一脸不相信地走过来看了看,说:"刷鞋的工具都准备好了,还真是要刷鞋。看来我儿子已经长大了,都会自己刷鞋了。这是你第一次刷鞋,要加油哇!"有了妈妈的鼓励,我顿时觉得信心十足,心想:不就是刷一双鞋嘛,看我给你们露一手!

我先把鞋带拽下来，把它们放在水里浸泡。然后，我用没有蘸水的鞋刷把鞋面的灰尘和泥点刷了一下，把两只鞋子放到水中，让水充分地浸泡它们，它们像鱼儿一样吐着泡泡。接下来，我开始洗鞋带。我先倒了一点儿洗衣液，然后用力揉搓，再放到水里一洗，鞋带就变白了。下面就是刷鞋了，我往刷子上倒了一些洗衣液，用刷子轻轻地在鞋面上打圈，待泡沫充分覆盖鞋面的时候，再用刷子沾着清水轻轻地刷。随着刷子有节奏(泛指均匀的、有规律的进程)地沙沙作响，白色的鞋面渐渐显露出来，盆里的水在阳光的照耀下显现出彩虹的颜色。原来刷鞋竟是一件很有趣的事情。

不一会儿，鞋面就被我刷得洁白如新了。可是鞋边还有点儿暗黄，我使出全身力气也没刷干净。妈妈看到我为难的样子，说："小树，用这个试试，只需要一点点。"说着递给我一管牙膏，我一脸疑问地接了过来，然后小心翼翼地挤出黄豆粒那么大的牙膏涂在刷子上,用力刷着鞋边。很快,鞋边上的污渍就消失了。我把刷完的鞋子晾在阳台上,心里美滋滋的。妈妈告诉我,在阳光下晒白鞋,外面一定要包一层卫生纸,这样才能避免鞋子变黄。

第一次刷鞋,让我感受到了劳动的乐趣;第一次刷鞋,让我意识到生活处处有学问(知识:正确反映客观事物的系统知识)!

❖成长课堂

> 知识可以通过书籍学来,也可以通过做事学来。劳动能让人感觉到快乐,因为那是体现自我价值的一种方式。我们在做事情的时候,不能只动手,还要同时用到脑和眼,这样做事情才会得心应手。手脑并用,就是行动力与智慧的结合,做事也会事半功倍。

❖读书笔记

_____

_____

_____

_____

成长夏令营

做人之道，以刚介为自立之基，以敬恕为养性之本。

——曾国藩

今年暑假，少年宫举办了"阳光少年成长夏令营"的活动，妈妈给我报了名，我高兴极了。那天风和日丽（天气晴朗暖和）、天高云淡，正是出游的好时节，我不自觉地哼起了欢快的小曲儿。在老师的带领下，大家怀着激动的心情坐上了前往营区的大巴车。在车上，所有人都叽叽喳喳地讨论着关于夏令营的各种事情，憧憬（向往）着这次美好的成长之旅。

到达营区后，教官给我们介绍了这次夏令营的主要课程：自理生活、团队竞技、生存挑战、自然探险、感恩教育，等等。所有的活动中我最喜欢的是团队竞技——军事拓展（开拓发展）训练，包括匍匐（爬行；趴）前进、翻越高木板墙、爬软梯、走平衡木以及攀岩。我们分成红蓝两个阵营，以接力的形式比赛，每队派两名队员完成一个项目，队员之间要互相帮助、**默契**（双方的意思没有明白说出口而彼此有一致的了解）配合。我和李雨力负责爬软梯的环节，一个人爬的时候另一个人负责固定软梯，由于我力气有些小，软梯在我手中左右摇晃，根本固定不了，因此李雨力费了很长时间才从软梯上下来。结果，我们队以微小的差距输了。我很自责，队友们都来安慰我，并鼓励我在接下来的活动中继续努力，**弥补**（把不够的部分填足）这次遗憾，这让我信心大增，也感受到了团队的温暖。

后来，我们还举办了趣味运动会，有夹球跑、两人三足、障碍接力三个项目。参加夹球跑的队员用两条腿把球夹起来，跳着前进。大家蹦蹦跳跳的，像一群活泼的小兔子。两人三足看起来就有些滑稽可笑了，好几个队伍因为步伐不协调而摔倒在草坪上。相比之下，参加障碍接力的队员就敏捷多了，只见他们弯着腰，在栏杆之间穿梭。通过多种比赛，我明白了团队协作的重要性，只有相互配合，才能取得好成绩。

除此之外，我们还参加了"情绪驿站""烧烤派

对""感恩礼物制作"等既有趣又有意义的活动,在快乐玩耍的同时得到了锻炼。

　　不知不觉,为期五天的成长夏令营结束了,虽然训练期间每天都要早起,晚上还要自己洗衣服,让我感觉有些辛苦,但是收获也不少。我既增长了见识,又学会了独立,还交了很多朋友。坐在回家的大巴车上,我恋恋不舍(形容舍不得离开)地与这里道别:"再见,伙伴们!　再见,成长夏令营!"

✦成长课堂

> 　　生活是一个自我发展的过程,父母也不可能一直陪伴在我们身边,我们终有一天要独自到外面的世界闯荡。因此,学会独立对我们而言是无比重要的。先自立而后自强,不依赖别人,学会独立生活,才能使自己逐渐强大起来。

✦读书笔记

_____

_____

_____

_____

升国旗

自强为天下健,志刚为大君之道.

——康有为

　　星期一的早晨,天气晴朗,风和日丽。为了每周**例行**(按照惯常的做法处理)的升旗仪式,同学们穿着干净整洁的校服,佩戴了红领巾,看起来**朝气蓬勃**(生气勃勃、奋发有力、充满活力的样子)。丁零零,丁零零……铃声响了起来,同学们快速走出教室,到操场上排好整齐的队伍。操场上静悄悄的,连平时最调皮的学生都不说话了。不一会儿,广播里传来主持人的声音:"亲爱的老师们、同学们,大家早上好,爱明小学第三周升旗仪式正式开始。"

　　同学们都自觉地挺胸抬头、神色庄严。两名升旗手从旗台的一侧迈着正步走来,后面是四名护旗手,他们各持国旗一角,迈着整齐的步伐跟在护旗手身后。在这个过程中,主持人简单地介绍了升旗手、护旗手以及执行升旗任务班级的情况。他们走到了旗台上，前面的两个护旗手辅助升旗手将国旗固定在旗杆上。他们的表情十分**肃穆**（气氛、表情等严肃而恭敬），而且每个动作都十分小心谨慎，让同学们感受到了他们对国旗的尊重和对执行升旗任务的重视。

"升国旗，奏国歌，全体敬礼！"一听到这句话，我们马上抬起右手，全体行少先队礼，表情庄重地注视着国旗。

"起来！不愿做奴隶的人们……"国歌声响起，护旗手将国旗"啪"的一下甩了出去，它犹如一朵红色鲜花，正在空中怒放。随后，国旗便开始匀速上升，在微风中缓缓飘扬，五颗黄色的星星在蓝天下闪烁。同学们一边跟随旋律轻声唱着国歌，一边看着不断升起的国旗。那时我的心里产生了一种自豪感，为我的国家，也为在我面前**冉冉**（慢慢地）升起的国旗。五星红旗是无数革命烈士**前赴后继**（形容奋勇前行，连续不断），用鲜血染成的，我们一定要好好珍惜现在来之不易（形

容事情的成功或财物的取得很不容易)的幸福生活。

最后,由执行升旗任务班级的班主任老师进行国旗下的讲话。他讲述了国旗的来历以及我们的战士在战争中保卫国旗的故事。演讲虽然简单,却深深打动了每一位同学。

升旗仪式虽然结束了,但那庄严的国歌在我的心中不断回响。看着那面五星红旗在校园的上空迎风飘扬,我对自己说:你要努力学习,长大之后为祖国的繁荣贡献自己的力量!

❖成长课堂

> 庄严肃穆的事情总会让人心潮澎湃,听着国歌,小作者也受到了升旗仪式的影响,想要长大之后报效祖国。人若有了志向,便有了前进的动力。为了使志向变成现实,我们总会倾尽全力,使出浑身解数。想想你的志向是什么?你又该做些什么来实现你的志向呢?

❖读书笔记

>>>>>

读后感

做人三会

自我修养提升书系

崔钟雷 主编

会包容
会尊重
会赞美

黑龙江美术出版社

图书在版编目(CIP)数据

自我修养提升书系/崔钟雷主编. —— 哈尔滨：黑
龙江美术出版社，2019.8
ISBN 978-7-5593-5585-0

Ⅰ.①自⋯ Ⅱ.①崔⋯ Ⅲ.①个人-修养-通俗读物
Ⅳ.①B825-49

中国版本图书馆CIP数据核字 (2019) 第171239号

书　　名/**自我修养提升书系**
ZIWO XIUYANG TISHENG SHUXI

主　　编/崔钟雷
策　　划/钟　雷
副 主 编/苏　林　石冬雪
责任编辑/李　倩
装帧设计/稻草人工作室
出版发行/黑龙江美术出版社
地　　址/哈尔滨市道里区安定街225号
邮政编码/ 150016
编辑版权热线/ (0451) 55174988
销售热线/ 4000456703　　(0451) 55183001
网　　址/ www.hljmscbs.com
经　　销/全国新华书店
印　　刷/莱芜市新华印刷有限公司
开　　本/ 880mm×1230mm　1/32
印　　张/ 24
字　　数/ 660千字
版　　次/ 2019年8月第1版
印　　次/ 2019年10月第1次印刷
书　　号/ ISBN 978-7-5593-5585-0
定　　价/ 158.40元(全八册)

本书如发现印装质量问题，请直接与印刷厂联系调换。

前言

周国平在《面对苦难》中说道："对于一个视人生感受为最宝贵财富的人来说，欢乐和痛苦都是收入，他的账本上没有支出。"

我们在成长的路上不断奔跑，反复摔倒，这是一个艰难且漫长的过程。有的人沉淀自己，在黑暗中平缓自己躁动的心，终于在春暖花开时破茧成蝶，翩翩舞动；有的人修炼自己，在烈火般的磨难中坚定信念，终于在冲天火光中涅槃重生，脱胎换骨。在我们拼尽全力过后，蓦然回首，便会发现，过往的所有痛苦与磨砺都是在帮助我们成长。

本套丛书是为小学生倾力打造的精品励志读本，共8册，通过古今中外众多通俗易懂、积极向上的故事，来帮助孩子塑造好性格、培养好习惯，帮助孩子学会为人处世，树立正确的思想观念，助力孩子的成长。书中的每篇故事都依据其中心思想，附有一条名人名言，帮助孩子在愉快的阅读中积累作文素材，提高写作能力；文中还穿插着精美的图片，吸引孩子的阅读兴趣；每篇文章的结尾都有一个总结性的小道理，让孩子轻松理解文章的深刻含义。

成长伴随着父母的谆谆教导、老师的循循善诱。但是归根结底，成长是一个人的自我升华。我们要学会摒弃懦弱、迷茫、愤怒、悲伤；学会拾起乐观、自信、赞美、宽容，我们要成为房檐下穿石的水滴，成为没有人能够扑灭的火花。

目录
Contents

会赞美

目录

Contents

会尊重

目录
Contents

会包容

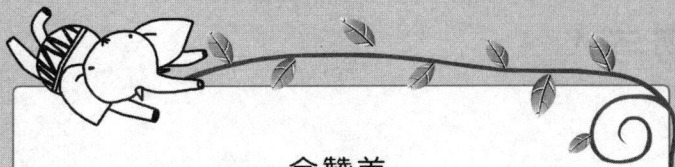

会赞美

赞美拥有一种神奇的力量,它能让人感受到来自心灵的温暖与关怀;赞美具有一种独特的魅力,它能拉近人与人之间的距离,多些和谐与友爱。赞美能使人的自尊心得到满足,能使人的身心愉悦。

会赞美的人一定是有双善于观察的眼睛,看得到人身上的优秀品质所散发出来的光芒。

物与人

不要只赞美高耸的东西，平原与丘陵也一样不朽。

——菲·贝利

我们喜欢某种事物，很多时候是因为我们在它们身上发现一种熟悉的特质。这种特质会让我们想起某个人，然后忍不住赞颂。

我喜欢竹子。它们一年四季都流动着生命的绿色，生机勃勃。它们修长挺拔，高贵典雅，绝不庸俗。它们宁折不弯（宁可折断也不弯曲），不屈不挠，哪怕再大风雨也不妥协；它们愿意奉献全部的自己，竹笋、竹叶、竹条，尽管拿去。它们身上的特质，我在那些努力拼搏、勇往直前、无私奉献的军人身上看到过。我赞颂它们，也是赞颂军人们。

我喜欢鸽子，尤其喜欢信鸽。它们的毛色不像和平鸽那样明显，模样也没有和平鸽讨喜。它们顶多称得上可爱。但它们有个特殊的本领，就是传递书信。不管环境多么恶劣，不管要飞多久，它们总能抵达目的地，不负所托。它们表现出来的精神，不正是快递员、外卖员所具备的吗？我赞颂它们，也是赞颂那些可敬的快递员们。

我喜欢苔花。它们像米粒一样小，长在不起眼的角落，你若闭上欣赏牡丹的眼睛，扫净明镜上的尘埃，一定会发现它们别样的魅力。它们从绿色的叶子中间露出小巧的花瓣，昂首挺胸地立在风中，绝没有一丝胆怯，也没有一点儿自卑。它们就像平凡而伟大的环卫工人。他们踏踏实实地工作、生活，努力成为城市的守护者。我赞颂苔花，就是赞颂这些平凡而伟大环卫工人。

我喜欢梅花，它让我想到了傲雪凌霜的边防战士。我喜欢菊花，它的幽独淡雅、孤高傲世，让我联想到品格高尚的诗人。我自然也喜欢蒲公英，它常让我想到老师的默默相伴，把爱洒向人间。我赞颂梅花、菊花、蒲公

英,也赞颂战士、诗人和老师。

　　我们走进一座花园,可能就拥有了一个社会;走进一座城,可能就拥有了一片绿地。物与人在本质上相互寄托,若是哪一天,哪一种生物从世界上消失了,那便少了一种赞颂,少了一份寄托。所以,让我们彼此守护吧!

❖成长课堂

> 　　赞美是一种艺术,更是一种精神寄托,借物喻人更多时候是借物赞人。我们要学会观察美好的事物,学习它们潜在的品质,在赞美中学习,在赞美中进步,努力把自己也变成别人口中歌颂的对象。

❖读书笔记

_____

_____

_____

_____

姥姥的手

人们赞美流星，是因为它燃烧着自己走完自己的全部路程。
　　——凌光

　　有这样一双手，指甲微黄，指肚上布满茧子。血管微凸，皮肤上长着零星的老年斑。乍看上去，就像陈年的树皮，粗糙、丑陋，但就是这样一双手，总能幻化神奇，总能让人信赖，握上去就好像找到了心灵的港湾，温暖而踏实。那是姥姥的手，它拥有魔法。

　　姥姥的手，可以给我做出好多美食。每个我都爱吃。什么可乐鸡翅，压锅鸡爪啊，什么清蒸鱼、红烧鱼啊，什么香菇油菜，干煸豆角啊，姥姥做的菜，总能让我吃上一大碗米饭。最神奇的是，姥姥还会做汉堡。她买了一袋汉堡专用的面包，把煎得两面金黄的里脊肉或者火腿肉夹在里面，再放一片生菜，抹上她自制的甜面酱，味道非常不错。我问姥姥什么时候学会做汉堡的？姥姥说："打你喜欢吃汉堡的那天起，我就开始琢磨了。汉堡也没什么难的！"嘿嘿，姥姥的手果然拥有魔法，而这个魔法，一定饱含了很多很多对我的爱。

姥姥的手，还能做出很多好看的小衣服。她有一个箱子，里面装了好多的小衣服。我问姥姥，这是谁的？姥姥说，是我小时候的。每一件都是她一针一线缝出来的。有绣着牡丹花的兜肚，有系带的和尚服，还有做工复杂的背带裤。我有些嗔怪地问妈妈，为什么不给姥姥买个缝纫机。妈妈说，"你姥姥说，缝纫机做出来的衣服一板一眼的，摸上去不舒服！"我摸了摸衣服想，姥姥的手一定是有魔法的，而且里面装了很多对我的爱。不然做出来的衣服不可能这么好看，这么柔软。

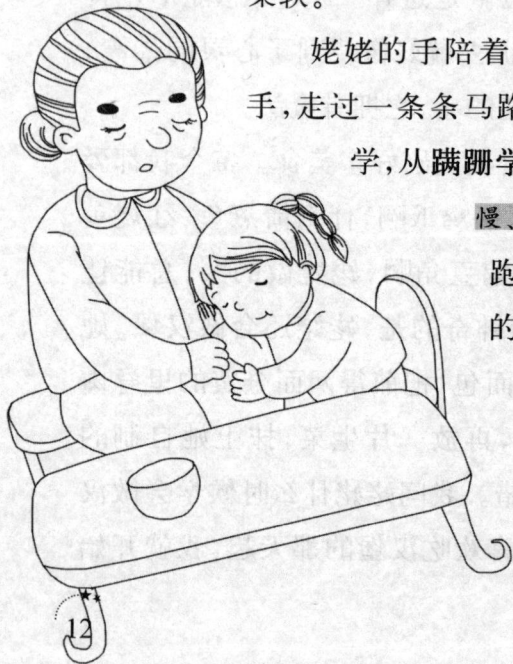

姥姥的手陪着我长大。她牵着我的手，走过一条条马路，从幼儿园走到了小学，从**蹒跚学路**（腿脚不灵便，走路缓慢、摇摆的样子）到跳跃奔跑。姥姥的手包揽了我的生活，它给我洗过脸，穿过衣，轻抚过我的脊背，擦干过我脸上的泪水。

姥姥的手，有

神奇的魔法,它用爱打造了一座城堡。握着它,身上就充满了力量;握着它,心里就无比踏实。姥姥的手,有神奇的魔法,它为我营造了一个快乐的童年。姥姥啊,我爱你。我希望我的手也能拥有魔法,也能为你缔造一个幸福的晚年!

成长课堂

> 赞美是被施了魔法的语言,它蕴藏着超乎一切的力量,就像姥姥的手,翻手为云覆手为雨,总是能幻化出神奇。赞美能拉近两个人的距离,让彼此感恩、彼此成就。让我们满含深情地赞美最亲近、最爱护我们的人吧!

读书笔记

五好学生

既有美貌又有修养的人才值得赞美。
——培根

邢伟平是我们班的"五好学生"。一般来说，只有三好学生，但我觉得他比三好学生还多两个好。他除了思想品德好，学习好，身体好，还有性格好，长得好。

先说长得好。邢伟平其人，身高八尺——开玩笑的，不过，他确实比我们都高出半个头，身材修长。他的眼睛很大，很亮，看上去特别有神。鼻子很挺，唇红齿白，笑起来嘴边还有两个小酒窝。他的脊背永远挺拔，像一棵宁折不弯的小白杨。他长得毫无瑕疵，就像一个精致的艺术品，是我们班当之无愧的"班草"。

一般长得好的孩子都有些优越感，但他没有，他的性格特别好。他愿意跟大家分享学习心得，愿意帮助他人。谁要是有问题向他请教，他一准会笑脸相迎。他就像四月里的春风，总是那么和煦。当然他也不是没脾气的, 谁要是因为失败颓唐丧气, **自怨自艾**(多指自悔自恨)。他一定会发火, 大声批评对方, 直到对方从失败的阴霾中走出来。

他是公认的学霸, 没有他解决不了的难题。不管是难解的数学题, 还是令人挠头的作文, 他都能**游刃有余**(以喻做事熟练, 轻而易举)地完成。最令人钦佩的是, 他不是死读书。有些问题他还能举一反三, 找到更简单的解决办法。他也不是书呆子, 他的兴趣爱好很多。他喜欢绘画、喜欢音乐、喜欢踢足球。他还是我们学校校足球队的队长哩。

再说身体好。他常说, 身体是革命的本钱。只有身体健康, 才不会辜负梦想。他不挑食, 无论多恐怖的蔬菜, 他都能吃得一干二净。我想这大概是他身体好的原因。他却说, "你只知其一不知其二。我还喜欢运动, 每天早上都会晨跑。"偶像啊, 但愿我

能坚持向他学习。

最后说思想品德好，除了热爱集体，团结同学外，他还热爱祖国。他很早就加入了少先队并时刻以社会主义接班人的身份严格要求自己。他的红领巾永远干净整洁，他注视国旗的眼神，永远真诚热烈。他为祖国的每一次进步而高兴，为能生活在这样富饶、和谐、美好的社会而自豪。

成长课堂

赞美源于优秀，因为邢伟平身上有足以令人动容的优良品质，才会引得小作者对他大加赞扬。赞美的目的就是学习他人身上的长处，弥补自己的短处。我们要向邢伟平同学学习，朝着"五好学生"的方向努力。

读书笔记

夸夸国

赞美是美德的影子。

——赛·巴特勒

在遥远的地方,有个夸夸国。夸夸国的人像太阳一样热情,像春风一样温柔。他们从不批评别人,常把赞美和夸奖挂在嘴边。他们肚子里好像装了一箩筐的甜言蜜语,什么时候都不会枯竭!不管面对什么人都不会词穷。

早上,他们一睁开眼,话匣子就如同打开的水闸,夸奖的一天开始了。

"今天的天气真好,像童话,像油画,像诗人的梦境!"夸夸国之外的人若是看见这样的天气,一准会接口道:"好什么啊,不就是阴天吗?矫情!"可这里是夸夸国,我们只会听到这样的回复:"你真是一个敏感、细腻,热爱生活的人!我从你的描述里,看到了你纯洁的心灵!"

孩子们即使起来晚了，错过了早饭和早读，也只会收到夸奖。"哎呀，小脸睡得红扑扑的，看起来元气满满啊！""今天的衣着搭配得不错，作业写得也很工整，老师很欣慰！"在夸夸国之外的世界里，老师和家长一准会抓狂。

开家长会的时候，老师绝没有批评："你家孩子好乖的！""你家孩子非常优秀！""谁能想到你家孩子在绘画方面这么有天赋呢？""没有，没有，绝对不调皮，他非常活泼，有创造力。"家长也绝不会吝啬赞美："我家孩子在作业本上画的小人，特别有趣，你真该欣赏欣赏！""我家孩子把 60 分改成了 90 分，也不知道用了什么高端的技术，我竟然都没看出来，真是太聪明，太有创意了！"

然而在夸夸国之外的世界，老师一定**铁面无私**（形容公正严明，不讲情面），来个赏罚分明；家长肯定要变成"黑脸包公"，来一顿"竹笋炒肉"。

夸夸国的一天自然也会在赞

美中结束："宝宝，你认真看动画的样子，真是可爱极了！"

"妈妈，我有没有说过，你晚餐做得非常棒！还有爸爸，好像又英俊了几分！"夸夸国之外的世界，大概不会这么温馨。可能会在"这么简单的算数你都不会？""我怎么生出你这么个笨孩子？"以及"赶紧上床睡觉！"等怒吼声中结束。

夸夸国的人啊，我请求你们把你们的甜言蜜语送给夸夸国之外的人们一些吧。让他们也学会赞美，学会宽容，学会发现！

❖ 成长课堂

赞美拥有着一种神奇的力量，它能让自卑的人变得自信，能让难过的人重展笑颜，能让人与人之间少些硝烟弥漫，多些和谐友爱。赞美使人的自尊心得到满足，能让人身心愉悦。让我们的口中多些赞美，少些批评；多些夸奖，少些指责。

❖ 读书笔记

老师的"三勤主义"

身教重于言传。

——王夫之

在我们班里，如果要问谁最有魅力，谁最能让同学们心服口服，答案肯定是我们的班主任魏老师。她在生活中对我们照顾有加，在学习上对我们悉心教导，同学们都十分尊敬她。但要说起魏老师的优点，不得不提她的"三勤主义"。

魏老师的"三勤"之一——手勤

开学那天，我们要进行班级大扫除，以前都是班主任安排工作，由同学负责打扫。但是魏老师安排好工作后并没有离开，而是挽起袖子和我们一同打扫起来。只见魏老师时而踮起脚尖擦拭高处的玻璃，时而蹲下身子擦拭墙上的污渍。她一边干活，一边照顾我们，比如水桶太重了，由她来提；擦高处的玻璃有危险，由她来擦；洗拖布需要力气，由她来洗……不一会儿，她的额头就渗出了许多细密的汗珠。看着魏老师忙碌的身影，几个本来想偷懒的同学也都默默地拿起工具开始劳动了。在魏老师的带领下，我们班多次荣获"卫生标兵"的称号。

魏老师"三勤"之二——眼勤

"小点儿声，小点儿声，老师来了。"

顷刻间，嘈杂的教室变得**鸦雀无声**（形容非常寂静）了，同学们都开始认真地看书了。

在课堂上，魏老师也善于发挥她"眼勤"的优点。对于那些上课走神的同学，魏老师会用适当的方式提醒他们。有的同学在她转过身写字的时候传纸条，这也难逃魏老师的眼睛，她的脑后仿佛长了眼睛，能看到调皮学生的一举一动。在魏老师的长期"监视"下，我们班屡次被评为"纪律标兵"，成为了全校学生学习的榜样。同学们的积极性更高了，学习氛围也更浓了。

魏老师"三勤"之三——嘴勤

魏老师对所有的学生都很关心，她经常利用课余时间和同学们聊天，无论是学习还是生活，魏老师都会过问。她为我们排忧解难，做我们的知心朋友。如果发现谁犯错了，她会及时指正，并鼓励他改正错误，和同学们一起进步；如果发现谁有优点，她会给予肯定，并在同学们面前提出表扬，让他成为我们学习的榜样。

这样一个认真、负责的魏老师，用她的"三勤主义"温暖了我们的心，让我们在快乐的学习氛围中一点点进步，慢慢地成长。我想对魏老师说："魏老师，您辛苦了！"

成长课堂

学生的健康成长离不开老师的正确引导，魏老师用她的行动鼓舞着学生，证明了身教胜于言教。她时时用饱满的情绪、欣赏的眼光、赞美的话语对待学生，最终达到了"润物细无声"的效果。

读书笔记

赞美的力量

赞美拥有着神奇的力量:它可以让人们从黑暗走向灯火通明,从严寒走到春暖花开,从阴霾走向烟花绚烂。

著名画家达·芬奇在6岁那年对绘画产生了浓烈的兴趣。有一次他给老师画了一张滑稽的速写,父亲看到后不仅没有生气,反而夸奖他画得十分生动,并鼓励他画下去。得到了父亲的支持,达·芬奇刻苦努力地练习绘画技巧,终于成为一代大画家。由此可见,由衷的赞美可以改变人的一生。

赞美能够让人提升自己的自信心,可以激发人的无限潜能,赋予人披荆斩棘、笑对困难的勇气。卡耐基将赞美称为人类的"精神食粮",饿了要吃饭,而精神贫瘠了,就需要用赞美来填充。赞美的力量将会创造一个又一个奇迹。

新奶奶

爱就是充实了的生命,正如盛满了酒的酒杯。

——泰戈尔

我的爸爸和妈妈工作都很繁忙,没有时间照顾家里。因此,他们请了一个保姆,帮我们洗衣服、做饭、打扫卫生。

一天下午,门铃响了,一个看起来很温和的奶奶出现在我家的门口。她留着微微发黄的短发,圆圆的脸上架着一副眼镜,穿着一身紫色的套裙,微笑着和我们打招呼。妈妈让我管她叫"王奶奶"。我轻轻地说了一声:"王奶奶好。"她很高兴,伸出手摸摸我的头,对我说:"很高兴认识你,子瑞同学,以后请多多关照。"

自从王奶奶住进我们家,我的生活就发生了**翻天覆地**(形容变化巨大而彻底)的变化,让我有一种非常幸福的感觉。

以前,我的早饭是方便面、面包、牛奶、汉堡,我早就吃腻了这些快餐。可王奶奶来了之后，我的早餐就丰富多了，有意大利面、馄饨、蛋炒饭、煎饺、各种米粥。我觉得王奶奶有一双神奇的手，在她的手中，即使是最普通的食材也会变得很美味。

王奶奶不但会做美味的饭菜，还是解题高手呢。上周，我被一道应用题难住了。这时王奶奶来叫我吃饭，我沮丧地说："我做完题再吃。""子瑞，需要帮助吗？"王奶奶温和地说。"您也会做应用题？"我忙问。"我帮你看一下吧。"她拿起试卷快速读了一遍题，然后说："做应用题时，首先要读懂题意，把最关键的部分提取出来，然后再看问题。看，这样就可以了。""唰唰唰"的几笔，困扰了我半个小时的问题瞬间解开了。王奶奶真厉害！后来我才知道王奶奶是退休的小学数学老师。从那以后，我经常会问王奶奶数学题，她总是很耐心地给我讲解，还告诉我很多学习方法。妈妈知道后想要给她加工资，王奶奶摆摆手说："这不算什么，能继续教孩子，我也很高兴。"

随着时间

的流逝，我和王奶奶的感情越来越深了。我觉得她不是我家的保姆，而是我的朋友。我踢球磕破了膝盖，王奶奶会细心地帮我包扎；我要竞选班干部，她会教我怎样写竞选稿；在雷雨天，爸妈都出差了，她会轻轻敲我的门，告诉我如果害怕可以到她的房间里做作业……

这就是我的新奶奶，带给我很多关爱的新奶奶。当然，我也很爱她。

❖成长课堂

我们每天都在爱的怀抱中生活——父母家人的爱、老师同学的爱还有来自于陌生人的爱。如同王奶奶时时刻刻用关爱包围着"我"一样，这种无私的爱也成为"我"去爱别人的动力。爱从来都是相互的，不计回报，真诚相待，这种爱值得用最美的诗句来赞颂。

❖读书笔记

得分小能手

榜样具有良好的感染力。

——塞·约翰逊

"请王博同学作答。"

"巴西的首都是里约热内卢。"

"错！"

"请丁晖同学作答。"

"巴西的首都是巴西利亚。"

"正确。下一题：'欲穷千里目，更上一层楼'是唐朝哪位诗人的诗句？"

老师扫视了一圈教室，见只有一个人举手，便说："请丁晖同学作答。"

"王之涣。"

"正确。下一题……"

我们班正在举行知识竞赛，不过还是老样子，丁晖仍然是得分小能手，他被分到哪组，哪组就一定能获胜。

我猜哪怕他一个人一组，也能赢我们。虽然我的学习成绩很好，平时也会通过看课外书来开阔视野，但是我不得不承认丁晖比我优秀得多，他就像一座大山一样拦在我的面前，任凭我如何努力都无法翻越过去。

每次班级举行知识竞赛，他所在的小组一定会获得第一名，后来老师和同学们都认为不应该让他继续参赛了，所以把他"推选"到了组委会，让他和老师负责出题。这样一来，第一名就不再固定了，同学们的参赛热情也高涨了许多。

虽然知识竞赛的第一名不再是丁晖了，但是期末考试的第一名却永远都是他。有一次我问他："为什么你的成绩那么好？每次考试都是第一名，连一次意外都没有？"他笑着说："因为我在做自己感兴趣的事情。"我不解地皱着眉头，他说："学习就是我喜欢的事情，我从不认为学习和写作业是在完成任务。""那考试呢？"我继续追问。"考试只是学习的一部分，我平时怎样做考试就怎样做。我觉得学习的过程比结果重要，所以并不在意考试成绩。"看着他轻松的模样，我似乎知道了为什么他的成绩一直都那么好了。

前几天，老师说学校要举行知识竞赛，我们属于高年级组，要和毕业班的学长们比赛，同学们都有些紧张。这时，班长突然信心十足地说："没关系，我们有得分小能手丁晖在，一定可以拿第一。""可是，我们怎么和毕业班的学长比啊？"一个沉稳的声音响了起来。"大家别担心，我回去好好准备，一定拿个名次回来！"丁晖信誓旦旦（誓言诚恳可信的样子）地说。班长长舒了一口气说："得分小能手终于不再只赢我们了，我的心里舒服多了。"那次比赛，丁晖毫无悬念地获得了第一名，同学们激动地抱在一起庆祝胜利。

从此以后，丁晖成了我学习的榜样，我要像他一样看淡成绩、注重过程，在学习的过程中收获快乐、收获成长。

❖ 成长课堂

"三人行，必有我师焉。"在生活中只要他人身上有值得学习的地方，我们就可以把他当作榜样。榜样就像一把戒尺，一座灯塔，规范我们的行为，指引我们前行的路。只要努力，我们就可以和榜样一样，在学习中收获成长。

❖ 读书笔记

令人敬佩的解放军叔叔

仁者必敬人。

——荀子

 每个人都有敬佩的人，我也不例外，我最敬佩的就是解放军叔叔。

 以前，我总是在电视上看到解放军叔叔，他们穿着军装，排着整齐的队伍，笔直地站在蓝天下，眼神总是那样明亮，浑身散发着一股英气，严肃的面孔下带着一丝温暖，他们总是在国家和人民最需要的时候出现。

 去年夏天，我的家乡发了洪水，大家都沉浸在恐惧和不安中，这时解放军叔叔出现了。深夜，大雨滂沱，一辆辆大车从村外驶来，解放军叔叔下车后就马上投入到抗洪抢险的工作中去了。他们在村外的河边垒起高墙，卡车运来一车车的沙土袋，解放军叔叔排成一排，用传递的方式把一袋袋沙土运到河边，然后垒成高墙。直到清晨，高墙才初具雏形。雨停了，累了一夜的解放军叔叔倒在空地上睡着了。

早上，爷爷带着我来到河边，那里已经聚集了很多老乡。看着解放军叔叔满身的泥水和疲惫的样子，大家忍不住流下了泪水。我发现很多人和爷爷一样，拿了很多食物和水，大家都想对解放军叔叔表达谢意。

我走到一位解放军叔叔身边，把一个面包和一瓶水递给他，说："叔叔，给你吃。"解放军叔叔笑了一下，说："叔叔不吃，部队的早餐马上就做好了，这些你留着吃吧。"我擦了一下眼角的泪，说："叔叔，你都累了一个晚上了，赶紧吃吧。"他说："怎么还哭了？别害怕，只要有解放军叔叔在，洪水就不会伤害到你们的。"我**破涕为笑**（转悲为喜），说："我不害怕。可是，你们忙了一个晚上，肯定又冷又饿又困，赶紧吃点儿东西吧。现在雨停了，你去我家休息一下好不好？""谢谢你的好意，不过我不能离开岗位，这是我的职责。放心吧，叔叔的身体特别

31

棒,不会累倒的。你快去上学吧,和你的同学说,有解放军叔叔在,什么都不要怕!"他表情严肃地对我说。我用力点了点头,朝解放军叔叔敬了一个少先队礼,然后朝学校跑去。

那次洪水,我的家乡没有遭受任何损失,老乡们都很感谢解放军叔叔们。后来,我时常想起那位解放军叔叔,想起他的辛苦,我多想再见他一面,对他说一句"谢谢你,解放军叔叔!"

❖成长课堂

解放军叔叔不怕苦不怕累,一心为人民谋福利,是我们学习的榜样。我们不仅要赞美解放军叔叔,还要紧随他们的脚步,将来也可以用学来的知识为祖国做贡献。

❖读书笔记

身怀绝技的大哥哥

对英雄崇拜可以造就出英雄来。
——爱默生

　　对于我来说，元旦假期是难得的休闲时光，而玩电子游戏是必不可少的休闲项目。平时，妈妈只准我每天玩半个小时。而假期，妈妈准许我每天玩一个小时，这简直是一个大福利。

　　写完作业，我就坐到了电脑前。在我的心里，游戏的时光简直太宝贵了，我一分钟都不舍得浪费。可当我打开电脑的时候，屏幕突然闪了一下，然后就再也打不开了，我的心情一下子跌入了谷底。于是，我郁闷地向妈妈求助。妈妈想了一会儿，随后打了一个电话，帮我找了一个救兵。

　　"叮咚，叮咚"，一阵清脆的门铃声响起，我急忙去迎接我的救兵。一打开门，我看见了一个大哥哥，他的个子足足有一米八，眼睛又大又明亮，鼻子很挺拔，嘴

33

角挂着淡淡的微笑,脸上还有一对大大的酒窝。他问我:"小朋友,是你的电脑坏了吧?"我点点头,心里却想:妈妈怎么帮我找了个"花瓶",他会修电脑吗?随后,我把他带到了我的电脑旁。

他放下书包,拿出工具,把我的电脑机箱打开了。我一头雾水地看着里面细密的电线,心想:这个"花瓶哥哥"会修吗?只见那个大哥哥仔细地观察了一会儿电脑,然后拿起小刷子轻轻地在那些零件中间打扫,不到一分钟的工夫,就扫出了很多细密的灰尘。他说:"你电脑机箱里的灰尘太多了,导致了系统短路。"不一会儿,他就把我的电脑恢复了原样,并再次启动了电脑,又仔细地检查了一下电脑的软件,发现了电脑系统也有问题。随后,他又帮我做了一个新系统。

这时,我已经足够信任他了,可以放心地把我的电脑交给他了。做系统需要一个半小时的时间,我们就聊了起来。他说他是计算机专业大三的学生,平时兼职修电脑。从上大学的那天起,他就自己赚学费,现在

基本上实现经济独立了。我问:"计算机专业有趣吗?"他说:"很有趣,你会在发现问题、解决问题的过程中得到提升。"在我们愉快聊天的过程中,我的电脑"起死回生"了。他让我试了试,我发现电脑的运行速度提升了。"谢谢你,大哥哥。"我感激地说。

妈妈拿出了 200 元修理费,他只留下了 100 元,而且还在妈妈面前夸奖了我。看着他消失在楼道里的身影,我知道我有点儿崇拜这个身怀绝技又善良的大哥哥了,他是我学习的榜样。

✿成长课堂

> 大哥哥是生活中普普通通的人,但是他利用自己擅长的专业知识帮助了很多人,他不仅身怀绝技还十分善良。我们要向他学习,不断提升自己的能力,将来也可以拥有一技之长,并且力所能及地帮助别人。

✿读书笔记

家乡的一位名人

高山仰止，景行行止。
　　——《诗经》

　　我的家乡是山东曲阜，那里曾是鲁国的国都，被誉为"东方圣城"，也是首批国家历史文化名城。这片土壤孕育出了一位圣人——孔子，他是我国伟大的思想家、教育家，是儒家学派的创始人，《论语》就是孔子的弟子及其再传弟子记载的关于孔子言行的儒家经典著作。

　　孔子是我国的历史文化名人，也是我们家乡的骄傲。

　　孔子是一名优秀的教师，他主张"有教无类"，无论多么顽皮的学生，他都会耐心地传授知识。在同一个问题上，对于不同性格的学生，孔子有不同的教学方法，这就是"因材施教"。这种灵活多变的教学方法充分激发了学生的潜力，尊重了学生的个性。现在，我们的老师也依旧遵循着孔子"有教无类""因材施教"

的教学方法。

孔子对礼仪看得很重,他主张恢复周礼,做儿子的要知晓为孝之道,做兄弟的要懂得互相谦让,这样社会才能够在礼仪之风的轻抚下健康发展。这一思想作为中国传统文化的精华流传了下来,并让今天的我们受益匪浅(指收获不小,有很大的收获,一般指意识形态方面)。

孔子对待学习的态度十分认真,他主张我们应该善于发现他人身上的优点。若他人有所不足,能以其为镜,"有则改之,无则加勉"。孔子还主张要"温故而知新",只有这样,知识的海洋才会一直有涓涓细流汇入,才永远不会干涸。也只有时常温习我们学过的知识,才能让清晨的树苗在阳光和雨露的滋润下生长,若干年后,长成参天大树。正因为孔子勤奋学习,掌握了渊博的知识,才被后人尊称为"圣人",也是我们民族的骄傲。

孔子是齐鲁大地上的一

棵参天古树,他的智慧始终荫蔽着后人。他是我们家乡的名人,更是国人心中的榜样。传承龙脉的精髓,愿你我都能成为振兴中华的拓路人!

❖成长课堂

孔子是我国历史上第一位职业教师,被誉为人类灵魂的工程师。他是整个时代的伟人,是我们每个人心中的榜样。我们要学习他治学的态度,学习他的"以孝为本,兄友弟恭"。只要勤奋学习,相信有一天我们也可以和孔子一样有渊博的知识,成为自己的骄傲。

❖读书笔记

会尊重

尊重是一种修养，是一种对人不卑不亢的平等相待，它在这个社会非常重要，因为会尊重的人才能得到别人尊重。各行各业的人在法律允许的条件下付出辛勤的劳动都应该得到平等的对待。尊重他人的不完美，尊重他人的梦想。学会尊重，灵魂将得到升华。

她让我懂得了真正的美

要尊重每一个人，无论他是何等的卑微或平凡。
要记住活在每个人身上的是你我相同的灵性。
——叔本华

前几天的一个晚上，天空飘起了鹅毛大雪，大地好像铺上了一层毛茸茸的毯子。我趴在窗前看着地上越来越厚的积雪，期待着明天可以堆雪人、打雪仗。想到这里，我立刻钻进被窝、闭上眼睛，盼望着明天早点儿到来。

第二天清晨，我早早起床，匆匆吃过早饭后就出门了。可是，我发现昨天晚上的"厚雪毯"不见了。我拽着爸爸问："爸爸，雪都藏到哪儿去了？"爸爸说："雪都被叔叔阿姨们扫走了。"我问："叔叔阿姨们什么时候扫的雪啊，我怎么没看见？"爸爸说："为了大家能安全出行，他们在你睡懒觉的时候就出来扫雪了。"于是我跟爸爸约定，下次一定要让我看看叔叔阿姨们是怎么扫雪的。

第三天早上天还没亮，我就被爸爸叫醒了，爸爸说昨晚下雪了，现在可以去看叔叔阿姨们扫雪了。我揉着惺忪（形容刚睡醒时神志和眼睛还处于模糊不清的状态）的睡眼，缓缓爬起来，抬头看了一眼表，天哪，还不到四点呢！我懒懒地裹上羽绒服，决定出门"一探究竟"。

冬天的清晨冷得出奇，打开门的一瞬间就听到寒风像发怒的狮子一样咆哮着，我下意识地把脖子和脸都缩到衣领里，两只手揣在衣兜里，脚像是被冻住了一样，不愿意挪步。

来到街上，我看见远处有一群穿着橙色外套的叔叔阿姨们在扫雪。他们穿着厚厚的棉衣、棉鞋，戴着棉帽子，手里握着扫帚，吃力地扫着雪。我走过去，看见一个阿姨的脸被白色的哈气围绕着，眉毛上凝结着许多白霜。我走过去问："阿姨，您怎么这么早就来扫雪啊？"阿姨把口罩摘了下来，笑着说："我要是不早点儿把雪扫完，你们这些孩子不知道要摔多少跤呢。"阿姨的脸已经冻得通红了，可刺骨的寒风却没有冻住她脸上暖暖的笑意。说完，她又重新戴上口罩，继续认真地扫起雪来。

回家后，我突然意识到刚才应该跟

41

阿姨说一声谢谢的。爸爸说，我们身边有很多像阿姨这样默默付出的人，他们吃苦耐劳，不求回报，全心全意为人民服务。正是有了他们的付出，城市才更加美好；有了他们，我们的生活才更加安全、便利。我感慨道："是阿姨那质朴的话语，让我懂得了什么是真正的美。"

真正的美是在平凡的岗位上无怨无悔地付出，是把寒冷留给自己，把便利带给别人，是一种奉献的精神，是我们这个时代的主旋律……

成长课堂

有很多平凡的人们在社会底层从事着最普通的职业，但是这个世界，只有社会分工的不同，没有高低贵贱之分，每一个生命都值得尊重。我们应该感谢他们不求回报、全心全意的付出。尊重让社会更加和谐。

读书笔记

农民伯伯

一粥一饭当思来之不易，半丝半缕恒念物力维艰。

——朱柏庐

　　有一次，我和妈妈去了乡下的姥姥家。正赶上收麦子的季节，为了让我长长见识，妈妈带我来到了田间。金黄色的麦穗颗粒饱满，它们害羞地低下了头，一心向着大地妈妈。田野仿佛变成了金黄色的海洋，风儿一吹，阵阵麦浪此起彼伏，非常壮观。

　　金色的麦浪里，农民伯伯正忙着割小麦呢。他们头上戴着遮阳的草帽，脖子上挂着毛巾，手上拿着镰刀，慢慢地向前挪着步子。那天的太阳有些毒辣，强烈的阳光让农民伯伯们汗流浃背，空气中的尘土沾到他们的脸上，使他们本就黝黑的脸庞变得更黑了，但他们手中的动作却一刻也没有停歇。只见他们左手抓住麦秆，右手利落地挥刀割下，左手再把麦秆放在身旁，动作一气呵成（比喻整个工作迅速完成，毫无间断），非常熟练。走了一会儿，我就耐不住炎热，躲到树荫下乘凉去了。而农民伯伯们忙得连擦汗的时间都没有，晶莹的汗水顺着他们的脸颊滴落，悄悄地融入泥土中。但是他们的脸上却没有丝毫疲惫感，反而还时不时露出幸福的笑容。

中午，他们来到田边吃午饭，我和妈妈走了过去。我问："伯伯，你们这么辛苦割麦子，累不累啊？""不累，干习惯了。""是啊，都是庄稼活。""农活越多代表收成越好，我们都希望累一点儿。""你这个城市小娃娃也应该来体验一下干农活，懂得累了才知道珍惜粮食。"农民伯伯们很热情。我又和他们聊了好一会儿才离开。

看着已经堆成小山似的麦秆，看着农民伯伯沉浸在收割的喜悦之中，我也不禁深受感染，同时对农民伯伯充满了敬意。因为每一粒粮食都是农民伯伯用汗水浇灌出来的，每一粒粮食都是他们心血的结晶。

回家以后，每当我看到香喷喷的米饭、雪白的馒头时，都会不由自主地想起农民伯伯们忙碌的身影，想起"谁知盘中餐，粒粒皆辛苦。"这句诗。粮食是农民伯伯们用辛勤劳动换来的，我们一定要好好珍惜！

成长课堂

> 我们所食用的每一粒米、每一碗面，都是用庄稼人的汗水换来的，珍惜粮食，就是对农民伯伯劳动成果的尊重。爱默生说："节俭是你一生中食之不完的美筵。"节约粮食不仅仅是美德，更是一种责任，只有珍惜资源，才能更好地创造资源。

读书笔记

城市"化妆师"

在重视劳动和尊重劳动者的基础上，
我们有可能来创造自己的新的道德。
——高尔基

我的妈妈是一位化妆师，她可以把别人"变"得非常美丽。每当我周末去妈妈工作的地方，总能看到她细心地为大姐姐化妆。经过妈妈的巧手一化，大姐姐更漂亮了。我为大姐姐高兴，更为妈妈自豪。这让我觉得化妆师真是一个神奇的职业！

最近，我认识了一位新朋友，他也是化妆师，但是他的工作和妈妈不同，他不是给大姐姐化妆，而是给城市"化妆"，经过他的巧手一化，草坪和树丛变得干净整齐了。怎么样，你猜到他的职业了吗？没错，他就是园林工人。说起来，我们的相识并不愉快。

暑假里的一天，爸爸和妈妈要去参加婚礼，早早就出发了。我本想睡个大懒觉，没想到却被刺耳的机器声吵醒了。我气呼呼地跑下楼，想看看"罪魁祸首"的真面目。我循着声音来到了小区的花园，只见一个叔叔拿着一个机器在矮树丛顶轻轻一掠，参差不齐（不一致；不整齐）的矮树丛瞬间都一样高了。他又拿起机器在矮树丛侧面轻轻一掠，凸出来的树枝和叶子纷纷掉落。不一会儿，乱糟糟的矮树丛就变得非常整齐了。我惊讶地说："哇，太神奇了。"听到有人说话，叔叔关掉机器，一脸歉意地说："小朋友，是不是机器的声音太大，吵到你了？"我连忙摆了摆手，说："没有，没有。不过，叔叔你好厉害，像魔术师一样，不对，应该是化妆师，是城市'化妆师'。"他笑呵呵地说："我哪有那么厉害，只不过修修草坪、修修树丛而已。"我继续说："天气这么热了，你休息一会儿再工作吧。"叔叔回道："没关系，夏天雨水多、光线足，植物长得快，我得勤修剪，否则你们就看不到这么规整的绿化带了。"说完，叔叔就继续工作了。我却抵挡不住滚滚热浪，急忙躲到了一旁的凉亭里。

而叔叔依旧在烈日下工作着，他手法娴熟地用机器修剪完树丛和草坪，然后用绿篱剪剪掉树丛中凸出的粗枝干和草坪上的杂草，再把修剪掉的树枝、树叶、草叶都装到他的小车里，最后把它们运走。看着焕然一新的绿化带，再看看汗流浃背的"化妆师"，我的心中充满了敬意。

感谢他的付出，让城市更加美丽；感谢他的用心，让市民更加幸福！

成长课堂

当我们赞赏草坪的规整美观，享受大树带给我们阴凉的时候，是否会想到这是园林工人的功劳呢？他们就像魔术师一样，用双手创造出迷人的风景，让整座城市在绿色中呼吸。他们用自己的汗水滋润着土地、美化着城市的容颜，我们要心存尊重，也心怀感激。

读书笔记

尊重别人就是尊重自己

　　尊重是与人交往中不可缺少的相处之道。尊重别人的缺点，不嘲笑，不轻视；尊重别人的隐私，不评价，不公开；尊重别人的梦想，不干涉，不打击。每个人都是独立的个体，我们要学会尊重他人的选择。因为尊重别人，就是尊重自己。

　　我们在生活和交往中，自己的待人态度往往决定了别人对我们的态度。如同站在镜子前，我们手舞足蹈，镜子里的人同样兴高采烈；我们歇斯底里，镜子里的人也会愤怒咆哮。因此我们想获得别人的好感和尊重，就要先学会尊重别人。

　　尊重是一种修养，是对人不卑不亢、平等相待。不要让傲慢掩盖尊重，让我们永远以平等的心态对待所有人、事、物，一起努力，共同进步成长！

爸爸的爸爸是军人

捐躯赴国难，视死忽如归。
——曹植

　　一天，爸爸正盯着一枚勋章出神。我凑过去好奇地问，"爸爸，哪来的勋章？"

　　"你爷爷留给我的。"爸爸说。

　　"爷爷是谁？"我好奇地问。

　　"爸爸的爸爸。"爸爸说。

　　"爷爷不喜欢我吗？我怎么没见过他？"

　　"爷爷怎么会不喜欢你呢？他只是去了很远的地方。"爸爸有些伤感地说。

　　"爷爷是个什么样的人？"我忍不住问。

　　"爷爷是一名优秀的军人。"爸爸说，"他立过三等功，照片现在还挂在退伍军人荣誉墙上。他对自己要求很严格，即使退伍了，仍然保持着军人的作风。早上4、5 点钟就起床，出去跑步，买早点，回来后叫醒我和你奶奶。再把我们的被子叠成规规整整的豆腐块。家里的洗漱用具、锅碗瓢盆和桌椅板凳都摆放得整整齐齐,乍一看,不像家,倒像军人的宿舍。他对我要求也很严格。给我列了一张作息时间表。几点起床,几点吃饭,几点看电视,几点写作业……都有明文规定。他还着意培养我军人的品格。时常对我进行挫折教育,力求让我在困境中也能挺起胸膛,在失败里也能自强不息(自己努力向上,永不停息),成为铁骨铮铮的男子汉。"

"哈哈,"爸爸说到这里突然笑了起来,"我那时候总跟你奶奶告状。你奶奶就会狠狠地批评他。你爷爷不敢跟奶奶生气,就变本加厉(形容情况比原来更加严重)地折腾我,现在想想那段日子真美好啊!"

"哈哈,爷爷什么时候回来啊,我真想见见他。"我对爷爷越来越好奇了。

爸爸没有回答,而是感伤地说:"你爷爷常说,一次从军,一生都是军人。在各种艰险的境况里冲到最前面。那一年我 18 岁,家里发了洪水。你爷爷为了救一个孩子,离开了我们,永远也不会回来了。"

"把那枚勋章给我看看!"我理解爸爸的情绪,他出差的时候,我也会因为想他而难过。爸爸把勋章递到我手上。我煞有介事(故作姿态,让人感到一本正经、真有其事)地翻看了一番。然后一本正经地说:"它告诉我,爷爷去完成更伟大的事业了。所以,爸爸,你没有必要伤心!"

爸爸听后笑了,那笑容像太阳,把勋章照得熠熠生辉!我想,他一定释然了!

成长课堂

所有为国家和人民做出贡献的人都应得到敬佩和尊重。尤其是军人,他们舍己为民、保家卫国,把自己的青春献给了祖国,用汗水铸就了祖国的繁荣富强。军人,永远值得被人歌颂!

读书笔记

_____

_____

_____

快递员爷爷

真正的笑就是对生活乐观，对工作快乐，对事业兴奋。
——爱因斯坦

  我妈妈是个购物狂，我家几乎每天都能收到快递。负责我们家这片的快递员，我几乎都认识。其中给我印象最深的是一个 50 多岁的爷爷。

  第一次见到他，是在我家楼下。那天，他站在快递员专用车旁边，正在整理快件。他穿着快递员的统一服装，却比别的快递员要干净整洁。皮肤黝黑，仅从侧面看，脸上有不少皱纹，嘴角有个酒窝，笑起来应该很和善。他手指粗糙，手掌很大，一只手就能拖住一个见方的快件。他的鞋子也很干净，好像被精心打理过。似乎是我的眼神过于热烈，他抬头看了我一眼，疑惑地问：

  "有事吗，小朋友？"他的眼睛有些浑浊，但是瞳孔很亮，此刻他的眼神里虽然充满了疑惑，但仍然给人一种积极向上的感觉。

"爷爷，我住这栋，702 的，有我家的快递吗？"我急忙问道。

"有，是王女士家吧，你是她什么人？"他问。

"我是她女儿。我拿上去吧，就不麻烦爷爷了！"我善意地说。

"这可不行，我得送货到家。"他说，随后又补充道，"我不是怕你冒领啊，我们的服务宗旨就是送货上门，给客户提供便利，提供优质的服务！"我看他这么坚持，于是也不再说什么。上楼的时候，我又忍不住好奇地问：

"爷爷，您在送货的时候，有没有遇到特别爱刁难人的客户？"因为我那时刚看过一个新闻。一个客户在收到快递后，命令快递员把他家的垃圾扔了。快递员拒绝了，然后得到了差评。

他说："也不算刁难，谁都有不顺心的时候，你让一步，我让一步，笑一笑就过去了！"我喜欢他的人生态度，要是每个人都这么想，社会肯定会更和谐。

后来，他经常造访我家，

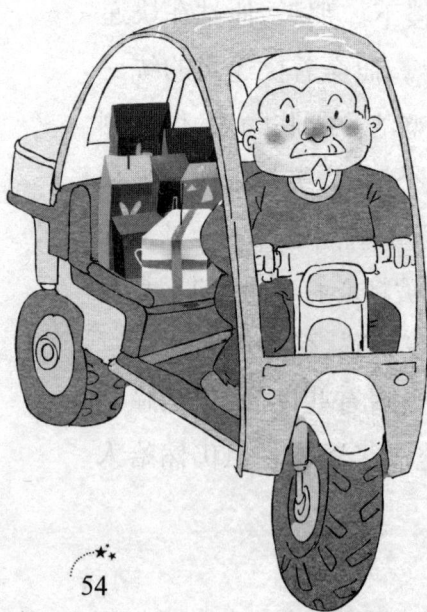

即使刮风下雨也从不间断。妈妈从各地买来的东西全由他的手交给我们，这好像变成了一种仪式，久而久之我们拥有了"特权"。"别人家收货一定要签字的，你家不用。"他笑呵呵地说，眼神里充满了对我们的信任。从中我体会到了人与人之间以诚相待的可贵。

感谢这位快递员爷爷，因为他在我成长过程中，留下了一抹明媚耀眼的阳光！

成长课堂

人生有很多波澜起伏，也会出现很多刺耳的声音。就像快递员爷爷，他也会面对客户的刁难，但是他从来不放在心里，笑一笑就过去了，这样豁达的人生态度是可敬的。快递员爷爷对小作者的特别信任、以诚相待同样值得尊重。

读书笔记

令我钦佩的人——海伦·凯勒

生活就像海洋，只有意志坚强的人，才能到达彼岸。

——马克思

    海伦·凯勒 (1880－1968)，美国著名的女作家、教育家、慈善家、社会活动家。她在十九个月大的时候，生了一场重病，病愈后，失去了视力和听力。但是在老师的帮助下，通过不断努力，她成功地考入了哈佛大学拉德克利夫女子学院，并且在此期间创作了 14 本著作，包括今天备受推崇的《假如给我三天光明》。她一生致力于为残疾人发声，建立了很多慈善机构。她是"总统自由勋章"的获得者，更是"二十世纪美国十大偶像"之一。

    我非常钦佩海伦·凯勒，并不是因为她用实际行动证明了她不比任何健全的人差，而是因为她积极阳光的心态，因为她处理困难和直面挫折的勇气。

    她幼年就遭遇那样的悲惨，却从不**怨天尤人** (怨恨命运,责怪别人)。她相信阳光能够驱散阴霾,她珍惜自己拥有的,不奢求自己没有的。她用积极乐观的态度拥抱生活,发现生活中的美好。她努力学习拼写、写作,突破了语言障碍,甚至以优异的成绩考入了哈佛大学。她始终对世界怀揣希望。愿意用心去感知和聆听世界。

她从不惧怕困难,不会说话,不会发音,她就去学习。她用手摸别人的嘴巴、触碰别人的喉咙,感受声音的跳动和震颤。尽管她有时为了发一个音需要练习几个小时,她却从未妥协。她夜以继日地练习,终于对亲人发出了嘶哑的呼喊。她也不害怕挫折。她的写作之路并不顺遂。她写过一篇小说,后来被证实情节与某个作家的作品类似,这是她的无心之过,但是她因此经历了一段非常晦暗的时光,被怀疑,被质问,被尊敬的人误解。她一度放弃了写作。可她终究战胜了它,成为了一名治愈系畅销作家,给很多人带来了阳光。

没有人的一生会永远顺遂。在困

难和挫折面前与其沮丧颓唐，不如想想海伦·凯勒，想想她乐观积极的心态，想想她迎击困难的勇气。然后击破自身的壁垒——怯懦和胆怯，悲观和消极，像她一样积极向上，百折不挠，活出自己的精彩。

❖成长课堂

当海伦·凯勒身处绝望之中时，当她被苦难折磨得体无完肤时，她没有自暴自弃，而是选择用乐观积极的心态迎接困难，并且战胜了困难。我们也要拥有海伦·凯勒般的坚强，用百折不挠的精神面对挫折，不怨天尤人，不轻言放弃。

❖读书笔记

拾荒者

生活的理想，就是为了理想的生活。

——张闻天

  一排排车像一条条长龙，盘踞在公路上，让街道两边本来就稀少的树看起来更加势单力薄。一个人影突兀地出现在车道中。那是个拾荒者。他的衣服样式很旧，衣领和袖口都有磨损的痕迹，不知道洗了多少回。头发花白，脸上的沟壑仿佛老树的年轮。他的鞋子是某个著名的品牌，但显然不合脚，走起路来，不时发出刺耳的摩擦声。

  他手里拿着一个袋子，平日里装石灰的那种袋子。他的手和袋子异常和谐。一样的粗糙，一样的黝黑，一样的饱经时间的蹂躏(比喻用暴力糟蹋或摧残)。这样的手在任何人看来都是值得同情的。他用它敲响每个车窗，向车主索要矿泉水瓶，没有不成功的。有的人甚至会给他一瓶没喝过的水。

这跟乞讨有什么分别呢？我打心眼儿里瞧不起他，即使就是我这样的孩子，都知道要做个傲骨铮铮的人。

时间一分一秒地流逝，车队仍然一动不动。终于有人耐不住了，按响了喇叭。声音尖锐刺耳，惊得拾荒者瞪大了眼睛。那是怎样一双眼睛？没有我想象中的迷茫、浑噩以及卑微，清澈的眸子里流淌着希望和温柔。我一时有了新的联想：这拾荒者也许是某个孩子的爷爷。他正打算用拾荒赚来的钱，给孙子买零食或者礼物。他可能是个慈善家，打算用拾荒赚来的钱，买几百本书，寄给贫困山区的孩子们。他还可能建立了一个流浪之家，此刻正有十几条狗等着他用拾荒赚来的钱，买来晚上的狗粮。

所有有梦想的人都值得我们尊重，而那些助力梦想，为别人的梦想弯下脊梁的人更值得我们敬佩。我为之前的蔑视感到惭愧。

正想着，他走到了我们的车窗外。粗糙的手掌，指甲上的泥，磨破的袖口，就在眼前。我更可以清楚地看见他脸上的表情：抱歉而又带着羞赧，但绝没有**自惭形**

秽（因容貌举止不如别人而内心感到羞愧）或者理所当然。

不等他开口，我便递出了几个矿泉水瓶。还顺手拿了一块巧克力给他。

"谢谢，这个我不能要。"他说。

"给你孙子的！"我说。

"他呀，还小哩！"他笑着说，那笑容让阳光都失了颜色。

我正要细问，车队动了。他趿着不合脚的鞋，匆忙地离开了车道。我们彼此渐行渐远，他的故事，我只能在想象中叙写了！

✦成长课堂

> 那些不怕碰壁、不怕跌倒，勇于靠近梦想，并且为之不懈努力的人值得被尊重。同样，那些助力梦想的人也是如此。他们中有些人，自己生活贫瘠，连一身像样的衣服都舍不得买，却愿意倾尽所有，把心怀梦想之人高高托起，眺望这个美好的世界。

✦读书笔记

张叔叔和李阿姨

平凡简单，安于平凡，真不简单。

——三毛

　　我爱我住的小区，因为我们小区比植物园还美、还干净，这都归功于张叔叔和李阿姨，他们是我们小区的环卫工人。他们是夫妻，看起来大约50多岁。张叔叔的个子不高，大约1米7，身材瘦弱，一笑便露出一口整齐的大白牙。李阿姨的个子也不高，不到1米6，她是个热情的人，遇到大人、小孩，总会主动打招呼。

　　春天，天一暖和，张叔叔和李阿姨便开始忙了起来。他们把花坛里干枯的花茎连根拔起，用小车把这些花茎推到垃圾桶，然后把花园里的土从上到下翻了一遍，把花园里残存的草根一点点地清理掉。我从他们的身旁经过，听到他们正蹲在地上激烈地"争吵"，原来，他们是在商量小区的花园里更适合种什么花，看张叔叔看花园里黑土的眼神，仿佛是一个园丁在打理自家的花园。

夏天，张叔叔和李阿姨几乎每天都在小区的花园里巡逻。看到有的树上长虫子了，张叔叔二话不说便拿起喷壶赶来了。虫子们还没来得及啃树叶呢，就被张叔叔消灭了。李阿姨则细心地挂好警示牌，告诉小区居民，这棵树刚打过药，大家几天内不能碰它。在他们的照料下，我们的小区变成了一个名副其实的花园。小区里的芍药开了、玫瑰开了、薰衣草开了，看着五颜六色的花朵迎风**摇曳**（轻轻地摆荡），张叔叔和李阿姨笑得比谁都开心。

秋天，张叔叔和李阿姨仿佛更忙碌了。草坪上的草长高了，他们用铡草机修剪草坪，我从他们身边经过，张叔叔打趣道："看，理完发后的草多好，黄黄的、多洋气。"李阿姨更有耐心，树上的叶子风一吹便落了，早上刚扫完的街道一转眼又落了一层叶子，李阿姨总是笑呵呵地把落叶清理掉，仿佛一点儿也不觉得烦。

冬天，我们这里的雪很大，常常一下就是半宿。早晨，当我推开小区的门时，却发现地上的积雪已经被张叔叔和李阿姨带人清扫

了,他们穿着橙色的工作服,正围着一个高高的雪堆讨论着什么。等晚上放学,走在小区的路上时,我看见每隔十米都有一个雪人,它们有的围着拉花围巾、有的身上插着扫帚、有的歪着嘴……当我得知这些雪人是张叔叔和李阿姨堆的时,我惊讶得下巴差点掉下来,他们看起来那么平凡,却那么爱自己的工作,这就是不平凡吧!

谢谢你们,张叔叔和李阿姨,愿你们陪我们度过更多的春夏秋冬!

❖ 成长课堂

有人仰望星空,胸怀大志;有人脚踏实地,甘愿平凡。"把一件平凡的事做好就是不平凡;把简单的事做好就是不简单",能做到这点的人非常令人尊重。认真对待自己的工作,尽管在别人眼中那么不起眼,但只要坚持下去,乐在其中,就一定会收获成功和满足。

❖ 读书笔记

_____

_____

_____

_____

敬畏自然

大自然是善良的慈母，同时也是冷酷的屠夫。

——雨果

    在坚硬的岩石里，蕴藏着一朵花的种子，它坚持想要从岩石里探出头。不知过了多少昼夜，它终于冲破了坚硬的壁垒，找到了拥抱阳光的出口。没人看好它，他们都认为它绝不可能在岩石中生存。可是它活了下来。它的根在岩石里安了家，从整个山脉中汲取营养。它的花瓣厚厚的，足以抵挡风霜雨雪。年复一年，春去冬来，它做到了，它有了自己的生命轨迹。它应该得到尊重。

    一棵胡杨树伫立在茫茫的戈壁滩上。它已经一百岁了。最开始，它只是一棵不起眼的小树，人们从它旁边路过时，总会暗叹它不自量力。但是十年过去了、二十年过去了……眼看着一百年也要成为过去。它经受住了烈日的炙烤，狂风的摧残，把根深深地扎进土地，让根须朝着水源的方向伸展，它努力地活着，身体里有一种绝不屈服的精神。它应该获得尊重。

一只小鸟被猎人的箭射中了头部。谁都以为它活不了了，它却顶着那支箭，忍着疼痛，飞回了鸟巢。它是出来觅食的，窝里还有两只幼鸟等着它。后来它仍然活着，它带着那支箭，从北方飞到了南方，又从南方飞回了北方。它小小的身躯蕴藏着大大的力量，这力量足以让人类羞愧，它应该得到尊重。

但是人类并不佩服它们，他们把所有生物都当成大自然的馈赠（把东西无代价地送给别人），肆意挥霍。砍伐树木，猎杀动物、破坏海洋的生态环境，把生机勃勃的山脉挖空……完全不在乎其他生物为了活着付出了怎样的艰辛，更不会留心欣赏大自然是怎样雕刻一只蝴蝶的翅膀，怎样为动物们制定秩序的。

是的，大自然除了赋予生物顽强的斗志，还制定了严苛的制度。小到动物的习性、动物种族内部的秩序，大到动物寿命的长短，动物之间不可言说的关系。动物们都清楚，

只有人类还**蒙昧**(愚昧、朦胧、迷糊)着。他们把自己看成世界的主宰，其实他们也在自然的秩序里，与动植物的生命紧紧链在一起。一朵花的拼搏，一棵树的抗争，一只鸟的顽强，也许就是一个人生命的延续。

敬畏自然吧，它比你想象的仁慈，也比你想象的严苛。若你聪明，就赶紧滋养它，回报它——保护环境，珍视生命。

❖ 成长课堂

> 所有的生命都值得尊重和敬畏。它们沿着自己的生命轨迹，一步一个脚印，踏实地行走着。哪怕道路多么曲折，哪怕遭受多大险阻。它们比有些人还顽强，还勇敢。它们应该受到人类的礼赞，而不是伤害。

❖ 读书笔记

_____

_____

_____

_____

女中豪杰

热爱他的职业,不怕长途跋涉,
不怕肩负重担,好似他肩上一日没有负担,
他就会感到困苦,就会感到生命没有意义。
——汉姆生

　　每次和妈妈出门,我们都会在十字路口碰到她,不管是雪天还是雨天,她都站在那里。她,就是坚守岗位的女交警。她留着齐耳的短发,少了些温婉,却多了些英气。她穿着一身帅气的警服,用标准的姿势引导车流。

　　夏天,艳阳高照、酷暑难耐。没有树荫的遮挡,没有清凉的服装,她依然站在太阳下。当我从她身边走过时,可以清晰地看见汗水顺着她的脸颊流下来,可以看到她的衣服都被汗水浸湿了,工作的辛苦可见一斑(比喻见到事物的一少部分也能推知事物的整体)。

　　冬天总是雪白的,雪花洋洋洒洒地落下来,令世界看起来洁白而神圣。但对于身为交警的她来说,冬天却格外辛苦。由于工作需要，她不能穿非常保暖的羽绒服。虽然警服也很厚，但对于北方的冬天来说无疑是**杯水车薪**（比喻力量微小，无济于事）。她站在高高的指挥台上，长长的睫毛已经结了冰霜，脸蛋冻得通红，但是她依旧神情严肃，一丝不苟地做着自己的工作。

有一天，妈妈接我放学，我们又看见了忙碌沉稳的她。在交通岗附近停了一辆私家车，原来是司机酒驾。她和同事从指挥台上走下来，试着与那个喝得微醺的司机沟通。那个司机强硬地说："我没喝多。"她要求司机出示驾驶证，开始询问具体的情况。那个司机一看自己酒驾的行为被抓个现行，开始狂躁起来，大声骂女交警。那个人看起来蛮横无理，我在旁边默默地为她捏了一把汗。只见女交警脸上丝毫没有怒色，而是**不卑不亢**（指对人有恰当的分寸，既不低声下气，也不傲慢自大）地和那个司机沟通酒驾的危害，妥善地安排同事对他进行检查，然后麻利地开出罚单，让同事带走那个冲动的酒驾司机。

看着她那忙碌的背影，我跟妈妈说："她可真是一个女中豪杰。"妈妈说："那是因为她热爱她的工作，她

是在尽职尽责地做事。"我说:"等我长大了,不管做什么,都要像她那样,热爱工作,对工作认真负责。"

❖ 成长课堂

> 　　尊重自己的职业,才会在本职工作上兢兢业业;将自己的工作视为生命的信仰,才会全身心投入工作,不弄虚作假,不得过且过,不敷衍了事。女交警尊重自己的职业,也是尊重自己,因为尊重自己,最终得到了别人的尊重和爱戴。

❖ 读书笔记

_____

_____

_____

_____

会包容

　　包容是一种幸福,懂得包容他人的人是世界上最幸福的人。包容别人,也是包容自己。学会包容,可以提升我们的思想道德修养,锻炼我们的性格,让我们拥有一颗博爱的心。成长是一种磨炼,途中会遇到各种各样的挫折。包容可以让我们微笑着面对困难,在轻松的氛围里跨越一道道难关。

新邻居

宽容意味着尊重别人的任何信念。
——爱因斯坦

今年年初，我们全家人搬进了新家。新家宽敞明亮，全家人的脸上都洋溢着幸福的微笑。连刚满三岁的妹妹都说："新家真好。"

我们快乐的日子没过上一个月，就被终止了。周六的早晨，对门突然传来了电钻的吱吱声，周末美好的早晨就这样被破坏了。巨大的噪音吵得我们一家人不得安宁，为了躲避噪音，爸爸带着我们去了游乐园。

星期天一大早，我在客厅一边看电视一边说："爸爸，我们家最近是不是没有安宁的日子了。"我的话刚说完，就传来了一阵敲门声，谁会这么早来我家呢？爸爸打开门，原来是一个20多岁的大哥哥，他的个子高高的，身材瘦瘦的，眼睛大大的，皮肤很白皙，穿着一身卡其色的休闲装，还背着一个双肩包。

他礼貌地对爸爸说："您好，我是您对面的邻居，我刚买了这套房子，但是昨天我没有考虑周全，在没有通知您家的情况下就开始装修了，噪音一定很大，打扰你们了，对不起。今天我已经让装修人员离开了，等周一大家都上班的时候，我们再装修。"看他这么真诚，爸爸急忙说："没关系，装修是大事，噪音都只是暂时的，我们可以理解。"那个大哥哥充满感激地对爸爸说："谢谢您的理解，我以后一定会注意的。"说完，他冲着我们摆了摆手，微笑着离开了。

看着那个充满青春的背影，我说："我觉得他是一个很友善的邻居，一点儿也不自私，还会为我们考虑。"爸爸也说："的确是个不错的小伙子。"果然，之后的周六和周日我们没有听见装修声。家里也十分安静，我又可以睡懒觉了。

三个月过去了，大哥哥的房子装修好了。有一天，他还邀请我去他家里参观了呢。他摸

着我的头说:"半年之后,我就搬进来了,那时我们就是邻居了,你要多多关照我啊。"我看着他嘴边的微笑,对他说:"在我们第一次见面后,我就觉得你会是一个好邻居。"

我在心里说:欢迎你,我的新邻居,懂得为他人着想的大哥哥。

成长课堂

"人非圣贤,孰能无过?"邻里相处难免会有摩擦,但要记住,得饶人处且饶人,退一步海阔天空,这样才能化干戈为玉帛。人与人之间多一分理解,多一分包容,如此,社会就会更和谐,生活自然更美好。

读书笔记

_____

_____

_____

_____

我学会了宽容

君子量不极,胸吞百川流。
——孟子

"书涵,该起床了。"妈妈摇晃着我的身体说。

"今天是周末,让我再睡一会儿吧。"我低声说。

妈妈说:"乖, 快起来, 今天舅舅要带着表弟来家里做客,我们得准备一下。"

听到"表弟"这两个字,我顿时觉得世界要塌陷了。他是我们家有名的淘气包,别看年纪小,却已经做了很多让人大跌眼镜(比喻事情的结局出人意料,使人震惊)的事。他曾在姥爷收藏的名画上涂鸦,用舅舅的手机乱拨号打了 40 分钟国际长途,把姐姐的作业本撕下来折纸飞机……不幸的是,他总说最喜欢我,每次家人在一起聚会时,他都黏着我。看来今天注定是倒霉的一天!

上午十点多,舅舅和表弟来了,我热情地和舅舅

75

打招呼。突然,表弟跳到我身上,紧紧地抱着我,激动地说:"书涵表哥,我好想你啊!"没想到他踢脏了我的新裤子。我生气地说:"你能不能老实一点儿,不要总闯祸。"然后转身回了房间,还用力地关上了房门。

不一会儿,表弟来到我的房间,怯生生地对我说:"表哥,对不起,刚才我不是故意的,你原谅我吧。我把爸爸给我买的新玩具给你玩,是最新型的宇宙飞船,还可以拆卸呢。"看我没有说话,表弟坐在我旁边把宇宙飞船的零件拆了下来,然后对我说:"看,好玩吧。"说完,他又开始安装了。几分钟后,他小心翼翼地对我说:"表哥,我不知道该怎么安装了。你能帮帮我吗?"

我看了他一眼,接过他手里的零件安装起来。快要大功告成的时候,一个零件被我不小心弄折了。我惊恐地抬起头,担心他会大哭大闹。没想到,表弟毫不在意地说:"没关系,我让爸爸把这个零件粘起来,然后表哥再帮我装。"说完,他就拿着零件跑了出去。看着他的背影,我顿时觉得羞愧不已,脸上火辣辣的。虽然表弟调皮、淘气,但是他却很宽容。虽然他年纪小,但他并没有因为我弄坏了他的新玩具而怪我,而我刚才却那么小气。我要向表弟学习,用一颗宽容的心对待身边的人和事。

我走出房间,笑容满面地对表弟说:"表弟,我们一起玩你最喜欢的拼图游戏吧。"

成长课堂

宽容是什么?宽容是一个人的胸怀,是一种乐观的心态。宽容的人,不在意自己的得失;宽容的人不会咄咄逼人,不小肚鸡肠。让我们学着宽容地待人吧,只有这样才会赢得别人的尊重。

读书笔记

卖地瓜的奶奶

人非尧舜，谁能尽善。

——李白

　　一想到她啊，我的脚步就**不由自主**（由不得自己做主，指无法控制自己）地加快了！她是谁呢？她不是我的家人，却总能带给我家人般的温暖，她就是在我们学校附近卖地瓜的奶奶。她的头发有些花白，脸上布满了皱纹，但是她目光柔和，总是笑呵呵的，同学们都很喜欢她。

　　秋王子在一片片落叶的簇拥下离开了，一转眼，冬天来了，天越来越冷了。放学后，同学们都缩着脖子朝外跑，想赶紧回家。在这秋冬交替的时候，我们和卖地瓜的奶奶相识了。她卖的地瓜又大又甜，而且价格公道。在寒冷的天气里，我们的手里捧着热乎乎、沉甸甸的地瓜，感觉温暖极了。

　　一天放学后，我在教室里等着妈妈来接我，因为妈

妈单位临时有事，让我多等她半个小时。我在教室里
待得无聊，又有点儿饿，便向奶奶的地瓜摊走去。在老
奶奶圆形的地瓜烤炉前，有一个铁罐子，通常老奶奶
会让我们自己把钱放进去，然后再把要找的零钱拿
走。我去的时候，发现奶奶和往常不太一样，她正对着
一张十元钱发呆。"奶奶，我要一个地瓜。"我说完好一
会儿，她才抬起头，轻轻地说了声："哦。"

随后把那张十元钱撕成碎片扔进了垃圾箱，又找
出一张湿巾，把手彻底擦了一遍，才拿出一个圆滚滚
的地瓜，把它放到小秤上称过后，装进纸袋里，麻利地
递给了我，说："小同学，三元钱。"我把三元钱放进了
那个铁罐子。然后好奇地问她："奶奶，您怎么把钱扔
了？""那是假币，不能花的。"老奶奶淡淡地说。"是
哪个坏孩子干的？"我气愤地问。"没关系的，你们都
是小孩子，肯定不是故意的，应该是哪个小同学在其
他店里买
东西剩下
的钱，自
己也辨别
不出是不
是假币。"
老奶奶依

79

旧用无比温和的声音说。我继续说:"可是……可是您损失了十元钱啊!""没关系,我再多卖一会儿就可以了。"老奶奶安慰我说。

我拿着热乎乎的地瓜向教室走去,感觉老奶奶是那么温暖、那么善良、那么宽容!我以后要多去老奶奶那里买地瓜,让老奶奶赶快赚回那十元钱。

成长课堂

宽容的人心胸宽广有气量,不计较得失,不追究对错,能容忍,能包涵,能原谅。宽容是用一种积极乐观的心态,放过别人,也放过自己。卖地瓜的奶奶能够容常人不能容之人,忍常人不能忍之事,不抱怨生活,没有心里包袱,自然会过得比别人更加轻松快乐。

读书笔记

_____

_____

_____

_____

六尺巷

宽宏大量,何所不容。

——罗贯中

在安徽桐城县城西后街,有一条小巷,长一百米,宽六尺,是著名的六尺巷。清朝康熙年间,这里原本并无小巷而是一块空地,一边是大学士张英宅院,一边是平民吴氏宅院。

有一次,吴家建房,要占用两家之间的空地,张家不同意,两家为此争吵不休,双方把官司打到了县衙。张家写信给张英,想要张英出面疏通关系,打赢这场官司。当时的张英官居大学士,管管平民百姓,可以说是小事一桩。但张英给家里的回信竟是:

> 一纸书来只为墙,
>
> 让他三尺又何妨。
>
> 长城万里今犹在,
>
> 不见当年秦始皇。

家人读了这首诗,明白了其中的含义,便主动让出三尺空地。吴家深受感动,也后撤三尺,在两家之间形成了一条六尺宽的巷子，就是后来著名的六尺巷。

张英在《聪训斋语》说："每思天下事，受得小气，则不至于受大气；吃得小亏，则不至于吃大亏：此生平得力之处。凡事最不可想占便宜，子曰：'放于利而行，多怨。'便宜者，天下人之所共争也。我一人据之，则怨萃于我矣；我失便宜，则众怨消失。故终身失便宜，乃终身得便宜也。"

康熙皇帝很欣赏张氏一门淡泊名利（轻视外在的名声与利益）的处事态度，张英辞官归乡时，赐诗一联：

白鸟忘机，看天外云舒云卷；

青山不老，任庭前花落花开。

❖成长课堂

人生在世，吃得下亏，才能纳得下福。"海纳百川，有容乃大。"学会理智与包容，就不会一味苛求别人来忍让自己。张英的宽宏气度，让双方都有退路，都懂得了妥协与忍让。今天你让人一寸，他日人家还你一尺，这就是宽容的魅力。

❖读书笔记

乌鸫鸟

君子坦荡荡，小人常戚戚。
——孔子

一天早上，爸爸打算开车送我上学的时候，发现车盖上落了一只小鸟。小鸟全身黑漆漆的，嘴巴和眼睛是黄色的，好像墨汁上滴落的黄色染料。爸爸按了几下喇叭，试图把小鸟赶走。那鸟受到了惊吓却没有马上飞走，而是歪着脑袋仔细打量爸爸一阵，然后才心不甘情不愿地飞走了。

"干吗要撵走它？"我说，"立在那好像车的 logo 似的，多有趣啊！"

"我担心它挡住我的视线，到时候，咱俩就危险了。"爸爸说。

爸爸把我送到了学校，就去上班了。我们按照以往的轨迹生活。我们只把那只鸟当成过客。

第二天早上，我们又在车盖上看见了那只鸟。那只鸟当着我和爸爸的面，在车盖上留了一泡鸟屎。然后飞到树上，看着爸爸气急败坏（上气不接下气，狼狈不堪。形容十分慌张或恼怒）地擦拭。等爸爸擦完了，它又飞下来，继续在上面留下自己的"杰作"。爸爸有些生气了，从后备箱里，拿出了我的玩具枪，冲着那只鸟，"嗒嗒嗒"地开了几枪。枪里面当然是没有子弹的，但是那声音也足以让小鸟受到惊吓。果然，那只小鸟，惊叫着飞走了。爸爸取得了阶段性的胜利，不由得露出了笑容。但是如果他知道接下来会发生什么事，我想他绝不会这么得意。

　　第三天早上，爸爸的车被鸟围住了，黑压压一片。看的我和爸爸浑身直起鸡皮疙瘩。"投降吧，爸爸，我们被包围了。"我说。搞笑的是，爸爸真的举起了手，做投降状。不过鸟儿们显然不明白缴枪不杀的道理。它们依然毫不留情地在车子上留下了自己的"杰作"。爸爸的车只得送洗了。

84

我们把这件事跟妈妈说了。妈妈说,我们惹到乌鸫鸟了。这种鸟特别记仇。我赶紧问妈妈怎么才能跟乌鸫鸟和解。妈妈想了想说,"随身带几把小米,多喂几次大概能行。"

事实证明,不管是人还是动物,都改不了爱吃的天性。在为期一周的"美食"攻略下,我们和乌鸫鸟终于达成了和解。

成长课堂

这对父子与乌鸫鸟的交锋及和解,非常有意思。它启示我们,人类的包容之心,应该不止于对待同类上,也要囊括动物。人与动物的和谐,就在退让的包容里,在温暖的馈赠中。人类对动物多些包容,少些伤害,这个世界会更加和平安宁、生机勃勃。

读书笔记

班级"吐槽大会"

千万不要纵容自己，给自己找借口。

——林肯

上周五，我们班召开了一次特别的班会。班会的主题是"吐槽"，要求有两点：第一，必须说真话；第二，不许生气。同学们对这次"吐槽大会"充满了期待。

班会开始后，班主任张老师清了清嗓子说："能成为同学非常不容易，说明你们很有缘分，希望这次班会之后你们依旧会珍惜这份缘分。"我们都被张老师的话逗笑了，那些平时表现不好的同学恨不得把脑袋藏到书桌里。

班长第一个站到了讲台上发言："作为班长，我要身先士卒（指作战时将帅冲在士兵前面，奋勇杀敌。今多比喻领导带头，走在群众前面），无论我说了什么，你们都不许生气哟！体育委员李航，你整天炫耀你如何会用指尖转篮球，还真以为自己是 NBA 球星啊。你能不能提高一下打篮球水平，下次比赛时别扯我们后腿？"教室里爆发出一片欢呼声，李航气得瞪大了眼睛，却没法反驳，因为班长说的是实话。第二个发言的是我的同桌，他**义愤填膺**（指胸中充满义愤；膺：胸）地说："列豪林，你这个胖子，你都要把我给挤走了。你能不能少吃点儿零食、多做点儿运动？就算为了你的健康，请你减肥吧！"我摸了摸自己的肚子，脸涨得通红。第三个发言的是纪律委员郭蕊，她说："张媛，虽然你聪慧过人、成绩优异、人缘好、朋友多，是家长眼中'别人家的孩子'，但是你能不迟到吗？你能不在自习课上睡觉吗？你能按时交作业吗？希望你平时也表现得像一个好学生，不要只在考试的时候才想表现自己。"张媛被她

逗得哈哈大笑。"上课时别笑那么大声！"郭蕊又补充了一句。

接下来，同学们踊跃发言，大有不吐不快的架势。

最后，班主任老师总结道："这次'吐槽大会'非常成功，同学们

吐槽大会

87

知道了自己在别人心中究竟是什么样的，知道了自己的优点和缺点，当然主要是缺点。如果你不想成为第二次'吐槽大会'的主角，就从现在开始改正缺点、发扬优点，大家一起进步吧。"

"老师，下次我们想'吐槽'您，可以吗？"王强大喊了一句。班主任说了声"下课"便急匆匆走出了教室。哈哈，原来老师也害怕被"吐槽"啊！

❖成长课堂

> 包容不是无条件的接纳，如果过度包容，那就成了纵容。我们不仅要正视自己的缺点，也要敢于指出别人的缺点，这样才能帮助他们改正缺点，更好地成长。

❖读书笔记

_____

_____

_____

奇怪的姑姑

宽容并不是姑息错误和软弱,而是一种坚强和勇敢。

——周向潮

我有一个奇怪的姑姑,在奶奶的口中,姑姑是全家人的骄傲。用奶奶的话说,大圆脸、大眼睛、大高个儿、杨柳细腰的。姑姑不仅颜值高,在学习和工作上也很出色,重点大学毕业之后,不到三年的时间就当上一家上市公司的部门总监。

可是,在我的眼睛里,姑姑却是一个十足的马虎鬼。

上周周五,我去姑姑家找表弟玩,恰巧赶上姑父外出办事,姑姑单位加班,他们都要下午 6 点左右才能到家。表弟灵机一动,给姑姑打电话,让姑姑帮我们订餐,姑姑爽快地答应了,给我们订了我们最喜欢的必胜客。

我和表弟一边玩拼图一边等我们心心念念的美味

送上门，表弟还说："奇怪啊，今天的外卖送得好慢啊！"我说："别急，没准现在是送餐高峰期呢！"我们又看了一会儿漫画，外卖还没到。等啊等，终于，门铃响了，我俩脚踩风火轮似的往门口跑去。表弟飞快地按下门铃，一开门，我们俩失望极了，站在门口的不是外卖送货员而是下班回来的姑姑。姑姑瞪着眼睛问我们："怎么样，今天的必胜客好吃不？""妈妈，你比外卖先到家了！"表弟急得直跺脚。"什么？还没送到？"姑姑瞪着无辜的大眼睛说。于是，她打开手机，发现手机上有个未接来电，便拨回去，那个电话是外卖送货员打的，他告诉姑姑外卖送到了，放到了姑姑单位一楼的茶餐厅。姑姑这才明白，原来，是她把送货地址弄错了，本应该送到家的外卖却送到自己单位了！**恍然大悟**（猛然省悟过来）的姑姑旋风似的下楼了。她要开车回单位，把外卖取回来！

姑姑刚走，姑父从外面回来了，我把姑姑弄错

送餐地址的事告诉了他,他异常淡定,平静地说:"我早已习惯了。""姑父,那姑姑在工作中也很马虎吗?"我问。"她啊,在工作中可严谨了,她把主要精力都放在工作上了,留给生活中的脑细胞太少了,我们就原谅她吧!"表弟抢着说道。

　　好吧,看在姑姑不辞辛苦帮我们取外卖的分儿上,我原谅姑姑了!

❖成长课堂

> 　　任何人都有粗心的时候,"严惩恶意,宽容粗心",如果生活中有人因为疏忽造成了小小的错误,我们不要斤斤计较,穷追猛打,否则只会降低我们的格局。宽容永远比指责更有分量,达到的效果也会更好。

❖读书笔记

_____

_____

_____

_____

理解与体谅父母

体谅很难,理解不易。母亲的唠叨让我们心烦意乱,父亲的严厉也让我们如履薄冰,但是只要用心感受,用心去理解,就会知道这些都是父母对我们的爱。

我们要知道如今吃饱穿暖的境况都是用父母的血汗换来的,来之不易。我们所有人都没有资格指责父母的不是,即使他们对我们扬起过巴掌,偶尔也会声嘶力竭地批评我们,但是对于生养之恩来说,这些又算得了什么呢?

理解与体谅,要实践到日常生活中去:我们要力所能及地帮助父母做家务,我们要学会存钱,节省家里的开支。面对父母的批评要自我反省,理解他们的良苦用心。只有做到理解父母,才能学会体谅别人,不辜负所有人的爱,要做一个心存温暖的人。

我的"小怪兽"

一个伟大的人有两颗心：一颗心流血，另一颗心宽容。

——纪伯伦

当我得知你要来到我的身边时，我哭了，因为你打破了我平静、快乐的童年生活。一想到要和你一起分享玩具、零食，我就觉得很委屈。你会是一个娇气的小公主还是一个淘气的熊孩子呢？不，你是一个"小怪兽"，是来和我作对的"小怪兽"！

在老妈柔声细语的安抚下，我渐渐平静了，对你不再抗拒。看着妈妈的肚子像皮球一样越来越大，我问："妈妈，'小怪兽'什么时候出生啊？我要好好保护他。"爸爸用粗大的手拍了拍我的肩膀，说："有个姐姐样子，真棒！"

在那个银杏叶变红的季节，你出生了，我终于可以一睹"小怪兽"的真容了。看着你那满是褶子的红扑扑的小脸，我不厚道地笑了，原来"小怪兽"是个"小老头"啊！

你一天天长大，饿了会哭，开心了会笑，越来越可爱了，我已经有点儿喜欢你了。不过，我依然叫你"小怪兽"。你半岁的一天，我看着你肉乎乎的小腿，好像两节藕，随口说："看你这双小短腿，估计长大后不会是个帅哥。"我的话音刚落，你竟张嘴大哭起来，哭声既嘹亮又委屈，惊动了一旁看报纸的爸爸。爸爸安慰你说："别听姐姐的，她逗你玩呢。"随后，你竟笑了，还趁我不注意用沾满鼻涕的手抓着我的新裙子，我猜你一定是在"报复"我。

你一点点地学会了走路，学会了说话，学会了叫姐姐。有一次，你生病了，妈妈给你买了你最喜欢的红苹果。你把一个苹果藏在了玩具熊的身后，然后蹲在门口，眼巴巴地等着我放学。我一回家，你就拿着苹果乐颠颠地向我走来。看着你那红通通的小脸，我的心里竟然有一丝感动。

有时候,我很讨厌你,你经常弄坏我的玩具,在我的作业本上乱写乱画,进我的房间从不敲门。但我发现只要你微笑着叫我姐姐,我就没法对你生气。亲爱的"小怪兽",今天是你三岁的生日,姐姐祝你生日快乐,感谢你的陪伴,感谢你让我懂得了分享。祝你早日由"小怪兽"变成小帅哥,我会一直陪着你的。

❖成长课堂

> 爱应该是包容的,能够容纳万事万物,更何况是自己的至亲之人呢?爸爸妈妈的爱从来都是不偏不倚的,即使有时候会疏忽某一方,也不要心存芥蒂,亲人之间应该做到尊重、宽容、理解和接纳。相互依托,相互扶持,才会让彼此的感情更融洽,生活更幸福。

❖读书笔记

_____

_____

_____

_____

读后感

遇事三不

自我修养提升书系

崔钟雷 主编 ▲

不迷茫
不抱怨
不生气

黑龙江美术出版社

图书在版编目(CIP)数据

自我修养提升书系／崔钟雷主编. —— 哈尔滨：黑
龙江美术出版社，2019.8
ISBN 978-7-5593-5585-0

Ⅰ.①自… Ⅱ.①崔… Ⅲ.①个人－修养－通俗读物
Ⅳ.①B825-49

中国版本图书馆CIP数据核字 (2019) 第171239号

书　　名／自我修养提升书系
ZIWO XIUYANG TISHENG SHUXI

主　　编／崔钟雷
策　　划／钟　雷
副 主 编／苏　林　石冬雪
责任编辑／李　倩
装帧设计／稻草人工作室
出版发行／黑龙江美术出版社
地　　址／哈尔滨市道里区安定街225号
邮政编码／150016
编辑版权热线／ (0451) 55174988
销售热线／4000456703　(0451) 55183001
网　　址／www.hljmscbs.com
经　　销／全国新华书店
印　　刷／莱芜市新华印刷有限公司
开　　本／880mm×1230mm　1/32
印　　张／24
字　　数／660千字
版　　次／2019年8月第1版
印　　次／2019年10月第1次印刷
书　　号／ISBN 978-7-5593-5585-0
定　　价／158.40元(全八册)

前言
PREFACE

　　周国平在《面对苦难》中说道:"对于一个视人生感受为最宝贵财富的人来说,欢乐和痛苦都是收入,他的账本上没有支出。"

　　我们在成长的路上不断奔跑,反复摔倒,这是一个艰难且漫长的过程。有的人沉淀自己,在黑暗中平缓自己躁动的心,终于在春暖花开时破茧成蝶,翩翩舞动;有的人修炼自己,在烈火般的磨难中坚定信念,终于在冲天火光中涅槃重生,脱胎换骨。在我们拼尽全力过后,蓦然回首,便会发现,过往的所有痛苦与磨砺都是在帮助我们成长。

　　本套丛书是为小学生倾力打造的精品励志读本,共8册,通过古今中外众多通俗易懂、积极向上的故事,来帮助孩子塑造好性格、培养好习惯,帮助孩子学会为人处世,树立正确的思想观念,助力孩子的成长。书中的每篇故事都依据其中心思想,附有一条名人名言,帮助孩子在愉快的阅读中积累作文素材,提高写作能力;文中还穿插着精美的图片,吸引孩子的阅读兴趣;每篇文章的结尾都有一个总结性的小道理,让孩子轻松理解文章的深刻含义。

　　成长伴随着父母的谆谆教导、老师的循循善诱。但是归根结底,成长是一个人的自我升华。我们要学会摒弃懦弱、迷茫、愤怒、悲伤;学会拾起乐观、自信、赞美、宽容,我们要成为房檐下穿石的水滴,成为没有人能够扑灭的火花。

目录
Contents

不生气

目录
Contents

不抱怨

目录
Contents

不迷茫

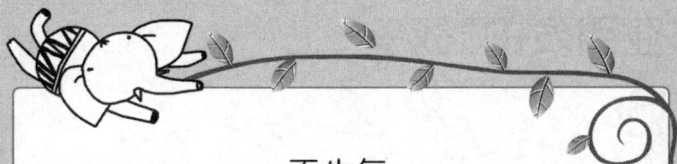

不生气

我们每个人都有两个包袱，一个装着快乐，一个装着痛苦，这些"苦"和"乐"交织出我们的人生。我们无法要求上帝收回痛苦的包袱，但是我们可以"化苦为乐"，转变自己的心态，去拥抱轻松快乐的人生。

如果我们每天都充满欢声笑语，那么这个世界就会充满光明。不生气、不烦恼，让我们过快乐的生活，做快乐的天使。

作业引发的"战争"

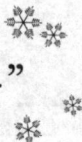

孩子的身上存在缺点并不可怕,可怕的是作为孩子人生领路人的父母缺乏正确的家教观念和教子方法。

——珍妮·艾里姆

"你也太笨了。"爸爸一边数落弟弟,一边用手指着他的作业本,"6+7=11?老师就是这样教你的?"

弟弟低着头不说话。

"还有这个,11-7=5,你是怎么算出来的?我真想扒开你的小脑袋看一下里面到底装了些什么?"

弟弟还是低着头不说话。

"你就是上天派下来惩罚我的吧!"爸爸又补了一句。

弟弟仍然低着头不发一语,但我知道这只是暴风雨前的宁静。

果然,三秒钟后,弟弟"啪"的一下把铅笔摔在了桌子上,"刷"的站起来,大声说:"爸爸,你为什么要这样说我?每次你给我检查作业的时候都要说我笨。以前我觉得我不笨,但现在好像真的变笨了,这都怪你。"

爸爸一脸惊讶地看着突然爆发的弟弟,低声嘟囔着:"6+7等于几都不知道,这还不算笨?"

"爸爸!"弟弟继续说,"你对我要多一点儿耐心,不能总说我笨。我是你的儿子,你说我笨,别人肯定觉得你也很笨。"

爸爸每次给弟弟检查作业,都会爆发一场"战争",交战双方实力悬殊(指相差很远),爸爸每次都败下阵来。

一个周末,弟弟想要玩手机游戏,可爸爸不允许。

"我为什么不能玩手机?"弟弟质问道。

"玩手机对眼睛不好,你会成近视眼的,快去找哥哥给你讲故事。"爸爸哄着弟弟说。

弟弟噘着嘴问:"可是为什么你玩着手机告诉我不许玩手机呢?"

"因为……因为我已经是近视眼了,所以没关系。"爸爸开始狡辩了。

"那我要和爸爸一样,成为近视眼。"

"你怎么不学一学爸爸的优点?"爸爸有些无奈。

"你有什么优点？"

"我学习成绩好，我上小学的时候经常被评为三好学生。"爸爸有些骄傲。

弟弟跑过去拽住爸爸的手，说："我的爸爸好棒啊！爸爸，我不玩手机了，你给我检查作业吧。"

爸爸脸上的笑容僵住了，他似乎想起了给弟弟检查作业的时光，有些退却，但是他又看了看弟弟忽闪忽闪的大眼睛，只好认命了。

十五分钟后，爸爸和弟弟又"开战"了。

成长课堂

当父母发现孩子的缺点时，不要只顾着发脾气，而是要反躬自省，是不是自己把不良的习惯传递给了孩子；同时要发掘孩子身上的优点，与孩子相互学习，共同成长。孩子也学习父母的长处，学会取长补短。相互尊重，学会反思，才是亲子之间正确的相处之道。

读书笔记

生气的理由

主动，是不用别人讲就做"对"的事。

——雨果

9月5日　阴　星期五

　　本学期的第一篇日记，我打算写一写刚刚过去的暑假。可是想来想去，脑袋里全都是老妈生气时的样子。那我就总结一下老妈生气的理由吧。

　　刚放暑假，老妈每天都给我和哥哥做好吃的，酸菜鱼、盐酥鸡、东坡肉、可乐鸡翅……这些只有在节日里才能吃到的菜，几乎成了我们的家常菜。我和哥哥特别开心，上补课班

也不觉得累了。可是，这样幸福的日子仅持续了一周。

一周后的某一天，在厨房做饭的妈妈大喊："小典，帮我把那个什么拿来。""要拿什么？"我跑进厨房问。妈妈气呼呼地说："算了算了，我自己去吧，你们除了吃还会干什么！"说完，就把我推出了厨房。我一脸茫然地看着在客厅看电视的哥哥。哥哥问："妈妈为什么生气？"我摇了摇头。

吃晚饭时，妈妈的脸色很不好，我、哥哥和爸爸安静地吃着饭，一句话都不敢说。吃完饭，哥哥赶忙站起来说："妈妈，今天我帮你洗碗吧。"妈妈瞪了他一眼，没好气地说："帮我？难道我的工作是做家务吗？难道你们是这个家的客人吗？"哥哥被说得哑口无言（形容理屈词穷的样子），我和哥哥赶紧收拾桌子、洗碗，谁也不敢惹妈妈。洗碗时，我问哥哥："妈妈为什么生气？"哥哥摇了摇头。

第二天，妈妈的心情似乎变好了，我和哥哥也放松了不少。但后来还是发生了很多我太不明白的事情。

妈妈做饭时，我问："妈妈，需要我做什么吗？"妈妈笑着说："不用，你去玩吧。"可是 10 分钟之后，我就听到妈妈气哼哼地对爸爸抱怨："养儿子真是没用，什么都不能帮我做！"我真是欲哭无泪，难道我刚才没有说要帮忙吗？

　　这个暑假，我和哥哥做了太多惹妈妈生气的事情了。比如，上厕所时间太长、对着手机傻笑、整天待在房间里、出去时间久了不回来、总穿松松垮垮的衣服、不喜欢吃她做的面包……可是，我真的不懂老妈为什么要生气。

❖成长课堂

　　不要总问"我该帮你做什么？"而是要思考你该做什么，并且马上行动。别人想要看到的是你主动做事的结果，而不是你一再追问的过程。无论是在家庭中还是社会中都要扮演好自己的角色，承担自己的责任，主动去做事远远要比被动强得多。

❖读书笔记

课桌上的留言

无论你怎样地表示愤怒，
都不要做出任何无法挽回的事情来。
——培根

那是一个阳光明媚的中午，含含兴高采烈（兴致高昂，情绪热烈）地拿着新买的水彩笔回到教室，对同桌说："看，我新买的水彩笔，漂不漂亮？"同桌羡慕地说："真漂亮，要是我也有一盒新的水彩笔就好了。""没关系，我们可以一起用。"说完，含含大方地把水彩笔推到了同桌的面前。同桌立刻兴奋地问："真的吗？"说着拿起了蓝色的水彩笔端详起来。"当然了。"含含用轻松的语气回答。

下午第一节课是美术课，她们共用着一盒水彩笔，在洁白的纸上描绘着美丽的图画。下课后，含含匆忙把水彩笔盒子放到书包里，然后背起书包回家了。做完作业，含含想拿出水彩笔，再画一幅画，可是却发现蓝色的水彩笔不见了。这时含含突然想起同桌拿着蓝色水彩笔的画面，直觉告诉她，蓝色水彩笔一定被同桌拿走了。含含生气极了，心想：明天一定要找她理论一番。

第二天早上来到教室，含含气冲冲地走到同桌面前，质问道："你是不是把我的水彩笔拿走了？"同桌一脸无辜地看着含含，还没等她说话，含含又继续说："哼，拿了别人的东西还不承认！"含含的声音越来越大，吸引了其他同学的注意力。"我没有。"同桌的声音里带着一丝哭腔。"原来你是一个爱撒谎的人。"说完，含含就回到自己的座位上，没有再理她。

同桌把头埋进胳膊里，默默地趴在桌子上抽泣着。一整天她们都没有说话。放学后，同桌抓起书包就离开了，而含含却在收拾书包的时候，看见了那支熟悉的蓝色水彩笔，原来它在书包的夹层里。含含感到既惭愧又内疚，不知道该怎么办。最后，她写了一张纸条——真的对不起，是我错怪你了，希望你能原谅我。然后放在了同桌的课桌上。

第二天，含含忐忑（心神不定，内心不安）地走到自己的座位旁，看见课桌上放着一张新的纸条，上面写着简单的三个字——没关系。含含拿起纸条，满脸期待地看着同桌，同桌微笑着对她说："早。"含含也微笑着回应："早。"

一切误会都烟消云散（像烟和云一样消散，比喻事物消失得无影无踪）了，而课桌上的纸条却成了含含心中的功臣，感谢它们填补了她和同桌之间的友谊漏洞。

❖成长课堂

误会往往是在彼此不了解情况、不理智的情况下产生的。误会无法避免，但我们可以选择理智冷静地化解误会，让彼此的友谊重新开花。而不是一味地生气，让误会继续加深，最终将维系两人友谊的纽带扯断。

❖读书笔记

请坚持梦想

——《小王子》节选

梦想无论怎样模糊，总潜伏在我们心底，
使我们的心境永远得不到宁静，直到这些梦想成为事实才止；
像种子在地下一样，一定要萌芽滋长，伸出地面来，寻找阳光。
——林语堂

　　我六岁时，曾看过一本名叫《真实故事》的书，这本描写原始森林的书中有一幅非常精彩的插画，画的内容是一条蟒蛇正在吞食一只大野兽。我曾按照那幅画画过一个临摹本。书上写道："蟒蛇在吃掉猎物时，居然不需要咀嚼，就囫囵 (意思是整个儿，完整的) 吞下了整个大野兽。尔后就不能再动弹了，因为它要用整整六个月的时间在睡眠中消化这些食物。"

　　看完这个故事，我对原始丛林中的百兽争斗产生了很多奇妙的想象，于是，我便用彩笔画出了我的第一幅图画。我把这幅令自己非常得意的杰作拿给大人看,并且问他们我的画是否让他们感到害怕。

他们却回答说:"一顶帽子有什么可怕的?"

我画的不是帽子,而是一条巨蟒正在消化着一头大象。为了能让大人们看懂我的画,我又把巨蟒肚子里的情况画了出来。唉,这些大人总是需要解释。

大人们劝我把这些蟒蛇的图画放在一边,把兴趣放在地理、历史、算术和语法上。就这样,在六岁的那年,我当画家这一美好愿望就此夭折（未成年而死,早亡）了。第一幅、第二幅作品的不成功,使我泄了气。这些大人,他们自己什么也弄不懂,还得不断地给他们解释,这真叫孩子们乏味。

后来,我只好不情愿地选择了另外一个职业,我学会了驾驶飞机,并且驾驶着我的飞机飞遍了世界各地。在飞行的过程中,地理学的确帮了我很大的忙,让我一眼就能分辨出哪里是中国,哪里是美国的亚利桑那州。要知道,这对于夜间容易在航行中迷失方向的飞行员来说是非常重要的。

由于工作的原因,我在生活中可以长时间地跟许多严谨、认真的人产生相当多的接触。我仔细地观察过我接触过的每一个人,但这样近距离的接触并没有使我对他们的看法有多大的改变。

每次,当我遇到头脑看起来稍微清醒、理解能力很强的大人时,我就会把我一直珍藏的第一幅作品拿给他看,以此来测试他是不是真的有理解能力。但是,每次我得到的答案都是:"这是顶帽子。"于是,我就不会再和他谈巨蟒、原始森林或者星星之类的事。我只能和他们谈论一些和他们理解能力水平相当的内容,例如桥牌(两人对两人的四人扑克牌游戏,现在属于一种体育项目)和高尔夫球,还有政治和领带这类东西。每当这时,他们都会因认识我这样一个通情达理的人而感到高兴。

❖ 成长课堂

儿时的梦想犹如一粒种子,播种在幼小的心田。在我们成长的过程中,可能会经历狂风暴雨的摧残,这时请不要生气,更不要自暴自弃,我们要努力让自己强大起来,为它遮风挡雨。这粒梦想的种子终会等来光合作用,破土而出,长成参天大树。

❖ 读书笔记

_____

_____

_____

_____

电影院风波

保持独立是强者的特权。

——尼采

　　"妈妈,快点儿,电影马上开始了。"小花狗迪迪一手捧着香喷喷的爆米花,一手牵着妈妈的手说。直到她们领到了票,找到了自己的位置,迪迪悬着的心才放下。今天下午要播放的影片是她期待已久的《有理想的小鸡》,前天,妈妈终于买到了这部电影的票,得知这一消息的迪迪激动得一夜都没睡好。现在,迪迪终于如愿以偿了。

　　迪迪目不转睛地盯着大荧幕,心情随着小鸡的遭遇起起落落,看着小鸡笨拙地学习飞翔、智斗大老虎、在瓢泼大雨中奔跑……迪迪仿佛变成了电影的主人公,跟着小鸡一起欢乐、一起忧伤。正当电影院里的小动物们沉浸在电影情节中时,突然传来了一阵不和谐的声音——"喵喵喵"的哭声。迪迪循着声音看过去,发现是小猫咪咪妹妹在哭。原来她看到电影中出现了一只狡猾的狐狸，感到很害怕，就在猫妈妈的怀里哭闹起来，那声音根本就不像柔弱的小猫发出来的，简直能穿透电影院的屋顶。猫妈妈哄了她一会儿也不管用，索性就不管她了，可她哭得越发伤心了。

　　或许是勇敢的小鸡给了迪迪勇气，迪迪朝咪咪妹妹走了过去，温和地对猫妈妈说："阿姨，咪咪妹妹这样哭太影响大家看电影了，您能先把她抱出去哄一哄吗？"猫妈妈不高兴地说："我们也是花钱买票来的，有看电影的权利呀。""阿姨，电影院是公共场所，您也有遵守社会公德的义务，不要影响大家看电影，好不好？"迪迪用沉稳而又**不卑不亢**(说话办事有恰当的分寸，既不低声下气，也不傲慢自大)的声音说。"是啊，这只小狗说得对。"河马大叔说。大家纷纷声援起迪迪来。**舆论**(指在某时间与地点，对某行为公开表达的内容基本趋于一致的信念、意见和态度的总和)的压力是巨大的，猫妈妈只好把还在哭

泣的小猫抱走了。当她从迪迪身旁走过时，迪迪礼貌地说："猫阿姨，等咪咪不哭了，您再带她回来。"

猫妈妈头也不回地走了，看电影的动物们纷纷为迪迪的勇敢点赞。虽然迪迪错过了精彩的电影情节，但她一点儿也不后悔，因为她给大家争取到了一个安静的观影环境。

❖ 成长课堂

我们作为公民，要勇敢地维护自己的合法权益，一味地忍让并不能换来安逸，反而会纵容不良行为的滋长。但是在维权过程中要讲究方式方法，摆明道理，端正态度，不卑不亢，据理力争，不要生气辱骂，甚至动手。一定要尊重别人。

❖ 读书笔记

离家出走的嘴巴

责人之心责己,恕己之心恕人。
——《增广贤文》

　　暮色四合,倦鸟归巢,行人也匆匆地往家赶。过不了多久,街道两边一层一层的"格子"里就陆续亮起了灯,或温馨、或孤单、或忙碌、或吵闹,每个画面在银白色的月光中一一闪过,就好像电影一帧一帧的镜头。再晚一点儿,灯火熄灭,长夜未央,万籁俱寂(一切声音都停息了,形容四周非常寂静)。等等,我们把镜头倒回去,呃,怎么还有一盏灯亮着。那是,啊,想起来了,那是一个老旧的博物馆。镜头跟上,也许我们也能拍一部《博物馆奇妙夜》。博物馆里的灯忽明忽暗地闪着,突然,只听"啪"的一声,也不知是谁打开了什么开关,瞬间灯火通明,把每个角落都照得纤毫毕现。

　　"我已经说了很多遍了,我对雕刻师雕刻的嘴巴非常满意。况且一个洁白的雕塑加上一个粉嫩的嘴巴,

一点儿也不符合审美。"

"您就收下我吧，我在原来主人那儿实在待不下去，他每天谎话连篇。被人戳穿了，就赖在我头上，说都怨自己这张破嘴。"

老旧的博物馆里出现了惊人的一幕，身上沾满灰尘的亚里士多德雕塑居然开口说话了。更惊奇的是，跟他对话的是一个浮在半空中的嘴巴。

"所以你就离家出走了？"亚里士多德雕像问道。

"是的，我既然不能让他闭嘴，就只好让他无嘴可用。"嘴巴赌气地说。

"但这跟我有什么关系呢，你为什么执意要成为我的嘴巴呢？"亚里士多德雕像不解地问。

"因为你曾经说过'吾爱吾师，更爱真理'，要是能成为你的嘴巴，我一定能变成一个高尚的、脱离低级趣味的嘴巴。"嘴巴高兴地在空中翻了个跟头，好像对未来充满了期待。

"但你终究是他的嘴巴，那些谎话是通过你传播出去的，你没有当好'守卫'，你也有责任。"亚里士多德雕像说。

"那我该怎么做呢？"嘴巴嗫嚅（想说而又吞吞吐吐不敢说的样子）地问，不再说换主人的话了。

"克制自己，把他说出的谎话转换成真话，久而久之，他就不再说谎了。"亚里士多德雕像说。

嘴巴恍然大悟。他告别了亚里士多德雕像，趁着夜色，悄悄地回到了自己的岗位上。而他的主人此后竟然真的没说过谎，不仅没有说谎，还成了金句大王，一张嘴就是名人名言。有人问他的主人怎么变得这样博学，嘴巴咧着嘴角，笑而不语。

❖ 成长课堂

> 智者遇事多从自身找原因，愚者才会暴躁地把矛头指向别人。做智慧的人，我们要学会勇敢面对现实，勇于承担责任，才会离成功更近一步。而那些一味推脱的人，看不清自己，难免会重蹈覆辙，其付出的代价往往也是巨大的。

❖ 读书笔记

神奇的微笑

在这个世界上，除了阳光、空气、水和微笑，
我们还需要什么呢？
——苏格拉底

　　有一种微笑带着神奇的魔力，它能让我感到温暖，它能使我快乐，它能让我充满自信，它能给予我无限的力量……这神奇的微笑就是妈妈的微笑。

　　这次期中考试，我遭遇了滑铁卢（比喻惨痛的失败），就连最擅长的英语也打了很低的分数。走在放学回家的路上，我的心情很沉重，书包里的试卷像大石头一样压在我的心头。我甚至可以想象到爸爸和妈妈失望的表情，想象他们严厉批评我的画面，泪水在我的眼眶里打转。到家门口时，我终于忍不住了，放声大哭起来。妈妈听见我的哭声，急忙打开门抱住正在哭泣的我，关心地问道："怎么了，遇到什么不开心的事了？"我不敢看妈妈的脸，低着头，一边啜泣，一边吞吞

吐吐地说:"妈妈,这次考试,我……"妈妈轻轻地擦着我脸上的泪痕,温柔地说:"是不是没有考好哇?"我的心"怦怦"直跳,心虚地点了点头。正当我准备接受批评时,妈妈却笑了。紧接着,妈妈微笑着把我的试卷从书包里拿出来,说:"一次考试失败不算什么,只要认真总结失败的原因,积累经验,继续努力学习,下次考试一定会进步的。"我抬头望着妈妈温柔的笑脸,感觉自己充满了力量。夕阳的余晖照进屋子,也照到了妈妈的身上。妈妈好像变成了守护着我的天使,身上散发着灿烂的光芒,用微笑给予我力量。我用力点了点头,擦干眼泪,充满干劲儿地说:"妈妈,我会努力学习,下次考试一定会进步的!"妈妈摸了摸我的头,欣慰地笑了。

当我生病的时候,妈妈的微笑是甜甜的糖果,难吃的药不再那么苦涩;当我烦恼的时候,妈妈的微笑是神奇的钥匙,帮我重新打开快乐的大门;当我遇到困难的时候,妈妈的微笑是黑夜里的明灯,为我

指引前进的方向。

微笑的力量是无穷的,妈妈的微笑为我营造了一个充满阳光与爱的童年,我将在这种神奇微笑的呵护下茁壮成长。

成长课堂

世界上有一种最美妙的语言,天生带着一种魔力,它可以抚平人们的心灵创伤,释放心中的压力;它可以轻易化解恼人的尴尬,给身边的人带来无比的温馨与快乐;它可以熄灭人的怒火,让一颗暴躁的心变得平静。让我们一起面带微笑,感受微笑的神奇力量吧。

读书笔记

过快乐的人生

　　我们每个人都有两个包袱，一个装着快乐，一个装着痛苦，这些"苦"和"乐"交织出我们的人生。我们无法要求上帝收回痛苦的包袱，但是我们可以"化苦为乐"，转变自己的心态，去拥抱轻松快乐的人生。

　　同样的处境，因为人的心态不同，就拥有了不一样的人生。有一句话叫作"相由心生，境随心转"，如果每天都愁眉苦脸，皱成一张苦瓜相，谁见到我们都会觉得别扭；相反，如果每天都喜笑颜开，脸就像开出一朵漂亮的花儿一样，就会感染到每一个人，到处充满欢声笑语。心态的转变也会影响到周围的环境，心中满是阴霾，就会觉得外面乌云密布，心中装满光明，就会觉得世界鲜花遍地。

　　让我们的心充满快乐，无论酸甜苦辣，皆是甜蜜；让我们一起过快乐的人生，无论悲欢离合，皆是幸福。

智斗老妈的“三十六计”

读书忌死读，死读钻牛角。

——叶圣陶

我的老妈智力超群，在管教我的时候总是用各种手段把我逼得哑口无言，我只能**心悦诚服**（打心眼里佩服）地按照她说的做。但我也不是**等闲之辈**（无足轻重的寻常人），我最近正在研习《三十六计》，并坚持理论与实际相结合的原则，把这些计策用在了和老妈的“斗争”中。

调虎离山

周末，我在房间里看《小王子》。妈妈走进来说：“别看课外书了！跟你说过多少次了，有时间多背几个英语单词、数学公式和语文课文。”我噘着嘴说：“妈妈，我还有20几页就看完了。”妈妈继续说：“你看再多课外书也不能提高成绩，还是多看看教科书和辅导书……”我气呼呼地拿着水杯走了出去，可妈妈却跟在我身后没完没了地说。这时，五岁的妹妹闯入了我的视线，我灵机一动，问妈妈："妈妈，妹妹的手工作业做完了吗？""哎呀，"妈妈大吃一惊，说："还差一点儿，我得赶紧去做，明天就要交作业了。"说完，她就急匆匆地走了。我得意地想：调虎离山计——成功！我终于可以看我的《小王子》了。

金蝉脱壳

虽然"调虎离山"计成功了，但我的小心思也被妈妈发现了。第二个周末，妈妈就让我陪她和妹妹一起做手工，还美其名曰："今天是'家庭日'，一家人要相亲相爱地在一起。"哼，她明明是在"报复"我。可我也想好了对策，我给在单位加班的爸爸发了"求救"微信。爸爸按照我的指示给妈妈打电话，他说对于自己不能过"家庭日"感到很遗憾，但为了弥补这个遗憾，他想过"父子日"，希望我去陪他吃午饭。就这样，我脱离了妈妈的"魔爪"，和爸爸开心地玩了一个下午。

反间计

有一天，老爸和老妈组成一个阵营，接连不断地对我"开炮"。他们说我身体太差了，爸爸说我太懒，不爱运动，妈妈说我不爱吃肉，太挑食。我被逼得节节败退，毫无招架之力。可是，我却发现了他们之间的分歧，便问了一句："我身体差是因为不爱运动还是不爱吃肉？"一句话引发了他们的矛盾。随后，我悄悄走出房间，我可不想被"战火"波及。

"智斗"老妈其乐无穷，但我想说：三十六计，还是走为上计呀！

❖ 成长课堂

如何应对妈妈无休止的唠叨？躲在屋里生闷气？直接顶撞发表意见？这些都不是上上之策。学学故事里的主人公，巧用"三十六计"，出奇制胜，皆大欢喜。这个故事同时告诉我们不要空读书，读死书，要学会理论联系实际，学以致用，才算真正学会。

❖ 读书笔记

不以分数论英雄

不要让上课、评分成为人的精神生活的唯一，
吞没一切的活动领域。
——苏霍姆林斯基

"你看看姑姑家的悦悦姐姐，不但读的是重点高中，而且一直是年级前十名，明年肯定能考一个重点大学。"

"你看看张阿姨家的楠楠哥哥，每次参加奥数竞赛都会拿一个奖状回来，家里的奖状都多得放不下了。"

"你看看李叔叔家的豪豪弟弟，才上二年级，就因为成绩好，已经成了学校的重点培养对象，将来肯定要考省重点中学的。"

……

每天，每天，我都笼罩在妈妈口中别人家的孩子的阴影中。我好想问一句：分数真的那么重要吗？

唉，在妈妈的心中，分数就是最重要的。看我名

字——龚题，妈妈给我起这个名字是希望我能攻克人生中的难题。而作为一名学生，我现在要攻克的就是学习中的难题。但是无论我怎样做，妈妈就是不满意。我虽然不是成绩最好的学生，但我在学校的表现也是很优秀的。

我从小就喜欢朗诵和主持，所以我在三年级时参加了校广播站。我负责每周三中午的"校园故事"栏目，同学们很喜欢听我讲故事，我还收到过粉丝的来信呢。去年，我主持了校园艺术节，老师和同学们都夸我的主持水平有进步，但妈妈却说我只是一个报幕的。我知道妈妈觉得这些活动占用了我的学习时间，心里很不高兴。可这是我的兴趣爱好，我不能放弃。我不想成为考试工具，每天就为了考试和分数而忙碌，那样的生活太单调、太无趣了。

前几天，我看了《少年说》这个节目，其中一位哥哥让我很羡慕。他是重点高中的优等生，当他考年级第一名的时候，他

的爸爸、妈妈和奶奶并不高兴,如果他没考第一名,他们就很高兴。他感到很奇怪,而他的妈妈给出了这样的理由:第一,她希望孩子能全面发展,因为学习只是人生的一小部分;第二,她不想让孩子有太大的压力,不用非得考第一名,只要尽力就好。我觉得这位阿姨的想法非常值得称赞!

妈妈,希望您能转变思维方式,不要以分数论英雄。我相信如果您能重新认识我,您一定会发现我也是您的骄傲!

❖成长课堂

差强人意的分数总是能轻易点燃父母的怒火,久久不能平息。但是成绩的好坏绝对不能与一个人的能力和素质画上等号。我们应该大声地告诉父母,我们很优秀,不要用分数衡量我们的价值。

❖读书笔记

_____

_____

_____

_____

找回儿时的欢乐

上海外国语大学附属民办外国语小学 5 班　谢东楠

别打开那匣子(手机),打开那匣子你魂都不安了。

——刘震云

　　我的心愿是能够找回儿时和表哥们一起畅玩的欢乐岁月。

　　小时候,每次跟着妈妈回到乡下的外婆家,表哥们都会变着花样带我玩。夏天,他们会带着我去河边系渔网抓鱼或者钓龙虾,每次看到那些捕获的鱼儿虾儿,我真是惊喜之极! 冬天,哥哥们会带着我到田野里到处挖野生荠菜,回来后外婆给我们包荠菜馅儿的饺子吃,真是美味极了!

　　可是,这美好的一切就如同滚滚东逝的长江水一去不返,而我似乎再也不能拥有与哥哥们一起快乐玩耍的岁月了。

今年寒假，我又一次回外婆家。一路上我激动不已，因为好几年我都没有回外婆家了，和哥哥们也是一别好几年了。儿时与哥哥们钓龙虾，扔石子的一幕幕不断地浮现在眼前，心里美滋滋地想着今年哥哥们会带着我玩什么呢？可是，等我到了外婆家，院子里根本没有哥哥们的身影，要知道以前他们都是跑到路上来迎接我的！

我忙问外婆哥哥们到哪儿去了，外婆没好气地说："他们哪，都在屋子里忙着呢！"我愣了一下，他们都在忙什么？帮外婆打扫屋子准备过年吗？或者忙着做功课？带着疑惑，我急匆匆地跑进屋子，一看，傻眼了！几个哥哥全都目不转睛地盯着各自的手机，嘴里还在嘟囔着什么，连我进来了，都不抬头看一看。

我大声跟他们打招呼，可是他们也只是极速地抬起头看了我一眼，什么也没说又低下头自顾玩手机了。我凑过去一看，原来他们在打联机游戏。我又失望又生气，尝试着把他们的手机抢过来，可是没能如愿。他们还不耐烦地说："别来烦我们！"我伤心极了，

又无可奈何,只好独自走到院子里。这个寒假我觉得在外婆家过得**索然无味**(没有意味、没有兴趣的样子。形容事物枯燥无味),早早地催着爸妈带我回家了。

返回的途中,我心情很不好,如果每一个人都这么沉迷于手机游戏,这个世界该是个多么冰冷的世界呀!唉……我多么希望能够找回与哥哥们一起玩闹的时光啊!

(指导老师:薛明凤)

成长课堂

手机给人们的生活带来了便捷,但有些人沉迷于手机世界,让它变成了阻碍人与人交流的屏障。遇到这种人,最好的解决办法不是顿足叹气,或生气地一走了之,而是走过去,给他一个大大的拥抱,用真诚与热情取代冰冷的机器。

读书笔记

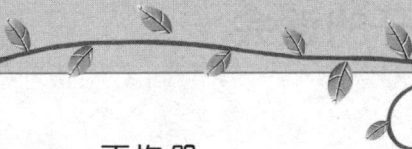

不抱怨

　　抱怨是纷争的开始,很多争吵都是由抱怨引发的。想要与他人建立良好的关系,学会如何控制自己至关重要。

　　学会倾诉,不要总是压抑自己的情绪,有些情绪积压过久会如同火山喷发一样,威力巨大,伤人伤己。解决事情,倾诉远比抱怨和迁怒效果显著。学会倾诉,你会发现自己的心境愈发宽广,所到之处皆是坦途。

解不开的误会

人遇误解休怨恨，物过严冬即回春。

——《格言集锦》

那是一个炎热的午后，叔叔家的哥哥带着我和姑姑家的妹妹，一起去了奶奶家的瓜地。哥哥比我大两岁，平时混不吝（北京方言，什么都不在乎的样子）的，淘气得很。用叔叔的话说，就差把奶奶家房顶的瓦片揭下来了。姑姑家的妹妹倒是乖巧可人，不过姑姑常常告诫我，跟她女儿在一起玩得多长个心眼儿。我当时全没在意，现在想想后悔极了。

瓜地好大，一眼望不到头。绿色的西瓜，与蓝色的天，构成了一幅和谐美丽的图画。

"这都是奶奶家的吗？"妹妹天真地问。

"怎么可能？""当然了！"我和哥哥异口同声地说。

"我跟奶奶来过的！"哥哥斩钉截铁地说，然后丝毫不顾我的阻拦，领着妹妹进了瓜地。他们两个就像过境的蝗虫，凡是被他们看中的西瓜，一准会"支离破碎"。凡是他们走过的垄沟，肯定"尸横遍野"。不知过了多久，这二位终于心满意足地离开了。我因为多看了几眼惨不忍睹的瓜地，落在后面。刚要去追他俩，就被叫住了。叫住我的不是别人，是奶奶的邻居李叔叔。

"你不是隔壁王奶奶家的孙子吗？怎么跑到我家摘瓜，还把瓜地搞成这样。你这孩子也太不像话了。我得找你奶奶说道说道！"

"李叔，你听我解释，真不是我干的！是我哥和我妹干的！"我毫不留情地出卖了队友。

"小小年纪就学会了撒谎，出了事，还往别人身上推。你倒说说你哥和你妹在哪儿呢？"

我回头一看，哪里还有他俩的身影。我被李叔叔揪着送回了奶奶家，然后又被奶奶揪着向李叔叔道了歉，尽管我一直强调，我是清白的。而我那可恶的哥哥和妹妹只是一脸同情地看着我，似乎根本没有意识到自己就是

罪魁祸首(作恶犯罪的头子)。

　　这件事并没有因为道歉而结束,后来我每次来奶奶家,不碰见李叔叔还好,否则一准要被翻旧账。"哎呀,又长高了呀! 还淘气不? 我记得去年,你把我家瓜地糟蹋的呀……""呦,上五年级了。走,去叔的瓜地吃瓜去。叔的瓜最甜,你打小就是个识货的。那一年哪……"

　　看吧,这个误会算是解不开了!

成长课堂

　　在生活中我们都有被人误会的情况,有时候去解释只能换回对方的讥讽,甚至越描越黑。你越激动别人越会觉得你在拼命掩饰错误。要相信清者自清,放下被误解的愤怒和抱怨,然后多些耐心,时间自然会证明一切。

读书笔记

_____

_____

_____

_____

解决风波

宽容意味着尊重别人的任何信念。

——爱因斯坦

"笨蛋，要不是因为你把球踢进了自己的球门，我们根本不可能输！"

在一个美丽、宁静的球场上，刚刚结束一场足球比赛。胜利的一方早就撤出了足球场，失败的一方则留下来相互指责，啊，不，是互相检讨。边路首先对前锋进行了控诉。前锋自然心有不甘，于是反驳道：

"是我一个人的错吗？我本来想传球的，结果你呢？你在哪儿？"

"你技术这么差，不配留在球队！"

"你没有团队意识，更不应该留在球队。"

"你说什么？再说一遍！"

一般话题进行到这里，基本上就要大打出手了。队长赶紧过来劝架。他刚刚安抚完沮丧得不得了的守门员。因为那孩子一场比赛被踢进了五个球。心都要碎了。

"都别吵了，我给你们讲个故事吧。"队长说，"春秋时期的赵国，有两个非常厉害的人物。一个叫廉颇，一个叫蔺相如。廉颇是武将，非常勇猛，屡立战功。蔺相如是文臣，但非常果敢机智，曾经两次帮助赵王摆脱了秦国的刁难，因此官运亨通，没过多久就当了大官。廉颇很生气，对自己的下属说：'蔺相如一个平民百姓，凭着能说会道，竟然官拜上卿，我为赵国出生入死这么多年，也没有获得过这样的荣誉。简直是奇耻大辱，别让我遇见他，否则，我一定要狠狠羞辱他一番。'蔺相如听说了这件事，就极力避开廉颇。蔺相如的手下问他为什么这样做？蔺相如说：'我和廉颇将军，是赵国的股肱之臣（辅佐帝王的重臣，也比喻亲近且办事得力的人）。秦国就是因为有我二人在，才不敢来犯。我二人要是先斗起来，赵国的祸患也就不远了。'蔺相如的话传到了廉颇的耳朵里。廉颇非常惭愧,背着荆条向蔺相如道歉。二人最终成了好朋友!"

队长顿了一下,看了看前锋和边路,继续说道:"你们俩是我们少年足球队里最好的球员,你们俩要是发生矛盾,就是没把球队的前途放在心上,就是在给敌人提供机会。"

前锋和边路,听了队长的话后,都惭愧地低下了头。一个对另一个说:"对不起,我错了。"另个马上说:"我也有错。"这两个最终和好如初。一场风波,就这样被年仅10岁的队长解决了!

❖ 成长课堂

> 遇到问题不要抱怨,相互推脱,而是要寻找正确的解决办法。互相指责、相互推诿只会导致恶性循环。要学会从自身找原因,不断在生活中修炼和审视自己,这样集体里的每一个人就会凝聚成一股力量,战无不胜。

❖ 读书笔记

雨中情

善不是一种学问，而是一种行为。

——罗兰

晚上，外面下起了淅淅沥沥的小雨。我躺在床上，听着雨滴落在窗棂（窗格子）的声音，不禁回想起了那个雨天发生的事情。

那天上午，我去玲玲家玩，没想到中午开始下雨了。我要回家时，玲玲给我拿了一把雨伞。走在回家的路上，雨依旧在下，路上的行人很少，看着如纱如雾的雨滴，我的心情好极了。

突然，我被溅了一身泥水，刚才的好心情瞬间没了。我头也没抬，一边擦着裤脚的泥水，一边大声质问："是谁呀，为什么这么不小心？我新买的裙子都被弄脏了！""不好意思，小姑娘，我车上的货有点儿多，不小心掉下去了。"我惊讶地抬起头，发现面前站着一位老奶奶。她满头白发，脸上布满了皱纹，弓着腰，穿

着已经洗得有些发白的蓝色工装。老奶奶费力地推着
一辆装满水果的三轮车，雨水淋湿了她的白发，顺着
脸颊流下来了。

　　我赶紧走到老奶奶身边，给她撑着伞，愧疚地说：
"对不起，奶奶，我刚才说了不礼貌的话，希望您能原
谅我。"老奶奶笑着说："没关系，确实是我不对，不小
心把泥水溅到了你身上。"我低下了头，羞得满脸通
红。老奶奶见我愧疚的模样，说："你帮我把掉到地上
的那箱小番茄搬到车上吧。"听到老奶奶这样说，我赶
紧把雨伞递给她，然后利落地把小番茄搬到了车上。
"哎哟，拿着雨伞哪，都淋湿了，小心感冒。"老奶奶
关切地说。"奶奶，我身体好着呢，不会感冒
的。"我笑着说，"我帮你把车子推回家
吧。""不用，雨这么大，你就别跟着奶
奶折腾啦。"老奶奶说。"不行，刚才我
做了错事，现在要改正错误。"我坚持
道。"你这个小丫头，奶奶算是输了。我
们都别淋雨了，去前面的楼房檐下
休息一会儿，等雨停了再走。"

　　老奶奶把车停好后，我们撑
着伞朝房檐下走去。在雨中，我
把伞往她那边靠，

她又把伞往我这边推,来回几次之后,我们会心一笑,暖暖的情意汇成一股暖流在我们心中流淌。

❖成长课堂

> 做人要与人为善,对待别人要宽容。与人为善,于己为善;与人有路,于己有退。只要你付出你的真诚和善良,那么必定会得到意想不到的收获。

❖读书笔记

_____

_____

_____

_____

唠叨也是爱

我们几乎是在不知不觉地爱着自己的亲人,
因为这种爱像人活着一样自然,
只有到了最后分别的时刻才能看到这种感情的根扎得多深。
——莫泊桑

瞳瞳的姥姥哪儿都好,就是爱唠叨。

每天叫醒瞳瞳的不是闹钟,也不是梦想,而是姥姥的唠叨声。"几点了,瞳瞳,你还在睡吗?一会儿要迟到了!瞳瞳,瞳瞳,早餐都做好了,你还不起床。"这是瞳瞳每天早上都会听到的话。从周一到周五,每天早上六点半,姥姥的唠叨声一定会准时飘进她的卧室。

吃早餐的时候,姥姥总是坐在餐桌对面认真地看着她吃,好像在看一件宝贝,然后时不时地问她:"瞳瞳,你的铅笔盒放进书包里了吗?""放了。"她一边喝牛奶一边说。"戴红领巾了吗?""不是系在脖子上了吗?"她无奈地回答。"哦。"姥姥点了点头,依旧慈祥地看着瞳瞳，让她不忍心不回答她的问题。当瞳瞳拿起书包要出门的时候，姥姥又开启了唠叨模式："瞳瞳，过马路的时候要看红绿灯，一定要注意安全。"为了摆脱姥姥的唠叨，瞳瞳像只小兔子似的蹿出了家门。

幸好白天在学校，可以不用听姥姥的唠叨，但放学后就不行了。

一天放学，姥姥来接瞳瞳，她们一起去书店看书。瞳瞳的书还没翻几页，姥姥又开始唠叨了，她小声对瞳瞳说："瞳瞳，别坐在地上看书，会着凉的。"又过了一会儿，姥姥把水壶递给瞳瞳说："口渴了吧，喝点儿水。""姥姥，你可不可以安静一会儿，我想好好看书。"瞳瞳有些不耐烦地说。然后，她故意走到离姥姥远一点儿的地方去看书。姥姥这才意识到自己刚才说多了，她没有跟过来，而是故作镇定地在那里翻着书。瞳瞳悄悄地看她，她的背有些弯，一只胳膊挎着自己的书包，另一只胳膊挎着自己的水壶，鼻子上的老花镜都快掉下去了，她一边看菜谱一边不时地向自己这边瞄几眼。

买完书，她们一起往家走。姥姥牵着瞳瞳的手，兴致勃勃地问她："瞳瞳，晚上想吃宫保鸡丁还是香酥牛肉，我刚才从菜谱里看到了这两道菜。如果你觉得太油腻了，我再做个清炒山药，怎么样？"姥姥又开始唠叨了，她好像有数不完的美食要做给瞳瞳吃。瞳瞳一边走一边想：刚才自己不该那样对姥姥，姥姥之所以爱唠叨，是因为她爱我。她在心里对姥姥说：爱唠叨的姥姥，我知道您真的很爱我。我保证从现在起，不再嫌您唠叨了。

成长课堂

亲人对我们的爱表现在方方面面，听他们唠叨又何尝不是一种幸福。"树欲静而风不止，子欲养而亲不待"简直是世间最悲哀的事情。岁月无情催人老，当亲人还健在的时候，请全心全意地陪伴他们，呵护他们，听听他们的唠叨，不要等到失去后，才开始后悔。

读书笔记

一场意外的对话

如果人们不会互相理解，
那么他们怎么能学会默默地互相尊重呢？
——高尔基

"哼，妈妈整天说我的房间乱，我看哪，她的梳妆台才是全家最乱的地方。"我坐在妈妈的梳妆台前抱怨，顺手把一个小瓶子推倒了。

"哎哟，你弄疼我了。"

"谁？是谁在说话？"我吓得站起来问道。

"你真讨厌！我们约定好了不出声的，你非得惹事。"又一个声音响起，似乎是在批评刚才那个声音的主人。

"我不是故意的，是她把我弄疼了。"

这时我才发现声音是从梳妆台上发出的，我再次坐下，认真地打量着这些瓶瓶罐罐。

"你好，我叫精华液。你就是凌女士的女儿吧？"那

52

个小瓶子郑重地说。

"你……你好，我叫黄钰，是凌女士的女儿。"我有些不敢相信地回道。

"我听到你刚才的牢骚(指烦闷不满的情绪)了。我觉得作为凌女士的守护者，我有必要为她发声。我承认这个梳妆台是有点儿乱，但这是有原因的。凌女士每天要早起给全家人做饭，你们吃饭的时候她才有时间来这里化妆，而你们吃完饭，她才去吃饭，然后收拾厨房，最后急急忙忙去上班。她把大多数时间分给了家人，只给自己留了一点儿时间，根本来不及收拾自己的梳妆台。"精华液有些激动地说。

"是啊，"刚才批评精华液的口红对我说，"凌女士没有时间收拾自己的梳妆台，却每天都有时间给你收拾房间、搭配衣服。晚上，凌女士一脸疲惫地坐在这里时，我们看了都觉得心疼。而你，她的女儿，却一点儿都不理解她。"

听了它们的话，我低下了头，内疚地说："我知道错了，以前我不懂事,总以为妈妈照顾我是应该的,却从没想过她的辛苦。以后,我会做一个勤劳、自立的孩子,不让妈妈再为我操心了。"

"太棒了!我们一起守护凌女士,让她越来越美丽、越来越幸福!"化妆品们七嘴八舌地说。

"好,我一定会做到的,请你们监督我。"我自信地说。

这时,门响了,一定是妈妈回来了。化妆品们顿时安静了下来,我急匆匆地跑出去,抱住妈妈,轻声说了句:"妈妈,我爱你!"

成长课堂

妈妈平时为我们付出了太多,放弃了太多。由于我们的到来,她不得不牺牲很多时间,来陪伴我们成长。生活中,不论是对至亲之人还是陌生人,我们都要多些理解少些抱怨,多些体谅少些牢骚,吸收正能量,让自己生活得更阳光。

读书笔记

老爸为何这样对我

律己宜带秋风,处事宜带春风。

——张潮

　　我的老爸很少温柔地对我说话。每天早上六点,他就叫醒我,让我去跑步。不管风有多大,不管天有多冷,他都要我坚持跑 400 米。我不明白他为何这样对我,让我多睡一会儿不行吗?

　　我的老爸从不给我买零食,也不让我吃零食。一天放学后,同桌送给我一根红色棒棒冰,我欣喜地拿回了家。老爸发现后直接把它抢走,扔进了垃圾桶。为此,我曾经很不喜欢他,我不明白他为何这样对我。

　　有的时候,他特别啰唆,总是**不厌其烦**(不嫌麻烦,形容有耐心)地教我做这个做那个。我刚收拾完桌子,他又要教我修水管;我刚刷完球鞋,又要我帮他拼装书架。我不明白,他为什么那么迫切地希望我学会做这些事,我还想多留点儿时间玩呢。

　　记得有一次，我和同学闹矛盾了，老师狠狠地批评了我。回到家，我去找妈妈，在妈妈身旁一边哭一边诉说着委屈。这时，老爸下班了，问了一下事情的原委后，用厚实的大手拍拍我的肩膀说："男子汉，就应该把委屈吞下去，别这么婆妈。"

　　听了他的话，我哭着跑回了房间。我坐在床上一边哭一边想：别人的老爸对孩子都是**有求必应**（只要有人请求就一定应允），别人的老爸对孩子很宠爱。在孩子受委屈的时候，他们会第一个跳出来维护……

　　过了一会儿，妈妈拿着一沓厚厚的东西走进了我的房间。她温柔地说："你一定想知道爸爸为何这样对你，对不对？"我气呼呼地说："我一定不是他亲生的。"妈妈摸摸我的头，说："在你五岁的时候，你爸爸病了，病得很重，随时有生命危险。当时你和奶奶生活在一起，对爸爸的病不了解。后来，他的病好了，但这个经历让他觉得生命很脆弱。他怕自己没有时间教育你，所以他对你很严厉；让

你跑步,是想让你有个好身体;不让你乱吃零食,是为了让你养成健康的饮食习惯;教你做很多事情,是想让你成长为男子汉……"我看着那沓厚厚的东西,问:"妈妈,那是爸爸的病历吗?"妈妈点点头。

我眼神坚定地说:"妈妈,我知道老爸为何这样对我了。从明天起,我会做坚强的男子汉,和他一起保护咱们家。我不会看他的病历,因为他永远是我健康的老爸。"

我终于不再困惑了!

✦:成长课堂

爸爸对小作者十分严厉,他始终不理解爸爸为何如此,直到得知爸爸曾经患过重病,深知生命的可贵,所以才磨砺他健康成长。理解了爸爸的良苦用心,才不会一味抱怨。降低抱怨的声音,就能更清晰地聆听亲情。我们要学会理解,摒弃抱怨。

✦:读书笔记

控制自己的脾气

　　一个人若是控制不了自己的脾气，只会伤害到自己身边的人。很多人都会犯这样的错误：把好脾气留给了陌生人，把坏脾气留给了最亲的人。著名作家史铁生双腿残疾后变得暴怒无常，把命运给他的苦难全部化成戾气施加给自己的母亲，把母亲小心翼翼的关爱和开导都抛诸脑后，他的眼里只有自己的痛苦，把所有的烦躁全部倾泻给母亲，最后等来的却是母亲大口大口吐着鲜血被抬上车的画面。

　　不要等到伤害已经造成才去后悔。学会控制自己的脾气，学会自我反省。外界带来的情绪需要慢慢消化，换个环境，思考自己的问题效果可能会很好，如果只是一味在别人身上找原因，就是在拿别人的缺点惩罚自己。自我反省其实也是一种自我救赎，从自身找原因，你会发现生活会越来越轻松，坏脾气也会渐渐减少。

送你一朵玫瑰花

[法] 阿纳托尔·法朗士

世界上有一种最美丽的声音，那便是母亲的呼唤。

——但丁

　　我们的家是一个大套房，里面堆满了千奇百怪的东西。里面有挂满了整墙的带有头骨和头发的原始武器；悬吊在天花板上的是带有船桨的独木舟，填满稻草的鳄鱼躯壳和它并排放着。陈列收藏品的玻璃展柜里放置着鸟、鸟巢、珊瑚枝和各种各样骇人的骨架。从前我不知道我父亲与这些稀奇古怪的东西签订了什么条约。现在我明白了：这是收藏家的条约。他是那样热烈、怀古，梦想把整个自然界装进我们的房子里。他相信，他做的一切都是为了科学。其实，这是出于收藏家的**癖好**（无厘头的爱好）。但是这一切都令人觉得乏味、枯燥，甚至**毛骨悚然**（汗毛竖起，脊梁骨发冷。形容十分恐惧）。

整整一套房间都显得光怪陆离（形容奇形怪状，五颜六色）。只有一个小客厅没有被动物学、矿物学、生物学占领。这里哪还有蛇皮、龟壳、骨头的影子？更是没有火石磨制的箭，没有印第安人的战斧，只有玫瑰花。小客厅有缀满了玫瑰的墙纸，这些玫瑰含苞待放、端庄典雅，每一朵都惊人的相似、美丽。

我母亲非常讨厌父亲的这些冷冰冰的癖好，所以她只在小客厅里打发日子。我坐在地毯上，靠着她的腿和一头绵羊玩。这头羊现在只剩下三只脚，要知道它过去是有四只脚的。所以我没有把它和两个头的兔子放在一块儿。晃着胳膊、有一股油漆味儿的鸡胸驼背木偶也是我的玩具。那时候，这个木偶和这头绵羊，使我产生了很多幻想，我经常把它们当成童话里面的人物。当绵羊和木偶发生了有趣的事，我就去告诉妈妈，但总是鸡同鸭讲。可以说，大人总是听不懂小孩想要表达的东西。我同她说话她总是不注意听，心不在焉就是她最大的缺点。但是，她习惯于睁大眼睛宠溺地叫我"小傻瓜"，这就使我轻易原谅了她，与她的关系也更为亲密。

有一天，在小客厅里，她停止了刺绣，突然用胳膊把我抱起，指着一朵纸花给我看，对我说："喏，给你朵玫瑰花。"

　　为了能够让我认出这朵花，她用刺绣针在上面点了十字。它是那样温暖、那样美好,让整间冷漠的房子变得有了人情味。从来没有一件礼物比这朵花更让我高兴。

❖成长课堂

> 　　每个人的生命中都有着枯燥乏味的时刻,与其抱怨,不如用眼睛、用心去寻找惊喜的瞬间,感受美好、拥抱美好。有时换个角度、换个心情考虑问题,眼前就会豁然开朗,抱怨不会使冰冷变得温暖,但是爱会让残缺变得完整。

❖读书笔记

_____

_____

_____

_____

不做没准备的事

宜未雨而绸缪,毋临渴而掘井。

——《朱子家训》

　　我妈妈今年 x 岁(对不起,女士的年纪不能随便透露),身材修长,面貌姣好,是典型的辣妈。不过,她有个不大不小的毛病——性子急,做什么事都给人一种大军压境、十万火急的错觉。因此,我和爸爸私下里都管她叫"急惊风"。

　　"磨蹭什么呢?这都几点了,迟到要被老师罚站的。到时候可别让我跟你们老师求情。"说曹操,曹操就到。我家的急惊风来了。

　　"妈,今天是周日,明天才周一,你也太着急了点儿吧!"

　　"周日怎么了,周日活该被浪费吗?周日也应该紧张起来,让每一分每一秒都有意义。"

　　"说得这么好听,你是不是又给我报补课班了?"妈妈跟打了鸡血似的,情绪激昂,但我还是从她的言语中找到了破绽。

"当然没有，我给你报了一个英语兴趣班。"妈妈笑着说。

"妈，你是不是太着急了些，我汉字还没认全呢，你就让我学英语。"

"我这不是着急，是未雨绸缪(趁着天没下雨，先修缮房屋门窗。比喻事先做好准备工作，预防意外的事发生)。现在的孩子，谁不会说一口流利的英语，你得跟上潮流。"妈妈说，"好了，不说了。我得帮你姑姑准备个待产包。一会儿让你爸送你去兴趣班。"妈妈说完，一阵风似地走了。

姑姑还有两个月才生宝宝，但妈妈早在两个月前，就准备好了小衣服，小帽子，小被子，还有浴巾、润肤露等，凡是婴儿需要的，一应俱全。姑姑看到这些，都笑得合不拢嘴，一边夸妈妈贴心，一边说妈妈比她这个产妇都着急。妈妈自然还是那句话，"我这叫未雨绸缪"。

爸爸在送我去兴趣班的路上告诉我，

妈妈给他办了张健身卡,责令他在一个月内减掉40斤。

"这就有点着急了吧。"我看了看爸爸那差不多能装下一艘小船的肚子说。

"所以我提出了严正抗议,但你妈妈说,她担心我以后得肥胖症,眼神充满了忧虑,于是我同意了。"

这就是我的妈妈。她不做没准备的事,她喜欢走在别人的前面。她性子有些急,但为家人操心的样子十分可爱、可敬。

❖成长课堂

> "不做没准备的事,不打没准备的仗。"做一切事情之前,都要提前准备好,未雨绸缪,这样才能在事情发生时游刃有余,丝毫不会慌乱。机会都是留给有准备的人的,否则机遇来临时,只会措手不及,错失良机。

❖读书笔记

_____

_____

_____

_____

野兔和青蛙

自卑往往伴随着怠惰，
往往是为了替自我在其有限目的的俗恶气氛中苟活下去作辩解。
这样的谦逊是一文不值的。
——黑格尔

众所周知，野兔胆子很小，哪怕是一点儿风吹草动都会让它们心惊肉跳，惶恐不安。一只野兔对自己这个缺点感到烦恼不已，每天都在自己的洞窟里面唉声叹气："为什么我是一只野兔呢？我每天都得这样可悲地活着，时刻都要紧绷着神经，不能有一丝一毫的放松，以免被敌人偷袭。吃东西时也不能专心致志，无论是多美味的食物都食不甘味（尝不出味道）。最悲哀的是，连睡觉都不能放松警惕，如果我有一双睡觉时也能睁着的眼睛就好了。"说着说着，它又无奈地长叹一声，"有时我实在忍不住和别人抱怨两句，得到的回应却总是'那就改掉吧'，道理我都懂，可是如果本性能这么轻易地改变，我也就不是野兔了。"

唠叨了一番后,这只野兔的心情非但没有好转,反而更加忐忑、焦虑。

突然,野兔听到一丝声响隐约从洞口处传来,它害怕极了,四个爪子仿佛踩在了风上,飞快地逃跑了。野兔路过一个池塘,没想到却吓得池塘边的青蛙们一只接一只地跳回水中。野兔十分惊奇,它回过头来,突然明白了一个道理。

"原来我只知道自己胆小,却没有意识到还有很多人比我的胆子还小。就像青蛙,没想到它居然害怕我。我之前竟然不明白这个道理。其实有些事情,换个角度去看会发现不一样的风景。"

❖ 成长课堂

即使是最弱小的人也有自己擅长的东西。不要安于现状,要适时做出改变,学会正视自己,丢掉自卑,丢掉懒惰。少抱怨,多付出,你会在努力的汗水中发现最优秀的自己。

❖ 读书笔记

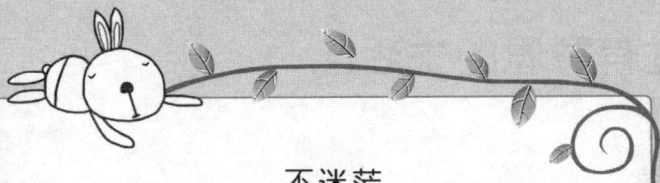

不迷茫

　　每个人似乎都是带着一种使命来到这个世界，这种使命时而清晰，时而模糊，又渐渐被琐碎日常消磨殆尽。我们迷茫着未来，不知自己该前往何方。

　　知晓自己该做什么，便能勘破迷茫。不浪费生命的一点一滴，做自己喜欢的事。遇事迎难而上，努力拨开人生之路上的迷雾，让道路逐渐变得清晰。不抱怨，过往已去；不迷茫，未来可期。

过有意思的生活

胡适

世界上只有两种生活方式：腐烂和燃烧。
胆小如鼠、贪得无厌之徒选择前者；
见义勇为、慷慨无私之士选择后者。
——高尔基

哪样的生活可以叫作新生活呢？

我想来想去，只有一句话：新生活就是有意思的生活。

你听了，必定要问我，有意思的生活又是什么样子的生活呢？

我且先说一两件实在的事情做个例子，你就明白我的意思了。

前天你没有事做，闲得不耐烦了，你跑到街上的一个酒店里，打了四两白干，喝完了，又要四两，再添上四两。喝得大醉，同张大哥吵了一回嘴，几乎打起架来。后来李四哥来把你拉开，你气愤地又要了四两白干，喝得人事不知，幸亏李四哥把你扶回去睡了。昨儿早上，你酒醒了，大嫂子把前天的事告诉你，你懊悔得很，埋怨自己："昨儿为什么要喝那么多酒呢？可不是糊涂吗?！"

你赶紧上张大哥家去，作了许多揖（两手抱掌前推，身子略弯，表示向人敬礼），赔了许多不是，自己怪自己糊涂，请张大哥包涵。正说时，李四哥也来了，王三哥也来了。他们三缺一，要你陪他们打牌。你坐下来，打了十二圈牌，输了一百多吊钱。你回到家来，大嫂子怪你不该赌博，你又懊悔得很，自己怪自己道："是啊，我为什么要陪他们打牌呢？可不是糊涂吗?！"

诸位，像这样子的生活，叫作糊涂生活，糊涂生活便是没有意思的生活。你过完了这种生活，回头一想：我为什么要这样干呢？你自己也回答不出究竟为什么。

诸位，凡是自己说不出"为什么这样做"的事，都是没有意思的生活。

反过来说，凡是自己说得出"为什么这样做"的事，都可以说是有意思的生活。

❖成长课堂

> 过糊涂的生活只会让自己更加颓废，每日浑浑噩噩，事后懊悔；过有意思的生活，就是做有意义的事，有自己的追求和目标并且为之不懈努力。对工作和学习充满热情，温和地对待每一个人，保持积极乐观的心态，你会觉得每一天都是"有意思"的，每件事都是有价值的。

❖读书笔记

_____

_____

_____

_____

王献之学书

宝剑锋从磨砺出,梅花香自苦寒来。

——《警世贤文》

王献之,东晋著名的书法家,是王羲之的第七个儿子,其书法造诣(学问、艺术等达到很高的水平)颇高,是我国历史上的书法大家。

王献之自幼聪颖好学,对书法和绘画都很有天赋。在七八岁的时候便跟随父亲学习书法,而且长进很快。

一次,父亲见小献之在聚精会神地练习书法,便悄悄走到他身后,并伸手去抽王献之手中的毛笔。但他握笔很牢,手中的笔没有被抽掉。父亲很高兴,称赞他的握笔姿势很标准,如果勤加练习,将来一定可以赶超自己。听了父亲的称赞,小献之很是得意。还有一次,王羲之的几位朋友来访,知道小献之的字写得好,便让他在扇子上题字。他提笔便写,一不小心把一滴墨水滴到了扇面上,看着和扇面不相称的墨水渍,小献之灵机一动,在墨水渍处画了一头牛。顿时,扇面有字有画，变得生动起来。众人对王献之的聪明才智和书法绘画赞赏有加。慢慢地，王献之的骄傲情绪逐渐滋生，也不像之前那么勤奋了。

有一天，小献之问母亲："以我现在的书法水平，只要再练上三年就可以赶上父亲了吧？"母亲没有说话。"那五年呢？"母亲摇了摇头。小献之着急了，大声问道："究竟要过多久，我才会像父亲一样写得一手好字。"母亲温柔地回答说："想要像你父亲一样把字写得有筋有骨、有血有肉，就必须写完十八缸水。"听完母亲的话，王献之没有说话，但是心里很不服气。此后，他便足不出户，每日在家中练字。

若干年后的一天，王献之认为自己的书法已经大有长进，便把自己写的字拿给王羲之看。谁知，父亲边看边摇头，没有说任何表扬他的话。在看到"大"字的时候，父亲才露出了满意的表情，随手在"大"字下面加了一个点。

小献之很是不平，他把字又拿给母亲看。母亲看后，指着"大"字下面的点，说："我儿用尽三缸水，唯有这一点最像父亲。"王献之听后，很沮丧地说："我照着父亲的字练了五年，用尽了三缸水，仍没有丝毫长进。这样下去，我的书法什么时候才能赶超父亲呢？"

母亲知道经过几年的磨炼，他的傲气已经被磨光了,便鼓励他说:"孩子,你父亲的书法也不是一天练成的。只要功夫深,铁杵磨成针。我相信,只要你继续坚持练下去,就一定会像你父亲一样成功的。"

王献之听完后深受鼓舞,又开始专心致志地练字了。最终,他用尽了十八缸水,书法造诣日渐增进,达到了**力透纸背**(*形容书法刚劲有力,笔锋简直要透到纸张背面*)、**炉火纯青**(*比喻学问、技术达到了纯熟完美的境界*)的程度。在书法界与其父亲齐名,人称"二王"。

✿ 成长课堂

人们都希望踏入金碧辉煌的"罗马宫殿",登上魂牵梦绕的"象牙之塔",实现自己长久的梦想。这需要不懈的努力,需要日复一日的坚持,需要摒弃傲气与浮躁,踏踏实实、勤勤恳恳地拼搏下去。当我们汗流浃背,精疲力竭的时候,我们应该在心中默念一声:再坚持一下!

✿ 读书笔记

把握当下

　　每个人似乎都是带着一种使命来到这个世界。这种使命时而清晰，时而模糊，令人捉摸不定。但我们无须为那遥远的未来而劳心伤神。生活的意义在于把握当下。

　　把握当下，就是在生活中不迷茫，知道自己该做什么，珍惜生命中的一点一滴，让它每分每秒都充满意义。培养自己的兴趣，做自己喜欢的事情，不浪费时间和生命，就是活在当下。

　　把握当下，就是快乐来临时尽情享受快乐，痛苦到来时迎难而上，站在黑暗与光明的交界处，不回避，不逃离，坦然面对人生的一切可能。顺境时得意忘形，终日放浪形骸，无疑是对时间的亵渎，是对可贵生命的侮辱；逆境时意识消沉，整日借酒浇愁，只会让岁月在指尖匆匆流逝，还茫然不知。

　　让我们活在当下，把握当下，拨开迷茫的浓雾，让阳光照射进来，体味人生的意蕴，活出真正的自己！

昂贵的哨子

[美] 富兰克林

有许多东西，只要我们对它们陷入盲目性，
缺乏自觉性，就可能成为我们的包袱，成为我们的负担。
——毛泽东

　　有一次度假，长辈们用铜板塞满了我的口袋。那年，我还只有七岁。你会看到一个小孩拿着钱，兴冲冲地奔向一家专售儿童玩具的商店。突然，我看见一个男孩正在吹响手里的哨子，我被这奇妙的哨音深深吸引了。于是，我把口袋里的钱全部掏了出来，然后也买了一只。

　　回到家里，我得意扬扬地吹着哨子，哨音响遍了家里的每个角落，一家人被我吵得鸡犬不宁（形容骚扰得厉害，连鸡狗都不得安宁）！但是我的惩罚很快就来了——当我说出哨子的价格时，哥哥姐姐，还有堂兄堂姐们全都嘲笑我是世界上最大的傻瓜，稀里糊涂被骗了四倍的价钱，多付的钱，可以买许多好东西！我感到前所未有的委屈，最终号啕大哭起来。哨子带给我的乐趣远不及此时此刻的羞耻！

这件事，深深地烙印在我幼小的心灵里，对我往后的人生带来了深刻的影响。每当有人怂恿（指从旁鼓励别人去做某事，贬义）我去买那些根本不实用的东西时，我这样提醒自己："不要为一个'哨子'就付出巨大的代价呀！"因为我早就学会了开源节流。当成年步入社会后，我观察着人们的言行，发现了许许多多为了他们的"哨子"而付出惨痛代价的人：那些阿谀奉承（巴结、投靠有权势的人）的小人，为了得到王室的垂青，千方百计地谋求不属于自己的金钱、地位和名声，甚至丢掉了高尚品德，弄得家破人亡！那些欺世盗名（欺骗世人，窃取名誉）的政客，不惜一切代价卷入官场风波，却落得倾家荡产的下场！那些抠门的吝啬鬼，爱财如命，一毛不拔，失去了同胞的尊重，朋友的友谊，以及人类行善的德行！那些贪图享乐的凡夫，无所作为，只顾寻花问柳，

却把自己搞成了手无缚鸡之力的病夫！那些**金玉其外，败絮其中**(比喻外表很华美，而里面一团糟)的花花公子，整天沉溺于精致奢华的服饰、富丽堂皇的住宅、华贵无比的车马中，不顾财力拮据，最后家徒四壁！"可怜！"我不由得感叹道，"为了只'哨子'，你们付出的代价实在太大了！因小失大，真是愚昧无知啊！"由此，我悟出了一个道理：大凡人世间的苦楚，都是由于没有对事物作出正确的估计，盲目行事，最后付出了惨痛的代价！

成长课堂

追求是一种美，但是如果在追求过程中付出了比追求事物本身还要昂贵的代价，这种美就会走向毁灭，就会变成一种悲剧。我们要对事物做出正确的判断，不要盲目行事，做事前要预估好，切勿让代价高于价值。

读书笔记

礼物带来的烦恼

千里送鹅毛，礼轻情意重。

——《路史》

"妈妈，我同桌邀请我去参加她的生日聚会，你说我应该送她什么礼物呢？"放学后，洋洋问妈妈。

"你有什么想法？"妈妈反问道。

洋洋想了想说："我觉得她就是一个小公主，最喜欢的是毛绒玩具，我给她买一个大熊猫玩具吧。"

"买礼物是不是太**敷衍**（马虎不认真，表面应付）了？我们小时候会亲手给同学做礼物，这样的礼物才能代表自己的心意啊。"妈妈建议道。

"这个建议不错，我可以考虑一下。"洋洋回道，"明天我再问一问其他同学的意见。"

第二天中午，洋洋听到几个同学

围在一起讨论生日礼物的事情。徐金鲍说："我看中了一个智能闹钟。""智能？"曾锐好奇地问，"一定很贵吧？""不贵，不到一百块钱。"徐金鲍骄傲地说。"哇，真羡慕你，"石天说，"我爸爸妈妈才不会给我那么多钱为同学买生日礼物呢。"

洋洋纳闷地想：礼物？钱？难道礼物的贵重是用钱来衡量的吗？

放学后，洋洋去了学校附近一家文教用品店。看着货架上包装精美的礼物，他有些茫然。突然，洋洋的脑袋里出现了两个小人。小黄人说："别看了，回家去做一个礼物吧，她一定喜欢你亲手做的礼物。"小红人说："快挑一个贵的礼物买下来，到你同桌生日那天，其他同学看见这个礼物一定非常羡慕你。"小黄人反驳道："可是这样的做法不但增加了父母的经济负担，还会助长铺张浪费、互相攀比的坏风气。"小红人大声说："但是不送贵的礼物也太没面子了,会被同学们嘲笑的。"这吵闹的声音惹得洋洋心情更烦躁了。

洋洋疾步跑到了外面,想呼吸一下新鲜空气。没想到天公不作美,刚才还艳阳高照,现在却乌云密布,似乎要下大雨了。而他此时的心情就像顶着大团大团的乌云一样,沉重得令人有些喘不过气。

唉,本打算开开心心准备生日礼物,没想到它带给自己这么多烦恼!同学们,你们认为洋洋该怎么做呢?

成长课堂

礼物的贵重从来不是用金钱衡量的,友情的深浅也不由礼物决定。我们要学会量力而行,只要礼物饱含真诚,付出了自己的劳动和汗水就足以打动人心。贵重的礼物也好,廉价的礼物也好,只要祝福是发自内心的,那便是世间最好的。

读书笔记

_____

_____

_____

_____

迷路

现实生活中有些人之所以会出现交际的障碍，
就是因为他们不懂得忘记一个重要的原则：
让他人感到自己重要。
　　　　　　——戴尔·卡耐基

　　小雨特别喜欢和妈妈一起逛街，每次看到可爱的玩偶、漂亮的裙子和精美的漫画书时，她就被吸引得挪不动步。

　　有一天，小雨在商场里看见了一个漂亮的芭比娃娃，可妈妈说她已经长大了，不应该再玩芭比娃娃了，没让小雨多看就拽着小雨走了。一路上，小雨的脑海里都是芭比娃娃水灵灵的蓝眼睛和金灿

灿的黄头发。回到家后，小雨趁着妈妈去厨房洗碗的工夫偷偷溜了出去，想再去看看那个漂亮的芭比娃娃。

出门没多久，小雨就后悔了。因为以前妈妈带着她逛街的时候，她并没觉得商场有多远。可是当小雨一个人走的时候，却觉得前路漫漫。小雨来到主街道上，眼前是四通八达的街道和来来往往的人群，满耳都是嘈杂的车声和说话声。小雨努力让自己平静下来，回忆着和妈妈走过无数次的路，心想：商场就在前面那个拐角。加油，你可以的！于是，小雨沿着街道朝前走。绕过了一个水果摊，又走过了一条斑马线，可小雨并没有看见熟悉的商场。她又漫无目的地走了一会儿，依旧没有找到那个商场。再一回头，看着陌生的街道和路牌，小雨意识到一个严重的问题——她迷路了。

恐惧像一张大网紧紧包裹着她，不知道该怎么办，唯一能做的就是顺着来时的路慢慢走回去。可走了一会儿，她发现连来时的路都找不到了，这么多分岔路口，到底该朝哪儿走呢？时间流逝得飞快，小雨来来回回地走了一个多小时，两条腿也跟灌了铅似的，有些抬不起来了。最后，小雨筋疲力尽（用尽了力气，极其疲劳）地坐在一家饭店的台阶上，低声哭了起来。小雨既后悔又内疚，多希望自己没有一个人偷偷跑出来，多希望听到妈妈熟悉的唠叨声。

"小雨！"她忽然听到一声尖叫，紧接着一双手将她紧紧抱住。小雨睁开眼睛，发现妈妈就在面前。"妈妈！"小雨用尽力气抱紧妈妈，生怕她像卖火柴的小女孩中火柴里的幻影一样突然消失。

回到家后小雨才知道，为了找她，全家都出动了，妈妈更是急得不行。看着妈妈焦急的神情，小雨的心里既温暖又自责。她向妈妈保证，以后再也不一个人偷偷出门了，以后有什么事情都要和她沟通，再也不做让她担心的事了。

成长课堂

沟通除了是一个传达自己的观念和意见的过程，也是双方心灵交流并相互认同的过程。生活中离不开沟通，如果不向别人表达清楚自己的意图，故意隐瞒，一意孤行，可能会让自己陷入危险的境地。

读书笔记

_____

_____

_____

_____

一片叶子的一生

只要能培一朵花,就不妨做做会朽的腐草。

——鲁迅

　　叶子出生在明媚的春天里。一阵春雨洒落,把叶子从梦中唤醒。一阵微风吹过,叶子伸个懒腰,尽情地舒展着身子。太阳公公照着它,它感到舒服极了。叶子浑身上下都是嫩绿嫩绿的。人们说叶子象征着希望、象征着美好,听得叶子心里美滋滋的。叶子还有很多兄弟姐妹,它们都长在大树上。大树妈妈把根须扎进肥沃(土地中含有较多的适合植物生长的养分、水分)的泥土里,那些根须给叶子们提供了丰富的营养。

　　转眼间,到了夏天,叶子又长大了很多。它的身体变得非常结实强壮,身体里的每一条脉络都变得无比清晰。叶子喜欢夏天的雷雨,喜欢在雷雨中洗澡,喜欢自己被雨水冲刷后的样子。这是一片多么勇敢的叶子啊!叶子喜欢随着风儿跳舞,但有时叶子也很安静。当小蜗牛、小蜜蜂这样弱小的小动物躲在叶子的身下时，叶子愿意为它们遮风挡雨，为它们撑起绿伞。

秋风婆婆像个动作利落的魔术师。一夜间，叶子和它的伙伴都换上了黄色的新衣，大树妈妈依旧喜欢随风摇摆，一边摇一边说："宝贝们，你们很快就要离开我了，无论你们多小、多轻盈，无论你们飞到哪里，都要做一片快乐的叶子，因为你们长在我的身上，沐浴的是太阳的光芒。"叶子和伙伴们不理解她的话，但它们依旧快乐地随她摇摆，"沙沙沙"地唱着秋天的歌谣。

当叶子和同伴身上的衣裳变成红色时，它们便离开了妈妈的怀抱。有的落在妈妈的脚下，期盼风婆婆的力量再小些，自己能变成土壤，滋养着妈妈。叶子也离开了妈妈的怀抱，落到了一条河边。一只爱幻想的小蚂蚁要做一条船去漂流，正四处寻找叶子。"选我选我，我喜欢冒险。"叶子对小蚂蚁说。幸运

的是，小蚂蚁选了它，它把叶子绑在一片绿色大叶子上，于是叶子变成了它的船帆。看，那是世界上最美的船，绿色的船身、红色的船帆！

它们顺着欢快的小溪一路向前，小蚂蚁激动得大喊大叫。在生命最后的时光里，叶子选择挑战，虽然不知未来会怎样，但它要带着感恩和快乐勇往直前……

▼成长课堂

人的一生很长，但不论处于哪个阶段，都要对下一秒充满希望。童年时，对于长大充满期待；青年时，对于未来毫不迷茫；老年时，我们依旧向往着挑战。回顾这一生，接受过别人的奉献，又把自己的一生奉献给别人，毫无保留，甘之如饴，这难道不是圆满的一生吗？

▼读书笔记

_____

_____

_____

_____

花开的声音

人是为了某种信仰而活着。

——克莱尔

    一个老人，拄着拐棍，踽踽独行（孤零零地独自走着）着。他已经走了很久了，有人问他，为什么要不停地行走，是不是在寻找什么？他总是笑而不答，便引来许多猜测。有人认为他在寻找失散的亲人，有人怀疑他在寻找宝藏。只有他自己知道，他正在寻找一朵花，他要听听那花开的声音。可那花不是谁都能看见的，花开的声音也不是随便就能听见的。后来他走累了，就把希望寄托在别人的身上。

    他来到森林，希望一只松鼠能拨开他的迷雾，帮助他找到那朵花。他认为动物是自然的恩宠，是最纯粹的，一定能为他指点迷津。但是他错了。松鼠忙上忙下地搬运榛子，冬天要到了，它正在储存食物。他于是问询了一朵即将凋零的菊花。植物天生地养，必然会知道一些讯息。他又错了。菊花一边抵挡着严寒，一边尽情绽放，哪里又顾得上他呢？

他颓丧（情绪低落，精神萎靡）地离开了森林，蹒跚（腿脚不灵便，走路缓慢、摇摆的样子）地登上了高山。他找到一位隐者，祈求他帮助自己找到那朵花。隐者告诉他，他这辈子也在找那朵花，也希望听一听那朵花的声音。可惜没有找到，于是就做了隐者。他离开时，遇见一个少年，便随口问了同样的问题。那少年回道："真是个怪问题。这里满山遍野都是花，谁知道你要找哪朵？"

他在下山时，邂逅了一个青年。他看起来成熟稳重，像一个成功人士。于是忍不住开口问道："你见过一朵花吗？听过那花盛放时的声音吗？"

"我见过很多花，我认真地走了每一条路，因此走着走着花就开了。不过，我可没心思去听花开的声音。还有下一条路，下一朵花等着我！"

"那你终将失去最珍贵的一朵花，并且再也听不到花开的声音。"看着青年的背影，老人久久地叹息着。

谁不曾见过那朵花呢?只是有的人没留意,有的人不在意,有的人弄丢了。那朵花种在每个人前行的路上,叫梦想、叫追求、叫信仰、叫一生所爱。而花开的声音自然是春天播种,秋天丰收的序曲。

成长课堂

在人生的旅途中,我们步履匆匆,追逐金钱、名望、地位,渐渐变成了行尸走肉,忽略了人们赖以生存的精神支柱——信仰。没有信仰的人生如同沙子建造的城堡,看似富丽堂皇、坚不可摧,实际上一阵风就会把它变回一盘散沙。

读书笔记

不抱怨过去，不迷茫未来

人生总有一些挫折和不如意，面对横亘在眼前的大山，有人喋喋不休地抱怨，有人默默劈开荆棘，负重前行；面对氤氲在眼前的迷雾，有人茫然不知所措，有人坚定信念，勇敢前行。没有人替你决定未来，命运都是靠自己主宰。

一次失利的考试让你怀疑自己，怀疑人生。你抱怨命运的不公，别人可以门门功课优秀，你却只能排在班级倒数。你从未认真思考原因，只是一味地怨天尤人。

应该做出改变了。在生活里寻找生命的真谛，任由荆棘刺痛你，你不再抱怨，而是甘之如饴。你拿起手中的笔，为自己勾勒出未来的蓝图，你肆意挥洒汗水，只因为你找到了人生目标，它或许不那么伟大，也不那么富有深意。你拨开了迷雾，向着理想奔跑，人生的道路逐渐变得清晰。

抱怨是对过去的亵渎，迷茫是对未来的阻碍。不抱怨，过往已去；不迷茫，未来可期。

致敬与时间赛跑者

任何节约归根到底是时间的节约。

——马克思

在田径比赛的赛场上，一名运动员急速地向前奔跑着，在高速公路，正在进行一场生死速递。一名儿童被开水烫伤，生命危急。一个白血病患者，正伏在床上，争分夺秒地撰写一本书。一本关于生命、遗憾，关于抗争、拼搏的书。他要把这本书留给自己的孩子，所以得赶在尘埃落定(比喻事情有了结局和结果。此处暗指死亡)之前写完。

时间并不仁慈。过去了就过去了，流逝了就流逝了。找不回来，挽救不了。所以，我们得向所有与时间赛跑的人致敬，因为战胜时间，就战胜了自己；战胜了时间，就挽救了生命；战胜了时间，就不会叹息遗憾。

我对这些与时间赛跑的人，充满敬意，并决议向他们学习。我开始把握时间，留意生活。我看见大雁排成行地往南飞，就想，它们是要赶在寒冷到来之前飞到南方,它们在与时间赛跑啊!看见松鼠把榛子一颗颗搬进树洞,就想:它是要赶在冬天来临之前储存好粮食,也在与时间赛跑。看见奔跑着一头扎进河里的鸭子,不免要想,它一定知道了时间的奥妙,跑在前头的,总有时间多吃几条鱼。我看见太阳东升西落,周而复始,就像看见了一块不停运转的时钟。我没法让时钟慢些,只能让自己快些。于是,我从不在放学的路上逗留,一定要跑过太阳,在它落山之前回家。我从不拖延作业,一定会在假期结束前写完,然后用省下来的时间读书。我还与北风赛跑,与溪水赛跑……我渐渐找到了与时间赛跑的乐趣和意义:跑赢了时间,就拥有了更多的自由。

❖ 成长课堂

> 勤奋的人说:"时间过得太仓促了。"懒惰的人说:"我每天都是度日如年。"时间如流水,不知不觉间就悄然而逝,我们能做的就是与时间赛跑。争分夺秒就是为了去做更多有意义的事,不要迷茫,把每一天都当成最后一天,珍惜每分每秒。

❖ 读书笔记

_____

_____

_____

_____

骄傲的月亮

谦虚对于优点犹如图画中的阴影，
会使之更加有力，更加突出。
——牛顿

太阳即将下山时，在天的另一边，月亮迫不及待地露了头。喜滋滋、笑盈盈地看着晚霞笼罩下的四野。啊，很快就是她的世界了。过不了多久，太阳隐没在山的那边，银色的马车驮着圆盘一样的月亮，来到了夜空。星星们纷纷露出了头，闪烁着迎接，一瞬间把夜空变成了绚烂的银河。

"看啊，月亮爬上来了，像银盘，那洒在树叶上的月光是银线吧！"夜晚出来觅食的动物看着挂在树梢的月亮赞叹着。

"月亮，好大，好圆啊，像一块可口的月饼！"孩子们趴在窗沿上，对着月亮流着口水。

"月色好美啊，那皎洁的月色，朦朦胧胧的，月光

如水，从天上直泻下来，像一道道瀑布。"画家说。

"举头望明月，低头思故乡。"诗人说。

动物们喜欢月亮，孩子们喜欢月亮，画家可以为了月亮抛弃一切，诗人把月亮种在了心里。

"看吧，大家都喜欢我。"月亮得意地说，"我认为，他们喜欢我甚于太阳！"

这也许是真的，太阳那样耀眼、炽热，谁敢仰望呢？月亮则不同，它的光是那样温柔、平和，谁不愿意追逐呢？

"在抚慰心灵上，我的作用也比太阳大！"月亮继续夸耀，"说起来，如果没有我，谁能让那些游子安然入睡呢？"

这确实，漂泊他乡的人，夜晚最难熬，若可以对着月亮诉说想念，大概会好些！

"我比太阳更有价值，因为歌咏我的比赞美太阳的多。"月亮继续夸赞。

这有些夸大其词了。人们歌咏月亮，是因为月亮吝啬（过分爱惜财物，小气）把光芒分给别人，整个天空只有月亮最璀璨夺目。太阳就不一样了，它照亮了整个地球，让每个生命都能光彩照人，成为歌咏的对象。

"这么一想，太阳实在没有存在的必要。"月亮得意地说。

这完全是被赞美迷了心智。但凡脑袋灵光的，就该知道，月亮之所以会发光，是得益于太阳。太阳没了，月亮跟普通的石头没什么两样。月亮啊，我劝你别太骄傲，别被赞美、荣耀蒙蔽了双眼；别忘了**饮水思源**（喝水的时候想到水的来源，比喻人在幸福的时候不忘掉幸福的来源），也别丢了谦逊低调！

❖ 成长课堂

赞美固然可以证明我们的重要性，但是千万不要被掌声蒙蔽了双眼。沉溺于赞美和荣耀，会让我们迷失方向，看不清自己，以至于得意忘形，沾沾自喜。面对赞美，我们应该更加谦逊低调，把赞美当成前进的动力，更好地发光发热，做出更大的贡献。

❖ 读书笔记

读后感

自我修养提升书系

人生三有

崔钟雷 主编 ▲

有信念
有目标
有理想

黑龙江美术出版社

图书在版编目(CIP)数据

自我修养提升书系／崔钟雷主编. —— 哈尔滨：黑
龙江美术出版社，2019.8
ISBN 978-7-5593-5585-0

Ⅰ.①自⋯　Ⅱ.①崔⋯　Ⅲ.①个人－修养－通俗读物
Ⅳ. ①B825-49

中国版本图书馆CIP数据核字 (2019) 第171239号

书　　名／**自我修养提升书系**
ZIWO XIUYANG TISHENG SHUXI

主　　编／崔钟雷
策　　划／钟　雷
副 主 编／苏　林　石冬雪
责任编辑／李　倩
装帧设计／稻草人工作室
出版发行／黑龙江美术出版社
地　　址／哈尔滨市道里区安定街225号
邮政编码／150016
编辑版权热线／ (0451) 55174988
销售热线／4000456703　　(0451) 55183001
网　　址／www.hljmscbs.com
经　　销／全国新华书店
印　　刷／莱芜市新华印刷有限公司
开　　本／880mm×1230mm　1/32
印　　张／24
字　　数／660千字
版　　次／2019年8月第1版
印　　次／2019年10月第1次印刷
书　　号／ISBN 978-7-5593-5585-0
定　　价／158.40元 (全八册)

本书如发现印装质量问题，请直接与印刷厂联系调换。

前言

周国平在《面对苦难》中说道："对于一个视人生感受为最宝贵财富的人来说，欢乐和痛苦都是收入，他的账本上没有支出。"

我们在成长的路上不断奔跑，反复摔倒，这是一个艰难且漫长的过程。有的人沉淀自己，在黑暗中平缓自己躁动的心，终于在春暖花开时破茧成蝶，翩翩舞动；有的人修炼自己，在烈火般的磨难中坚定信念，终于在冲天火光中涅槃重生，脱胎换骨。在我们拼尽全力过后，蓦然回首，便会发现，过往的所有痛苦与磨砺都是在帮助我们成长。

本套丛书是为小学生倾力打造的精品励志读本，共8册，通过古今中外众多通俗易懂、积极向上的故事，来帮助孩子塑造好性格、培养好习惯，帮助孩子学会为人处世，树立正确的思想观念，助力孩子的成长。书中的每篇故事都依据其中心思想，附有一条名人名言，帮助孩子在愉快的阅读中积累作文素材，提高写作能力；文中还穿插着精美的图片，吸引孩子的阅读兴趣；每篇文章的结尾都有一个总结性的小道理，让孩子轻松理解文章的深刻含义。

成长伴随着父母的谆谆教导、老师的循循善诱。但是归根结底，成长是一个人的自我升华。我们要学会摒弃懦弱、迷茫、愤怒、悲伤；学会拾起乐观、自信、赞美、宽容，我们要成为房檐下穿石的水滴，成为没有人能够扑灭的火花。

目录
Contents

有理想

目录

Contents

有目标

目录

Contents

有信念

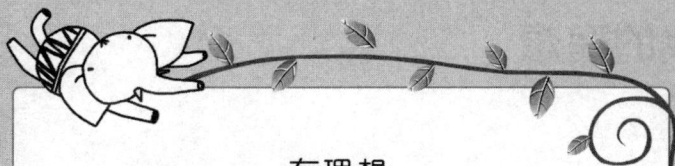

有理想

　　理想是我们的奋斗目标，是我们对未来的幻想，它是可以通过努力来实现的一种想象与憧憬。理想在我们的成长过程中非常重要，一个人如果没有理想，那么他的人生就会失去目标，从而整日碌碌无为，虚度光阴。相反，有了理想，枯燥无趣的人生就会瞬间焕发光彩。所以马上行动起来，努力让理想变成现实吧。

我的理想

有的人爱说目标很难达到，
那是由于他们的意志薄弱所致。
——卡耐基

    每天早上起床后，我做的第一件事就是读诗，我喜欢诗歌的韵律 (诗词中的平仄格式和押韵规则，引申为音乐的节奏规律) 和节奏感，因为这和我的理想有关，我的理想是长大后做一个作词家，专门给儿童写歌。

    去年，我发现了一个问题，在我们的校园艺术节上，同学们演唱了很多流行歌曲，比如《贝加尔湖畔》《你是我的眼》《我相信》等在成人中传唱度很广的歌曲，而真正适合孩子的歌还是那几首老歌，比如《娃哈哈》《让我们荡起双桨》《妈妈的吻》等，只有一首歌是为我们量身打造的歌，叫《想变成一棵树》。当我听到这首歌的时候，我被它的悠扬 (形容声音高低起伏、持续和谐)、婉转和清丽打动，它的歌词也很美，我尤其喜欢这几句：想变成一棵树，拥有无数的叶子，微风里沙沙沙地响，讲述着绿色的故事；想变成一阵风，开始快乐地飞翔，无论到什么地方，都送去鸟语花香……

听完了《想变成一棵树》，我的想象大门仿佛被打开，我的思绪开始在无边无际的原野上自由地飘荡，我想写轻柔的风、自由的云、古镇的石阶和孩子们发自内心的声音，我第一次觉得做一名儿童歌曲的词作者是多么光荣。我上网查了这首歌的词作者，原来歌词是金波爷爷写的！之前，我特别喜欢他的儿童诗——《让太阳长上翅膀》，他的作品充满想象，很明快、很干净，像一股甘泉滋润着我们的心田。我再一次翻开金爷爷的诗集，感觉像是沉浸在一个善良、美好又充满

幻想的诗词王国。

　　我跟妈妈说:"等我长大了,也要像金爷爷那样,给孩子写歌,让孩子们唱真正适合他们的歌。"妈妈看着我一脸认真的模样,鼓励我说:"这个理想很好,但不能只是想,要从现在就开始努力呀。"从那天起,我准备了一个精美的本子,每当读到好的句子,我都会尽快记到本子上。每天早上,不用妈妈催促,我都会起床读诗。不知不觉中,我尝到了阅读和诵读带来的甜头,我写作文不需要妈妈监督了,笔下的字像河水一样顺畅地流到纸上。我也尝试着自己写一些短诗,虽然现在写不好,离词作家的路还很遥远,但不怕,我相信努力就有希望。

　　我期待着有一天我创作的歌词会被谱成曲,会在孩子的口中传唱,当儿童歌曲的词作者就是我的理想,是我努力的方向!

❖ 成长课堂

> 　　理想的确立有时只需要一个小小的契机，但要把理想坚持下去不是那么容易做到的事情。认真的态度、坚定的信念、不懈的努力会帮助我们继续前行，实现理想。

❖ 读书笔记

_____

_____

_____

_____

"篮神"养成记

没有理想,就达不到目的;没有勇敢,就得不到东西。

——别林斯基

　　周日,阳光暖洋洋地洒在地面上,连同人的心情也格外舒畅。这么美好的一天,一对父子要做一件大事——打篮球。确切地说,是儿子缠着爸爸教他打篮球。

　　爸爸拍着球在球场带球朝前走,在快接近篮筐的地方猛地跳起来,球准确地进了篮筐。儿子忍不住叫起来:"老爸,好帅!"然后急忙跑过去,一脸崇拜地看着爸爸,说:"快教教我,怎么能一下子把球投进篮筐里?怎样能快速成为篮球高手?"爸爸看了儿子一眼,说:"打篮球可不是单纯地把球投进篮筐那么简单,它有很多规则和技巧,但首先要有健康的身体,你先绕着球场跑三圈。"

　　儿子很不情愿,可是一想到自己要学篮球的初衷,

还是听话地跑了起
来。第一圈轻松跑
完,第二圈刚跑了一
半,他开始觉得自己的脚
似乎有千斤重,有些抬不
起来了,爸爸却在球场上愉快地带球前进,
精准地投球。儿子咬了咬牙,继续朝前跑。跑完
三圈后,他已经累得上气不接下气了,恨不得立
刻趴在地上不起来。

　　"你才跑了几圈啊,就累成这样了?这样虚弱
的小身体还想当篮球高手?"听了爸爸的话,儿子立刻
站了起来,大声说:"三圈算什么,我还能继续跑。"没
想到,爸爸突然严肃地说:"如果把打篮球当作一种娱
乐方式,只跑几圈没有问题。可是对于专业的篮球运
动员来说,每天要跑的可不止这些。"儿子一时有些发
懵,因为篮球比赛全程也才四十分钟而已,需要花费
那么多时间锻炼吗?爸爸说:"打篮球需要的不仅是一
腔热忱（热衷）,还需要扎实的基本功,比如娴熟（熟练,
形容对某种事物或工作很熟练）的运球、传球技巧,最重要
的是你要有足够的体能和不怕苦的精神。所以,你要真
想成为专业的篮球运动员,就应该从现在开始坚持锻
炼身体。"儿子有些明白爸爸的意思了:想学习篮球并

不是一朝一夕的事。赛场上优秀的篮球运动员,都是靠自己坚持不懈地训练才取得了让人羡慕的成绩。

爸爸的话让儿子明白了一个道理:每一个风光的背后都有别人看不见的汗水。做任何事都需要有坚定的决心和不懈的努力。

❖ 成长课堂

理想不是口头说说,每个成功的背后都是由无数努力与汗水铸就而成的。想要成功,就要付出相应的努力,这是亘古不变的道理。如果我们已经找到了自己的目标和理想,不要迟疑,抓紧它,为实现理想而不断努力奋斗。当我们成功时,回首过往的经历,会发现这是一笔宝贵的财富。

❖ 读书笔记

_____

_____

_____

_____

蝴蝶飞呀

梦想只要能持久，就能成为现实。
我们不就是生活在梦想中的吗？
——丁尼生

　　不知何时，我对芭蕾舞产生了兴趣，梦想着成为著名的芭蕾舞演员。于是妈妈把我送去了芭蕾舞班。芭蕾舞班的小朋友都很优秀，跟她们一比，我就像掉进了天鹅湖的丑小鸭。我总是笨手笨脚的，有时还会左脚踩在右脚上跌上一个跟头。每次文艺汇演，我都会出丑。我对自己失望极了，就跟妈妈说我要退出芭蕾舞班。妈妈什么也没说，却给我讲了一个故事。

　　故事的主角是一名体操冠军。她小时候，跟我一样，身体瘦弱，其貌不扬。她对体操产生了兴趣。她的妈妈把她送去了体操房，但是没有教练愿意带她——这个小姑娘比同龄的孩子高出差不多一个头，四肢

纤细修长。而在此之前，体操运动员们无一不是身材矮小，肌肉有力的。教练放弃了她，她却没有放弃自己。她以前苏联体操女皇博金斯卡娅为目标，加倍努力着。

小伙伴们嘲笑她在平衡木上看起来就像个摇摇晃晃的电线杆，但这个倔强的小姑娘坚持认为自己有一天可以取得成功。后来她遇见了自己的伯乐——知名教练皮尔金，皮尔金开始把精力花在塑造这个**骨瘦如柴**（形容消瘦到极点）、脾气倔强的小女孩身上，他对她说："相信你自己，你将是这项运动的女王"，他和她一起通过努力创造了奇迹。小女孩就是后来的体操女王斯维特兰娜·霍尔金娜。没有人相信她能戴上璀璨的王冠，但霍尔金娜用她的经历告诉了全世界：不要害怕做梦，不要害怕自己的与众不同，当你有了梦想，请坚持下去！

"妈妈相信，只要你努力、坚持，一定会有人对你说，'相信你自己，你会是芭蕾舞界的女王。'"妈妈讲完故事，把我搂在怀里，语气坚定地说。

我后来看了体操女王斯维特兰娜·霍尔金娜的比

赛视频，她修长的身体在高低杠上上下翻飞，就像一只翩翩起舞的蝴蝶。她的蝴蝶飞起来了，我的天鹅还在梦里。她的故事让我重新拾起了信心。我比以前更用功了，也不会在演出中出丑了。我又坚定了梦想。我要让我的天鹅在世界的舞台上旋转跳跃，翩翩起舞！

❖ 成长课堂

只要肯努力，梦想也可以变成触手可及。逐梦的道路上一直伴随着坎坷和波折，需要我们坚持不懈，勇往直前，一路披荆斩棘，克服种种困难，才能摘得理想的桂冠，到达成功的终点。

❖ 读书笔记

_____

_____

_____

_____

笑星表哥

理想是指路明灯。没有理想，就没有坚定的方向；
没有方向，就失去前进的力量。

——列夫·托尔斯泰

有这样一个男孩，今年 12 岁，小小的年纪就把传递
快乐当成自己的责任；有这样一个男孩，天天沉浸在说
学逗唱的世界里；有这样一个男孩，他的梦想是当一名
笑星！他就是我小姨家的豆豆表哥。下面，让我为大家
还原表哥生活中的片段，大家看看他能否成为未来的笑
星吧。

片段一　说

表哥很能说，用小姨的话说，他就是一个话痨。每次
我去他家，他都让我当他的观众。他常说："竹韵妹妹，你
好不容易来一次，我给你讲笑话吧。"有一次，他对着我

口若悬河（形容能言善辩，说起来没完）地讲了半个小时的笑话，还挤眉弄眼地学喜剧演员，看着他那滑稽的样子，我笑得肚子都疼了。直到小姨递给他几粒药，他才停下来。据说，前天晚上他发了一夜的高烧呢！看来生病也阻挡不了他对说话的热情！

片段二　学

豆豆表哥是个奇葩，大多数男孩子都喜欢游戏机、足球、篮球，他却喜欢看喜剧，而且一边看一边模仿。比如在学说相声的时候，他能自如地切换角色，一会儿演捧哏，一会儿演逗哏，经常沉浸在自己的喜剧世界里不能自拔。有一次，小姨在厨房做菜，冲他喊："豆豆，去帮我买瓶酱油。"结果半个小时过去了，豆豆表哥依然在电脑前练相声，因为他根本没听见小姨让他买酱油这件事。

片段三　逗

我也很佩服他的吐槽神功！前段时间，

小姨给二胎宝贝准备了很多双袜子。豆豆表哥跟我说："我妈妈准备的袜子那叫一个多呀，生个蜈蚣都够穿了。"这个段子被小姨听见了，她气得拿起靠枕向豆豆表哥扔去。"你这个熊孩子，敢说我怀的是蜈蚣，那你不就是蜈蚣的哥哥吗？"看，豆豆表哥家从不缺少**欢声笑语**（欢乐的说笑声）。

片段四　唱

前段时间，豆豆表哥发现很多的相声演员都会唱歌，于是便对音乐产生了兴趣。他一回家就对着电脑练歌，还把自己喜欢的歌词编进自己的相声里。小姨夫说："你要是把这股劲儿用在学习上该有多好。"表哥说："青春有太多未知的猜测，成长的烦恼算什么。"随后又说："父亲大人，请别担忧，孩儿我这就去写作业。"小姨夫无奈地笑了。

这就是我的豆豆表哥，一个带给我们很多快乐的小笑星！

❖ 成长课堂

> 兴趣是理想的前提，有了兴趣，就有了理想与梦想。有了理想，我们就会更加努力地钻研自己的兴趣，二者相辅相成，是伴随我们成长的良师益友。

❖ 读书笔记

_____

_____

_____

_____

可敬的志愿者

有理想的人，生活总是火热的。
　　——斯大林

　　晚上，我躺在床上久久不能入睡，今天在街上看到的那个身影渐渐在我的脑海中浮现……

　　盛夏，太阳火辣辣地炙烤着大地，我只想待在家里吹空调、吃冰西瓜，一点儿也不想出门。中午，姥姥让我陪她出去买东西，我拖着沉重的脚步出了门。来到外面，头顶是炙热（像火烤一样的热，形容极热）的太阳，脚下是高温的柏油马路，我感觉也许自己下一秒钟就要着火了。街上的人行色匆匆，都撑着太阳伞遮挡阳光。

　　远远地，我发现前面路口站着一个戴着小红帽的姐姐。我问姥姥："姥姥，前面那个姐姐站在那里干什么？"姥姥说："她是志愿者，在路口指挥交通，提醒行人在红灯时不要过马路。""可是她一直站在太阳底下,不会中暑吗?怎么不拿太阳伞遮阳呢?"姥姥说:"拿着太阳伞跟路人沟通不方便。"说话间,我和姥姥来到了志愿者的身旁。我上下打量着她,她身穿一件白色的长袖,外面套了一件红色的马甲,后背写着"志愿者"三个大字,下面穿一条蓝色牛仔裤和一双白布鞋。

这时,红灯变黄了,一个小男孩刚想朝前走,志愿者姐姐马上叫住了他,她说:"小朋友,灯变绿才可以走哦。"小男孩一脸迷茫地说:"不是只要红灯变了就可以走了吗?"志愿者姐姐笑呵呵地说:"当然不是啦,要等到绿灯亮起时才可以走。"小男孩低下头,内疚地说:"不好意思,我知道错了。"志愿者姐姐安慰他说:"没关系,不过下次要注意。"小男孩抬起头,信誓旦旦地说:"嗯,我一定会注意的,而且我要把这件事告诉身边的小伙伴。"志愿者姐姐拍了拍他的头说:"真乖!现在是绿灯了,快走吧。"小男孩朝志愿者姐姐鞠了一躬,然后朝马路对面走去。我对姥姥说："姥姥，我要向这位姐姐学习，长大以后也要做志愿者。"

我和姥姥从超市回来时，又看到了志愿者姐姐。她的汗水不断滴落，早已把衣衫浸湿，可是她一直关注着身边的路人，没有伸手去擦一下。烈日下，志愿者姐姐的身影是那么美丽！

成长课堂

有时即使是生活中的一件小事也会对我们的观念产生很深的影响，一次谦让、一次见闻，或是一次积极阳光的经历。正能量就在这些小事中传播，潜移默化地影响着我们。当我们因此有了理想，那么我们的人生便会焕发光彩。

读书笔记

_____

_____

_____

_____

什么是理想

理想是我们的奋斗目标,是我们对未来的幻想,是可以通过努力来实现的一种想象与憧憬。理想在我们的成长过程中非常重要,一个人如果没有理想,那么他的人生就会失去目标,整日碌碌无为,虚度光阴。就像朱自清在《匆匆》里写的那样,"洗手的时候,日子从水盆里过去;吃饭的时候,日子从饭碗里过去……"只能任由时间从指缝中流走。这样的人生有什么意义呢?

有了理想,枯燥无趣的人生就会瞬间焕发光彩。理想为我们的生命注入无限活力,让我们的成长过程更加丰富。理想为我们指引方向,让我们的人生之路不再迷茫,不会再虚度光阴。所以,确定理想后就不要犹豫,马上行动起来,努力把理想变为现实吧。

20 年后的我

实验小学四年级七班 董玥

检验一个人的理想之果如何，不是看他从社会上得到什么，而是看他给了人类什么。

——王伯勋

　　一转眼，我从一年级的小豆包长成了四年级的小学生。在这四年的时光中，我遇到了很多老师，其中最让我敬佩的是我的美术老师——辛老师。她给了我勇气和自信，使我越来越喜欢画画了。我多么渴望 20 年后我能成为像辛老师一样爱学生、经常鼓励学生的老师。

　　有一天，我真的梦见自己成了一名一年级的美术老师。我也因此知道了一年级学生的心灵有多么纯真（纯洁真挚）可爱。那天，我去一年级五班上课。我进门就看到了同学们的笑脸，好像一朵朵绽放的太阳花。上课了，我让同学们画自画像。他们画画的时候，我走到他们身旁，看他们画得怎么样。

　　这时，我发现一个长得很漂亮、画画基础很好的女学生，她把自己画得非常丑。这是为什么呢？我很疑惑，于是轻声对她说："下课来我办公室一趟。"下课了，她并没有马上来找我，我心里有点儿不安。过了一会儿，那个女孩低着头走进办公室。我翻开她的绘画本，说："这幅名为《放学》的画真好看，可是你为什么把你的自画像画得那么丑呢？你明明长得很好看。"

　　她吞吞吐吐地说："放学的画面很美，同学们像鸟儿一样飞出校门，我特别喜欢这样的场景。"我又问她："你也很美哪，难道你不喜欢自己吗？"没想到她听了我的话，眼泪流了出来，哽咽着说："老师，我家里很穷，妈妈没有钱给我买漂亮的衣服，我总是穿旧衣服，我觉得自己很丑。"我说："老师不这样认为，你很有画画天赋，长得也很漂亮。外表美并不重要，才华和心灵美才是我们应该追求的。你要自信一点儿，其实你不比别人差。"听了我的话，她擦干眼泪，脸上露出了笑容。

一天放学后,我找到她,送给她一套水彩笔,对她说:"老师希望你用水彩笔画出心中最美的自己。你要相信生活会越来越好,未来你会走遍绿水青山,画遍人间美景。"她笑着点了点头,说了声谢谢便离开了。望着她走远的背影,我开心地笑醒了。

虽然这只是一个梦,但我相信 20 年后的我一定会成为像辛老师那样给学生送去阳光和温暖的美术老师。

❖成长课堂

理想的种类有很多,高尚的,远大的,无论哪种,理想的确立一定离不开榜样。因为遇见榜样,所以憧憬着自己也变成像榜样那样的人。榜样的力量能帮助我们在实现理想的道路上披荆斩棘,勇往直前。请坚持理想,因为这个世界比想象中更美好。

❖读书笔记

小小发明家

一个能思想的人,才是一个力量无边的人。

——巴尔扎克

　　每个人都有自己的偶像,我也不例外,我的偶像是爱迪生,他是**举世闻名**(全世界都知道。形容非常著名)的发明家,被称为"世界发明大王"。我特别**崇拜**(尊敬佩服)他,希望自己有一天能够成为像他一样伟大的发明家。

　　为了实现这个梦想,我一直在努力。下面就写一下我的小成果吧:我发明过铅笔加长器,它可以最大限度地利用每一支铅笔,减少对铅笔的浪费;我发明过简易拖布,它节省了妈妈拖地时要用的力气,爸爸还因此奖励我一个玩具呢。虽然这些都是不起眼儿的小发明,但是它们锻炼了我的动手与动脑能力,也让我离自己的梦想更近了。

　　而在我所有的小发明中,我最喜欢的就是书包减重器了。随着年级的升高,我的书包越来越重。为了减轻上学路上的负担，我决定立即行动起来，发明一个书包减重器。

开始时，我想学习动画电影《飞屋环游记》里的场景，用气球带着书包飞起来，这样我就不用背着它了。但是经过反复实验，我发现要想让书包飞起来需要大量的气球，这样很不方便。这个想法只能以失败告终。后来，我又尝试了其他办法，但是都没有成功，研究似乎陷入了困境。我产生了想要放弃的念头，但我又想到了我的偶像爱迪生，他经历了上千次的失败才发明了电灯泡，我要向他学习，不能因为一点儿挫折就放弃。

后来，我一直在寻找解决问题的办法。我在看书时无意中看到了压力与压力面的关系，于是立即想到了为书包减重的办法。我先让妈妈帮我找了几条和我书包颜色相似的带子，然后用带子将书包与肩部接

触的部分包裹住并用线缝上,以达到增加书包带厚度与宽度的目的。然后我买了一些塑料架,将书包的两侧和下面套上,书包下面的固定架与腰部互相支撑,可以减少对肩部的压力。最后,我给书包底部的塑料架安装上滑轮,又在书包上系上一根绳子,这样我就可以在平地上利用滑轮拉动书包了。一个既可以背又可以拉的书包减重器就做好了。

创意无限的发明就在生活之中,只要你足够细心,就能发现很多惊喜。这就是我,小小的发明家。

成长课堂

实现理想的过程中难免会遇到挫折,有人选择放弃,有人坚持到底,只有真正有恒心和毅力的人才能享受胜利的果实。所以遇到困难不要放弃,成功就在前面等你。

读书笔记

未来的蔬菜

成功的秘诀,在永不改变既定的目的。
　　——卢梭

　　我相信很多小朋友跟我一样,对蔬菜有着非常复杂的感情。我承认,虽然它们营养又健康,含有非常丰富的维生素,但是味道真的很一般。妈妈为了增强我对蔬菜的好感,还带我参观过农民伯伯的菜园。夏末的太阳暖融融地照着菜园,蔬菜看起来都懒洋洋的。躲在叶子后面晒着日光浴的小豆角;在藤蔓上荡着秋千的黄瓜;大腹便便、紫得发亮的茄子;娇羞地躲在绿叶中的红辣椒;炫耀着翠绿裙子的小白菜……每个看起来似乎都非常惹人喜爱。可是一想到它们的口感,我就喜欢不起来。

　　比如辣椒,看似腼腆(因怕生或害羞而不自然)娇羞,实际上热情火辣。你若咬上一口,准会被辣得流出眼泪;再说黄瓜,寡淡得还不如一杯凉水;小白菜呢,跟所有蔬菜一样,吃到嘴里永远是青草的味道。豆角还不错，但必须跟排骨搭配才好吃；茄子的肚子里最好塞满肉才能入口。

我觉得现在的蔬菜不管是外形、种类，还是味道都有待提高，希望未来的蔬菜能变成我憧憬的那样：

科学家们改良了蔬菜的口味，创造出鸡肉味、牛肉味、烧烤味、孜然味的黄瓜；奶油味、水果味、巧克力味、香草味的茄子；海鲜味、蛋黄味、芒果味、橙子味的辣椒；小白菜的味道调成了培根味、芝士味、肉酱味、火腿味……蔬菜的口味，最好还能来回切换，这一秒我想吃奶油味的黄瓜，黄瓜就变成了奶油味。下一秒我想吃巧克力味的黄瓜，它马上就切换成巧克力味的。味道随自己的心意改变的蔬菜，哪个小朋友会拒绝呢？

科学家们改良了蔬菜的形态，创造出了兔子黄瓜、僵尸茄子、芭比辣椒、豌豆射手豆角、太阳花白菜。喜欢玩具枪，不喜欢黄瓜的，可以申请把黄瓜做成手枪的形状。又能吃又能玩，哪个小朋友不爱呢？

科学家们增强了蔬菜的功效，发明了记忆豆角，长期食用，可以增强记忆，同学们把英文单词念上两遍，就能牢牢记住。还有抗困西红柿，吃了它，

哪怕看了整晚的动画片，也不用担心上课时打瞌睡。科学家们还为爸爸妈妈特别制造出了防衰老茄子、舒缓(从容；缓和)疲劳丝瓜。长期食用，妈妈会永葆青春，爸爸永远充满力量。

　　我希望科学家们能实现我的愿望，把未来的蔬菜变成我憧憬的那样。可妈妈说，靠别人不如靠自己。所以，我要好好学习，成为一名研究蔬菜的科学家，将自己的梦想变成现实。

成长课堂

　　理想可以帮助我们确立未来的前进方向，让我们的人生之路不再迷茫。无论是天真的稚语还是理智思考过后的目标，有了理想，我们就可以规划好自己的时间，明白自己要做什么，避免浪费精力，以此达到事半功倍的效果。

读书笔记

有目标

　　没有目标的人生，就好像迷失在海面的孤船，而目标就好比灯塔，找到它就可以确定正确的方向。由此可见，确立正确的目标非常重要，但是目标的实现并不会一帆风顺，我们难免会遭受挫折，但请坚持住不要放弃，我们一定能打败困难。相信成功就在不远处等待着勇往直前的人。

小小京剧迷

有了长远的目标,才不会因为暂时的挫折而沮丧。

——查尔斯·C·诺布尔

我叫贺子涵,今年十一岁,是个地道的京剧迷。我的个子不高,不到一米五,皮肤有点儿黑,圆圆的脸上长着一双细长而明亮的眼睛,虽然长得不帅,但是我相信化上京剧妆之后,我一定很帅。我总是站在电视机前,学着京剧大师的动作和表情,还跟着他们**手舞足蹈**(比喻手乱舞、脚乱跳的状态)地比画着,非常认真。

小时候,我在爷爷家住,爷爷是一个戏曲迷,他非常喜欢听京剧,我就是在悠扬婉转、充满**意蕴**(内在的意义;含义)的京剧声中成长的。爷爷喜欢听《智取威虎山》《梨花落》《贵妃醉酒》等剧目,通常吃完早饭后,他会沏上一壶茶,坐在摇椅上,一边津津有味地听着京剧,一边惬意地喝着茶。我站在院子里,一会儿把自己想象成杨子荣,一会儿把自己想象成诸葛亮,一遍遍地走着小碎步。偶尔，还会做几个武打动作。在我的眼里，会唱京剧可真酷。

妈妈见我这么喜欢京剧，就把我送到了京剧兴趣班。在那里，我是年纪最小的学员，和我一起学京剧的大多是成年人。老师从最基本的发声开始教起，虽然课程有些难，但我并没有退缩。为了保护嗓子，我戒掉了心爱的冰淇淋，也不再吃辣的食物。每天做完作业，我都对着我家的小猫咪咪练声。咪咪是我的忠实观众，它一听我唱京剧，耳朵就不停地摆动，我猜它一定是陶醉在我的声音中了。

在去年的校园艺术节上，我兴冲冲地报了京剧——《故乡是北京》。演出那天，我激动地站在舞台上，**声情并茂**（*演唱的音色、唱腔和表达的感情都很动人*）地表演，可是只获得了零落的掌声，那些唱摇滚、唱流行歌曲的同学却得到很多掌声，这让我有些失落。后来，班主任老师拍了拍我的肩膀，说："子涵，你唱得很好，只是同学们对京剧不太了

解，很难引起共鸣。你别灰心，要继续努力。"老师的安慰让我心中的愁云逐渐散开了。我开始盘算着，怎样能让京剧更时髦呢？怎样能让更多人喜欢京剧呢？

这就是我，一个名副其实的京剧迷。

成长课堂

在实现目标的过程中，我们难免会遭受挫折，有的人从此一蹶不振，放弃了目标与梦想，有的人沮丧过后重新站起来继续前进，最终实现了目标。成功与失败的关键就是我们是否有坚定的信念和毅力。如果你被挫折困住，请对自己说"我可以"，只要不放弃，就一定有成功的希望。

读书笔记

_____

_____

_____

_____

理想与目标

　　理想是确立目标的方向标,目标是为实现理想而服务的。有了理想,就有了目标,如果大目标是实现理想,那么小目标就是迈向大目标的阶梯。

　　如果把追逐目标比喻为爬山,那么这些阶段性的小目标就是一个个供人休息的平台。每当我们到达一个平台,就是阶段性的胜利。所以理想并不是难以实现的东西,不要被漫长的追逐迷惑,"行百里者半九十",只有当我们亲手摘下胜利的果实时,我们才可以真正松一口气,否则,任何时候的松懈都可能导致失败。

　　理想与目标不可分割,想要实现理想,先给自己定一个小目标吧。一点一点,积少成多,理想值得我们为之不断奋斗。

生命的颜色

一个人追求的目标越高，他的才力就发展得越快，对社会就越有益。

——高尔基

　　有一天，我走在大街上，发现每个人的头顶上都飘着一朵云，云的颜色各不相同，有白色的、粉色的、绿色的，也有黄色的、橘色的、紫色的，还有蓝色的、黑色的、红色的……我想这些云应该代表了每个人生命的颜色。

　　有的人头顶的云是绿色的。小草是绿色的、大树是绿色的、环保的标志是绿色的、外科医生的手术服也是绿色的，绿色代表着绵延不断的生机，代表了对一切生命的捍卫（保护，保卫）和珍视。我想他们有的可能是医生，肩负着挽救人类生命的使命；有的也许是一名环保卫士，以保护地球的绿色，挽救濒危动物为己任。这些人生命的价值在于尊重生命，敬畏生命。

有的人头顶上的云是白色的。雪是白色的、梨花是白色、绵羊是白色的、象征着和平的鸽子也是白色的。白色给人以光明、质朴、纯真、恬静,象征着和平与神圣。

他们中有些人也许是白衣天使,有些人可能是慈善家,有些人也许一生致力于救护儿童。他们的血液里流淌着爱,他们的生命之树上生长着温柔、慈爱、奉献、付出的果实。没有什么比白色更神圣、更伟大。它可以包容一切,能够无私到献出整个生命。

有些人头顶上的云是蓝色的。天是蓝色的,海是蓝色的,蓝色是宁静的、公正的、智慧的、博爱的,他们中有些人可能是老师,用智慧和耐心播撒着希望的种子。有些人可能是军人,用真诚和信念守护着祖国的疆土。有些人也许是普通工人,用微笑和汗水铸就美好的生活。

有的人头顶的云是粉色的。像桃花、像朝霞。像七分之

一的彩虹，像万分之一的极光，像青春的烙印，像明快的舞曲。他们中有些人也许是刚踏入社会的学生，用绝不服输和全力以赴照亮生命的颜色。有些人可能是画家，用浪漫和执着描摹着梦想的天国。

生命的颜色，取决于我们选择怎样的生活。生命的颜色，依赖于我们如何看待世界。你想好用什么颜色代表自己了吗？

成长课堂

> 每个人生命的颜色由我们自己决定，想要走什么样的道路也是由我们自己选择。在选择未来方向前，不妨先问问自己，想走什么样的道路，然后别犹豫，也别放弃，一往无前走下去，直到目标所在的终点。

读书笔记

我的"动物园"

崇高的目标造就崇高的品格,伟大的志向造就伟大的心灵。
——泰龙·爱德华兹

趁着暑假的时间比较充裕,我决定开一个"动物园"。别怀疑,你没有看错,我的确要开一个"动物园",而且我的"动物园"是全世界独一无二的,因为里面的"动物"都是我用轻泥捏的。

经过一周的忙碌,各种"动物"都完成了。我决定先对家人开放一次,如果反响好,我打算在学校艺术节上进行展出。

周六一大早,我就分门别类(把一些事物按照特性和特征分别归入各种门类)地把"动物"们摆在客厅的茶几上、酒柜上和书架上,等待"游客"的光临。爸爸第一个来到客厅,我朝他鞠了一躬,礼貌地说:"欢迎来到我的'动物园',请随意观看。"爸爸诧异地说:"'动物园'?我怎么不知道家里开了'动物园'了!"我说:"现在我就带您参观一下我的'动物园'。"

我先指着茶几上的"动物"说:"这边是陆地'动物',有老虎、大象、狮子、长颈鹿,还有国宝大熊猫呢。"爸爸伸出手,想要拿大熊猫,我立即制止了他,说:"不许动手!只能用眼睛看,我的'动物'很脆弱的。"爸爸悻悻地收回手,蹲在茶几旁仔细看了一会儿,说:"你做得很用心嘛,连老虎的尖牙齿都捏出来了。""当然了,这可是我的第一个'动物园',一定得认真地做。我上网查了资料,还看了纪录片,力求每个细节都与实际的小动物相符。"我自豪地说,"再看看书架上的鸟类和酒柜上的鱼类,然后给我提提意见。"

这时,妈妈和哥哥也加入了"游客"的行列,他们饶有兴致地看着我的"动物"。哥哥问:"你怎么会想到做'动物园'呢?"我回答道:"因为我觉得动物们被关在动物园里太可怜了,我希望它们能自由一些。如果有了我这样的迷你'动物园',小朋友想看动物就不用去动物园了。这样一来，动物园里的动物就可以回归大自然了。"妈妈拍了拍我的头，说："你的想法很好，但是你的'动物园'还有很多需要完善的地方。你再想一想，用什么方法能使你的动物园吸引更多小朋友呢。"我点了点头，说："我知道了，我要好好思考一下才行。"

这个暑假，我为"动物园"忙碌着，过程虽辛苦，却也收获了快乐。

✿成长课堂

> 目标有时也取决于自身的愿望，有什么样的愿望，就会产生什么样的目标，目标是为实现愿望服务的。当我们确定了目标，那么接下来的行动就可以有目的性地迅速展开，使我们的愿望尽快实现。

✿读书笔记

_____

_____

_____

_____

去超市购物

对于一只盲目航行的船来说，所有的风都是逆风。

——哈伯特

今年元旦，爸爸单位发了 1000 元的超市购物卡。看见爸爸把 5 张面值 200 元的购物卡放在桌上，我羡慕极了。妈妈看出了我的小心思，拿出一张购物卡，递给我，说："秋怡，这张购物卡送给你，你可以自己支配，但记得，这虽然是爸爸单位的福利，但也是爸爸用辛勤的工作换来的，不能乱花哦。"我高兴得手舞足蹈，拿着卡，围在爸妈身边一蹦一跳地扭着秧歌，像一个欢乐的幼儿园小朋友，嘴里连连说道："不会的，不会的。"

下午，我便带着购物卡去超市了。超市里真热闹，屋顶上挂着红灯笼，广播里播着喜庆的歌。我顺着人流找到了一辆购物车，然后正式开始了购物。首先，我想为家里做点儿事，对了，下个月过年，我给家里买副春联吧。我在卖春联的铺位前选了好久，看好了一副植绒的春联，我选的上联是"和和美美全家福"，下联是"平平安安满堂春"，横批是"平安是福"，我想这就是我们全家对幸福的理解吧。

　　我继续往前走，走到了图书专区。寒假马上要来了，我想多给自己选购一些精神食粮。我看过朋友的《神奇校车》，里面有很多好玩的科学知识，我要买一本和《神奇校车》不一样的，我们换着看；我还想看些名著，于是，我选了王老师推荐的《小王子》；我还想买点作文参考书来提高写作能力，于是，我选择了《小学生优秀作文》和《小学生考场作文》。这几本书，加上之前的春联，成功花掉了100元钱，我还有100元可以支配。

　　文教用品专区和图书专区紧挨着，买完了书，我自然地逛到文教用品专区。我给自己选了中性笔、橡皮、彩色铅笔、笔记本和涂改液，这些学习用品足够我用一个学期了，我算了一下价钱大约有90元。随后，我帮爸妈选了两双棉袜,算是我的心意吧。结算的时候,一共花了 202 元,我愉快地补上了 2 元。随后,我提着购物袋心满意足地离开了超市!

这次超市购物的经历让我感触 (跟外界事物接触而引起的思想感情) 颇多,在精挑细选的过程中,我没有辜负爸妈对我的信任,也学会了合理支配金钱。

✿ 成长课堂

> 目标的实现不是盲目的,详尽的计划可以让我们节省很多精力,能够合理有效地分配我们的时间和金钱,以此达到事半功倍的效果。如果盲目向目标前进,结果只会越绕越远,多走很多冤枉路。因此,制定一个计划对于实现目标来说是非常重要的。

✿ 读书笔记

怎样实现目标

　　明天计划做什么，不久之后的活动需要哪些准备，想在期末考试取得好成绩又应该怎样学习……我们的人生是由很多目标组成的，这些目标有的大、有的小，但无一例外都是为了达成某个愿望。确定了目标，接下来就是如何将它实现。

　　有人说"只要努力，就可以实现目标"，这个说法是片面的。想要实现目标，光靠努力是不行的，还需要找到正确的方法，否则只会事倍功半，白白浪费精力，打击我们的热情，得不偿失。

　　实现目标，正确的、科学的方法很重要，知道自己想要什么，思考自己能做到哪种程度，根据自身的实际情况来制订计划，比盲目努力的效果要好得多。制订好适合自己的计划，然后向着目标努力，这才是事半功倍的方法。

兄弟俩

人意义不在于他所达到的,毋宁在于他所希望达到的.

——纪伯伦

兄弟两人一起出门去旅行。中午他们走到一个树林里,躺下休息。醒来的时候,看到身旁有一块石头,石头上写着字。他们读了一遍,上面写的是:

"如果你遇到这块石头,你可以朝日出的方向一直走到森林里去。森林里有一条河,你要渡过河到对岸去。到了对岸,你会看到一只母熊和几只小熊,你从母熊怀里把小熊抢走,然后头也不回地径直朝山上跑去。到了山上,你会看到一座房子,你会在房子里找到幸福。"

两兄弟读完石头上的字,弟弟说:"咱俩一起去吧,说不定能渡过河,把小熊抱到房子那里,咱们就能一起找到幸福。"

哥哥却说:"我不到树林里去找小熊,我劝你也别去。第一,谁知道这石头上写的话是真是假,说不定只是写着玩的。而且，也可能是咱们理解错了。第二，即使石头上写的是真话，咱们到森林里去，天黑下来，找不到河，反而会迷路。即便找到河，咱们怎么能渡过去？说不定这条河又急又宽呢。第三，即便渡过了河，要从母熊那里把小熊抢走，是那么容易的事吗？母熊会把咱们咬死，没有找到幸福反而白送一条性命。第四，即便咱们把小熊带走，咱们也不能一下就跑到山上。最主要的一点是，石头上并没有说，咱们能在那座房子里找到什么样的幸福，那里的那个幸福，也许根本就是咱们不需要的。"

弟弟说："我可不这样看。石头上的话是不会白白写在上面的，而且写得一清二楚。第一，咱们去试一试，并没有什么坏处。第二，如果咱们不去，别人看到

石头上的话也会去，他会找到幸福，咱们却什么也得不着。第三，不克服困难，不付出劳动，世界上就没有什么可爱的东西。第四，我不希望别人都把我当成胆小如鼠（形容胆子非常小）的人。"

哥哥说："常言说得好，追求大的幸福，连小的幸福也丢失；又说，宁肯你交到我手里一只麻雀，不愿你空口答应我天上一只仙鹤。"

弟弟说："我倒是听过另外的说法，要是害怕狼群，就别到森林里去；又说，平放的石头下面，流不过水去。依我看还是应该去。"

弟弟走了，哥哥留下了。

弟弟刚走到森林，就遇到了一条河。他渡过河，随即在岸上看到一只母熊。母熊正在睡觉，他抱起小熊，头也不回地朝山上跑去。刚跑到山顶，便有一群人前来迎接他，请他上了马车，把他送进城，并推举他做国王。

他当了五年国王，第六年另一个国王来攻打他，那个国王力量比他强大，占领了他的城市，把他赶走了。于是弟弟又开始流浪，并且找到了哥哥。

哥哥住在一个村子里，生活既不算富裕，也不算贫穷。两兄弟见了面很高兴，彼此询问对方的情况。

哥哥说："还是我做得对，我一直生活得安静舒适。

你虽然当过一阵国王,却吃了不少苦。"

弟弟说:"我并不后悔当时的选择。虽然我现在生活苦些,但是我的生活中仍有值得回忆的东西,你却没有任何值得回忆的东西。"

❖成长课堂

是选择安逸还是选择冒险,这是一个无解的问题。因为每个人的追求不一样,生活的目标不一样。但是无论如何,选择了就不要后悔,踏实地走下去,才能活得精彩。

❖读书笔记

苦中作乐

如果你想要快乐，设定一个目标，
这个目标要能指挥你的思想，
释放你的能量，激发你的希望。
　　——安德鲁·卡耐基

　　我是一个**朝气蓬勃**（充满了生机与活力）、活力无限的小学生，是别人眼中八九点钟的太阳，是祖国的未来。可我现在被各种各样的事情压得快喘不过气了，总是禁不住感叹：生活真是太苦了。但我也不会**坐以待毙**（坐着等死，形容在极端困难中，不积极想办法找出路），因为苦中作乐是我最擅长的。

　　从我上四年级开始，妈妈就开始让我做家务，比如叠被子、拖地、倒垃圾、浇花，还有我最讨厌的洗碗。我已经向妈妈抗议"申诉"很多次了，但都被她拒绝了。我还建议如果不让我洗碗，就可以减少我的零花钱。妈妈欣然同意减少我的零花钱，但我还得继续洗碗。

没办法,我只能面对现实。看着油腻腻的碗、水花四溅的洗碗池、乱糟糟的灶台……我感到痛苦极了。但善于苦中作乐的我怎么会认输呢?我系上围裙,开始"战斗"。洗洁精一遇水就冒出了很多泡泡,阳光斜射进来,泡泡闪着五彩的光,美丽极了。瓷碗、铁锅、不锈钢餐具发出叮叮当当的声音,再配上哗哗的流水声,竟合奏出了一首悦耳的劳动者之歌。原来洗碗这么有趣。

最近,爸爸想让我和他一起学滑冰,可是我真的不想去,因为我还得去绘画兴趣班、口才兴趣班、小提琴特长班,我根本没有多余的时间了。但爸爸说时间就像海绵里的水,挤一挤肯定会有。就这样,我被拉进了冰场。现在,我就要发挥善于苦中作乐的优势了!在学习滑冰的过程中,我仔细听教练的指导、认真练习,虽然摔了很多次,但进步的速度也是学员中最快的,这让爸爸很忌妒,当然也就让我更高兴了。滑冰时,我像小鸟一样在冰面上飞翔,有时还会做几个花样滑冰的动作,真是太酷了。

妈妈常说哪有那

么容易的事，不过是苦中作乐罢了。我非常认同这个观点，学习很辛苦，又要写作业又要做练习题，但是收获成绩的时候很开心；当老师的爸爸加班很辛苦，又要批阅试卷又要备课，但是看到学生进步的时候，他就觉得自己的付出都是值得的。所以，无论做什么事，只有找到让自己开心、快乐的方法，我们才会成为阳光的小学生。

❖ 成长课堂

苦中作乐是一种生活态度，它可以帮助我们在艰苦的奋斗中找到前进的乐趣与动力。追寻目标的时候也是一样，当我们学会苦中作乐，那么无论多么大的困难摆在我们面前，都不会成为阻力，反而会在我们实现目标的过程中增添一抹乐趣。

❖ 读书笔记

_____

_____

_____

_____

和谐的快乐

有人活着没有任何目标，他们在世间行走，
就像河中的一棵小草，他们不是行走，而是随波逐流。

——塞涅卡

太阳刚从云层里挣脱出来，还没来得及整理一下仪表，露出绅士一般的笑容，就被一阵喧闹的声音唤起了好奇心。

那是一队少先队员，他们各个系着红领巾。高声谈论着如何征服眼前的高山。领队的是一男一女两位老师，看上去也就30岁左右的样子。此刻，他们正含着微笑，看着这些可爱的孩子们。时间好像也舍不得从孩子们的指缝儿中溜走。过了好大一会儿，才到集合的时间。老师把大家召集到一起，大声说道：

"孩子们，马上就要爬山了，老师有几点要交代。首先，不要在爬山的过程中嬉戏打闹。其次，希望你们能发挥友爱互助的精神。最后，希望你们能爱护环境，不要乱扔垃圾。好了同学们,向山顶出发吧!"

老师一声令下,孩子们三两成群地往山上爬。大孩子带着小孩子,男孩子护着女孩子。越往上爬山越陡,几个身强体壮的男孩,主动担起了护卫的工作,他们拉着其他孩子的手、扶着其他孩子的胳膊,一使劲,就让他们迈上了更高的台阶。汗水从他们的脸上滑落,溅在岩石上,仿佛发出悠长(声音徐缓持久)的回响。

太阳太过热情了,孩子们不得不找个树荫,休息一会儿。他们从背包里拿出家长准备好的零食分给其他人。大家共同攀登高峰,自然也要共享美食。这个说"啊,这个好吃,哪儿买的?"那个说"不会吧,是你妈妈做的,你妈妈太厉害了!"若是有人问,"谁能给我一瓶水?"大家一定会异口同声(指大家说得都一样)地说,"我能!"

确保休息区的地上没有任何垃圾后,他们继续前行。山中的天气阴晴不定,上一秒太阳还热情似火,下一秒就藏在云朵的后面,将

天空交给绵绵细雨。虽然有的孩子忘记了带伞,但他们并不沮丧,因为他们的同窗会用自己的伞遮住他们头顶的风雨。

终于,他们把胜利的红旗插在了山顶上。太阳此时又露出了笑脸。它把晕黄的光,倾洒在孩子们的身上,让跳跃欢呼的孩子们成了影像,永远存在了记忆里。他们的快乐感染着它,他们表现出的美好,有一种说不出的魅力,让它沉醉。它不知道,其实这就是和谐之美,就是和谐的快乐!

❖ 成长课堂

在通往成功的道路上行走就如同爬山,路上难免会渴、会累,但我们可以把山路上的休息区当作一个个小目标。这样不仅身体上能得到缓冲,心灵上也能得到满足。当我们征服一个个小目标后,离山顶就不远了。

❖ 读书笔记

_____

_____

_____

_____

小鸭子得救了

上海市江苏路小学 三年级 陈其然

科学的、真正的、合法的目标说来不外是这样：
把新的发现和新的力量惠赠给人类生活。

——培根

　　动物们在森林里玩，小鸭子不小心掉进一个坑里。它拼命大喊道："救命呀！救命呀！我掉进一个大坑里了！"在天空中自由飞翔的鸟儿听见了，寻着声音找到了小鸭子。两只小鸟热心地安慰小鸭子说："别着急，我们去搬救兵！"说着便飞走了。小鸭子默默地掉下了眼泪。

　　忽然小鸟回来了，身后还跟着大象。大象慢慢地走到坑前对小鸭子说："你等一下，我用鼻子把你卷上来。"说着大象就把它的长鼻子伸了进去，可是问题来了，坑太深了，大象的鼻子太短了压根儿碰不到小鸭子，更别提把它卷上来了。接着另一只小鸟又找来了小猴子。小猴子三两下蹿上了树，从树上折下一根又长又粗的树枝，对小鸭子说："你别担心，我把你拉上来。"可是小鸭子立马说："不行，不行，我没有手，我抓不住。"小猴子听完这话也犯难了。

这时候，小熊来了，它奇怪地问："你们怎么了，闹出这么大的动静？"大家异口同声地说："小鸭子掉坑里啦。"小熊也沉思起来了，忽然，小熊好像想到了什么，它飞快地跑回了家。不一会儿小熊回来了，它的手里多了一样东西，是什么呢，原来是一只小水桶。小熊不停地从旁边盛水，盛满之后倒进坑里。大象问："你在干吗？"小熊好像没听到一样继续倒水。最后坑里都是水，小鸭子就这样得救了。小熊这时才说："我想到小鸭子是游泳健将，不远处又是一条小河，我灵机一动（灵敏机智，一下子想出了办法）就想出了这个办法。"小鸭子连连道谢，大家都开心地一

起玩了起来。

这个故事告诉我们做事要像小熊一样抓住重点才能一针见血。

成长课堂

想要解决问题,需要多动脑筋,结合实际情况给出解决方案。目标的实现也是如此,需要正确的方式方法,抓住重点,而不是盲目地行动,最后无功而返。学会找到解决问题的关键,善于观察,勤于思考,相信成功就在不远的前方。

读书笔记

_____

_____

_____

_____

有信念

　　信念使我们在面对挫折与苦难时从不放弃。有了信念，即使追求理想的道路上荆棘丛生，我们也能有勇气去面对它、战胜它。拥有必胜的信念是成功的助力剂，帮助我们去完成一个又一个的挑战。坚定信念，相信一定能迎来胜利的曙光，遇见更好的自己。

妈妈的"谎言"

一个有信念者所开发出的力量，大于 99 个只有兴趣者。
——列夫·托尔斯泰

　　我是单亲家庭的孩子，由妈妈一人辛苦把我养大。妈妈是一名纺织厂的女工，她的手很巧，能织出温暖又美丽的围巾，还能做出可口的小馄饨。从我懂事起，妈妈就一直教育我要诚实。然而，去年的那个大雪纷飞的夜晚，我却发现了妈妈的"谎言"。

　　记得那天下午，我和班长一起去服装城为同学们预订圣诞节晚会要穿的衣服。打算回家时，天色已晚。我们搓着冻僵的手，不停地跺着脚。班长说："都这么晚了，我们吃点儿东西暖和一下吧。我知道附近有一个很好吃的馄饨摊！""好哇，我也饿了。"我说。

　　深蓝的夜幕（在夜间，景物像被一幅大幕罩住一样，因此叫作夜幕）上挂着几颗星星，飘落在眼睫毛上的雪花在低温下结成了薄薄的冰片。北风打在脸上，我和班长低着头、捂着脸朝着馄饨摊走去。

这是附近唯一一家还亮着灯的小吃摊，在夜色笼罩的路边格外显眼。"这家馄饨特别好吃，做馄饨的是一位阿姨，她特别温和，而且每天很晚才收摊。""我妈妈做的馄饨也特别好吃！"一想到妈妈做的馄饨，我就美滋滋地笑了起来。

说话间，我们到了小吃摊前。然而就在看清那位阿姨的脸庞时，我却停住了脚步。那个瑟缩（身体因寒冷、惊恐等而蜷缩、抖动）在风雪中的瘦小的身影，是我再熟悉不过的人。

"那个……我不想吃了，先回家了。"我说完这句话就急匆匆地走了。"你不吃了？路上小心点儿！"班长的声音在我的身后传来。

我躲进一条胡同，调整着急促的呼吸，偷偷地看向那个馄饨摊前忙碌的身影，那是我最爱的妈妈，是每天都要加夜班的妈妈。

原来，妈妈的夜班是这样度过的。

我独自走在回家的路上，泪水止不住地流下来。原来，妈妈"骗"了我这么久，她加班到深夜就是辛苦地卖馄饨！大概是为了不让我发现、不让我担心，才特意在与家相反的方向摆摊。一直教育我要诚实的妈妈，却"骗"了我这么久！这是我的妈妈，一个连"谎言"都包裹着对我的爱的妈妈。

我最终没有戳破妈妈的"谎言"，而那个单薄瘦弱的身影却长久地印在了我的心里。妈妈，请您再等等我，等我成长为一个顶天立地的男子汉时，我一定会好好照顾您的。

成长课堂

小作者无意中发现母亲的"秘密"，感悟到包裹着母亲深深爱意的"谎言"，从而坚定信念，要成为一个顶天立地的男子汉，为母亲遮风挡雨。我们也要不断鞭策自己，将来成就一番事业，报答父母。

读书笔记

第一次滑冰

喷泉的高度不会超过它的源头,一个人的事业也是这样,他的成就决不会超过自己的信念。

——林肯

　　我热爱运动,爬山、滑雪、跳绳……没有不喜欢的,但我最喜欢的是滑冰,至今为止我仍然记得第一次滑冰的情景。

　　那是一个飘雪的星期天,我和爸爸穿着厚厚的冬衣,来到了公园的冰场。冰场很大,滑冰的人也很多,大家都沉浸在滑冰的乐趣中,冰场上留下一道道冰刀的痕迹。我和爸爸换好了滑冰鞋就走进了冰场,爸爸拉着我的手告诉我如何在冰上站稳,首先身体要向前倾斜。我按照爸爸的指示努力在冰上站稳,却始终不敢松开爸爸的手。"原来滑冰看着轻松,实际学起来并不容易呀。"我心里这样想着。过了一会儿,我已经能在冰面上站稳了,爸爸让我试着迈步向前移动,我有些紧张，小心翼翼地向前滑了一小步。爸爸鼓励我要大胆一些，降低身体重心，直视前方，用双臂来调节平衡。于是我又笨拙地向前滑了几步，一不小心失去了平衡，摔在了冰面上，疼得我哭了出来，瞬间就产生了放弃学滑冰的念头。

爸爸似乎看出了我的心思，微笑着对我说："世上无难事，只怕有心人。没有什么困难是不能克服的，做事要**持之以恒**（长久地坚持下去）。怎么能刚开始就想放弃呢，爸爸对你有信心，你一定可以学会滑冰的。"听了爸爸的话，我拭去了脸上的泪水，心想：是啊，我怎么能这么轻易就放弃呀，我应该相信自己，要勇敢一些！我决定振作起来，继续学习滑冰。于是我站了起来，笑着对爸爸说："我们继续吧！""好，真是我的乖儿子！"爸爸对我竖起了大拇指。

半个小时后，我已经能够掌握平衡，在冰面上慢慢地滑行了，虽然我的速度不快,动作也不灵活,但是作为初学者,我成功了。看着自己成为众多滑冰者中的一员,我顿时充满信心,爸爸也替我高兴。我也跟其他人一样,感受到了滑冰带来的乐趣。天色渐晚,我的第一次滑冰之旅也宣告结束了。

第一次滑冰是我成长过程中最宝贵的经历,使我获得了许多启示。在爸爸的鼓励下,我由一开始的胆怯犹豫变得坚强乐观,最终克服了心里的恐惧和不安,勇敢自信地挑战自己。第一次滑冰让我明白了万事开头难,但只要**坚持不懈**(坚持到底,一点儿也不松懈)、相信自己,就会收获成功与喜悦。

成长课堂

有了信念就有了支撑自己克服困难的勇气。信念对我们来说是非常重要的。信念能让我们下定决心做更好的自己,让我们可以在一次次失败后重新振作,最终走向胜利。

读书笔记

逆风飞翔

有百折不挠的信念所支持的人的意志，
比那些似乎是无敌的物质力量有更强大的威力。
——爱因斯坦

　　一阵清风吹来，惊动了货架上熟睡的风筝，她睁开眼，不由自主地抖了抖翅膀，她想伸个懒腰，但因为骨架绷直，只能借着东风狠狠地抖一抖。

　　她想：就这样躺在货架上，真是太无聊了，难道这就是我存在的意义吗？我要是能像鸟儿一样飞上蓝天就好了。

　　突然，一阵大风吹来，打着旋儿扫过货架，风筝借着风势飞了起来。

　　"我飞起来了，飞起来了。"她高兴地叫着，骨架上系着的线，在风声里呼呼作响。但是她还没高兴多久，就挂到了树上，怎么挣扎都下不来。

　　"救命！"风筝声嘶力竭 (竭力呼叫) 地喊，"随便谁都行，只要能把我从树枝上弄下来！"一个小男孩听见了风筝的呼喊，灵巧地爬上了树，把风筝救了下来。

"谢谢你，你能把我放到空旷的地方吗？我想继续飞。"风筝乞求道。

"当然可以。"小男孩说，"可是，你要怎样飞起来呢？"

"等东风刮起来，我就能飞了。"风筝理所当然地说。

"顺风飞翔吗？"小男孩问。

"当然，随风飘荡多省力呀！"

"那样的话，你跟浮萍和树叶有什么区别呢？飘飘荡荡、浮浮沉沉，永远感受不到生命的意义和重量。"小男孩说。

"那我该怎样做呢？"风筝问。

"当然是逆风飞翔，通过自己的努力

飞上蓝天,触摸太阳。"小男孩情绪激动地说,然后不知道从哪里找来一个线轴,把风筝骨架上的线系在了线轴上。

"好了,我们一起感受逆风飞翔的快乐吧!"

小男孩的话音刚落,风筝的身体瞬间绷紧,东风呼啸着扑了过来。她一边埋怨小男孩让她置身于如此危险的境地,一边冒着被东风撕裂的危险,挺起胸膛,勉强地坚持了一阵儿。然而这只是开始,紧接着,她陷入了两股相互挤压的气流中。一股推着她向上,另一股毫不示弱地向下挤压。东风用气流编织的密网让她寸步难行,她颤抖着想要放弃。就在这时,她看到了小男孩被东风吹乱的头发,吹红的小脸,还有在东风的阻挠下依然向前奔跑的步伐。这激励了她,她猛地冲破东风的密网,向上飞了 10 米、20 米……跨过厚厚的云层,飞向更高、更远的地方。

不知从何时起,东风的压迫不见了,风筝的身体变得更加轻盈了。天空**澄澈**(清亮明洁)如镜,白云点缀着湛蓝的天空。风筝终于在天空中留下足迹,她仍在逆风飞翔,却比顺风时收获了更多的喜悦与满足。

❖ 成长课堂

> 信念使我们在面对挫折与苦难时从不放弃，能够在一次次失败后重新振作。没有信念，我们就会失去迎难而上的勇气，在困难面前一蹶不振，永远不会成功。只要我们把信念坚持到底，就一定能突破逆风的阻挠，骄傲地在天空中飞翔。

❖ 读书笔记

攀登高峰的人

如果一个人有足够的信念,他就能创造奇迹。

——温塞特

　　一天,爸爸突然神神秘秘地对我说:"奇奇,一会儿家里要来一位客人。这位客人有些特别,他是世界上最高的人。"

　　"比姚明还高吗?"我好奇地问。

　　"当然。"爸爸一本正经地说。

　　"比咱家的房子还高吗?"我又问。

　　"当然。"爸爸说。

　　"那,他不是得弯着腰进来吗?"我追问。

　　"哈哈,不用。等他来了你就知道了。"

　　爸爸的话让我有几分期待。于是我坐在沙发上,用期待的眼神望着门口。大约五分钟后,门铃响了,爸爸出去迎接。不一会儿,一位叔叔走了进来。我一看,顿时感到**大失所望**(原来的希望完全落空)。这个叔叔40

岁左右,头发稀疏,眉毛倒是浓黑而整齐,眼睛也格外有神。但是,他无论如何也跟世界第一高不搭边。

"过来。儿子,给你介绍一下,这是我的师兄,你的师伯。"爸爸说。

"师伯好。师伯,你作为师兄,是不是应该好好管教一下你的师弟。刚才他骗我,他说你是世界最高的人。"我一开口就把爸爸出卖了。

"爸爸可没有说错。你师伯刚刚从珠峰上下来,珠穆朗玛峰可是世界第一高峰,你师伯征服了它,不就成了世界上最高的人了吗?"爸爸笑着解释道。

"这话不够准确,我是最高的人之一,因为在我之前,早就有人攀登过珠峰。"师伯谦虚地说。

"师伯,我也爬过山,很累的。珠峰那么高,环境那么恶劣,你是怎么爬上去的?"我好奇地问。

"凭着一股不服输的精神,还有强健的体魄。"说着,师伯向我展示了他的肌肉。

"事情可不是说说这么简单!这不是你师伯第一次挑战珠峰,而是第十次,前九次都失败了。有一次差点儿把命留在珠峰。而且每一次攀登之前都要准备三至四年的时间,要进行体能训练、学

习基本技术，等等。"爸爸补充道。

"这么难，又这么危险，您为什么还要攀登呢？"我十分不解。

"因为山在那里！"师伯意味深长地说。

师伯的话有些**高深莫测**（高深的程度无法揣测），但我想它并不难理解。我们都有不服输的精神，都不缺少挑战困难的勇气，也都有对未知世界的探索欲和好奇心。既然山已经在那里，我们有什么理由不去战胜它，实现自我呢？

成长课堂

打开世界纪录，你会发现很多看似不可能完成的事情都已经被人类完成，并且还在不断地打破纪录，是什么促使他们不断超越自我，完成那些不可能的挑战呢？是信念。信念使人创造奇迹，如果我们始终坚定信念，就没有什么可以阻挡我们走向成功。

读书笔记

_____

_____

_____

_____

我的偶像

锲而舍之，朽木不折；锲而不舍，金石可镂。

——荀子

　　我的偶像生于公元 701 年，卒于公元 762 年，是唐代最伟大的诗人之一，世人称他"诗仙"；我的偶像为人豪放洒脱，他的诗总能让人激情澎湃、**心胸开阔**（恩想坦率，接受力强），总能把人从方寸之地带入苍穹宇宙；我的偶像有铮铮的傲骨，绝不"摧眉折腰事权贵"；我的偶像视金钱如粪土，五花马、千金裘，在他那里都不如一杯美酒。

　　写到这里，你们应该已经猜出我的偶像是谁了。没错，就是他，影响了一代又一代人，把唐诗推向世界的诗人——李白。

　　"日照香炉生紫烟，遥看瀑布挂前川。飞流直下三千尺，疑是银河落九天。"这首诗让我认识了李白。第一次跟着爷爷念的时候，只觉得它朗朗上口，很有节奏感。念得越大声，天空越悠远，心境越开阔。我把这种感觉告诉爷爷，爷爷说这就是李白诗的特点，他总给人希望，让人壮志凌云，充满干劲儿。后来我常带着这种干劲儿，帮爷爷浇菜园。

在我五六岁的时候，也许妈妈看出了我对李白诗歌的热爱，不但给我买李白诗歌全集，还常用李白的事迹鞭策（鼓励，督促）我，在我耳边念叨"铁杵磨成针"的故事。我知道这是妈妈的小计谋。但一想到李白这样的天才仍在努力，我就觉得应该好好学习。

如今，我对李白又有了新的认识。我知道他为了写好诗歌，几乎游历了大半个中国，祖国的壮丽山河开阔了他的心胸、启迪着他的灵感，各地的民歌给他提供了丰富的养料。我还知道，他热爱祖国，有一颗报国之心，他在《塞下曲》中写道："愿将腰下剑，直为斩楼兰。"在《子夜吴歌》中慨叹："何日平胡虏，良人罢远征。"他渴望一展抱负，可惜报国无门。他有将相之才，可别人只

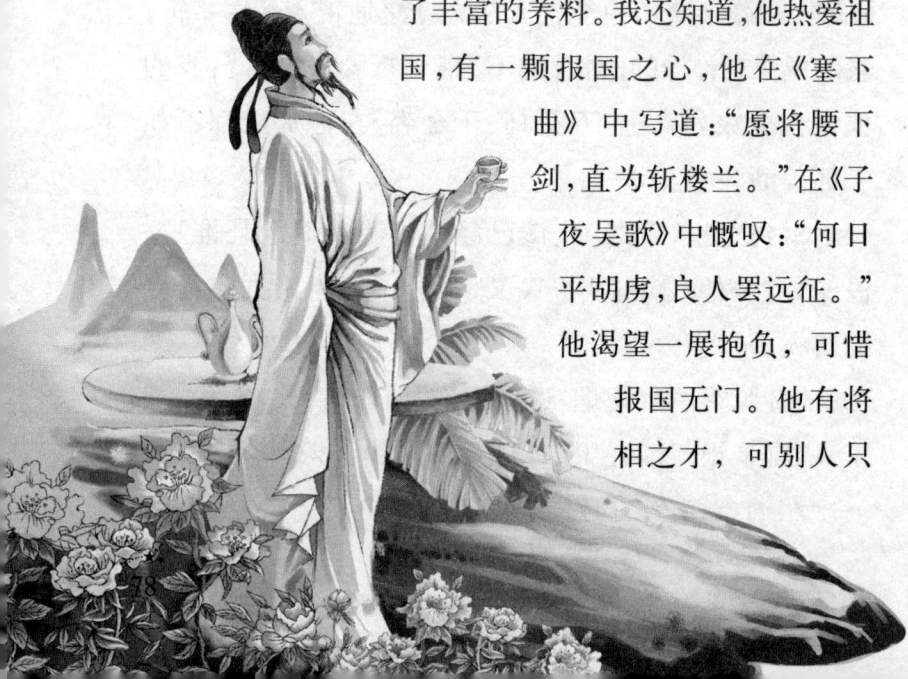

当他是诗人。

"天生我材必有用，千金散尽还复来。"李白因时代的局限，没有实现他的理想与抱负，也没有完全展示出他的才华。作为他的粉丝，我生在最好的时代，又刚好拥有最好的年华，没有理由不成为最好的自己，更没有理由不让最好的自己成为对社会、对国家有贡献的人。

❖成长课堂

信念的产生无关时代，而是取决于我们自己。无论是早已消失在历史长河中的伟人，还是正在成长、朝气蓬勃的我们，信念都是我们不可缺少的东西。正如李白可以为了自己的创作游历大江南北，寻找灵感，我们为什么不能为了自己的信念而采取行动呢？

❖读书笔记

_____

_____

_____

_____

信仰比生命更重要

信念是储备品,行路人在破晓时带着它登程,
但愿他在日暮以前足够使用。
——柯罗连科

公元前 287 年,阿基米德诞生于叙拉古(今意大利锡拉库萨)城。阿基米德刚一出世,父亲菲狄阿斯就在大门口插上一根橄榄枝,向全城人宣布,天文学家和数学家菲狄阿斯有儿子了。

阿基米德出生后的第十天是他的命名日。菲狄阿斯为此举行了一个盛大的宴会,亲戚、朋友都参加了。菲狄阿斯郑重其事地宣布他的儿子叫"阿基米德"。阿基米德在古希腊语中是"大思想家"的意思。这孩子果然没辜负父亲的期望,长大后真的成了一位伟大的科学家。

这位伟人的身上有很多闪光点,智慧、执着、忠诚……但最打动人的,莫不如他对真理的信仰和追

求，他甚至愿意为此付出生命。

公元前215年，罗马先向叙拉古发动了侵略战争。罗马军队由将军马塞拉斯率领，分水陆两路攻击叙拉古。面对强大的罗马军队，叙拉古军民惊恐万分。这时，有人把正在一心演算数学题的阿基米德找来了。他还带来了作战武器——一架怪模怪样的机器。

罗马军队开始攻城了。阿基米德指挥叙拉古军队开动机器，朝陆上的敌军发射各种各样的石头。只见许多石头发出惊天动地的巨响，向敌军砸去，大批敌军被打倒在地。很快，陆上的敌军便溃退（军队被打垮）了。同时，城墙上伸出一些巨大的木杆，直向罗马舰船伸去。有一些敌船被鸟嘴般的铁钳夹住，铁钳把敌船提到高空中再狠狠地抛入海里，还有一些船被拖着往城墙根下的岩石上猛撞。面对此情此景，马塞拉斯只好下令退兵。

马塞拉斯知道，硬攻是战胜不了阿基米德的机器的，便采取围困叙拉古的办法。在叙拉古被围困了三年之后,守军失去了警惕性,罗马军乘虚攻入城内。马塞拉斯一入城立即宣布:"不许任何人碰阿基米德和他的一切。若找到他,立刻带来见我,我要向他致敬。"

当罗马士兵冲进阿基米德的屋子时,阿基米德正趴在地上专心致志地演算,连敌人进来都没有发现。直到士兵用脚踩住了他的图形时,他才恼怒地说:"别踩坏了我的图形!"士兵粗暴地说:"老头儿,我命令你马上去见马塞拉斯将军!"阿基米德这才看清站在他面前的是凶神恶煞的罗马士兵,但他的心里还在想着刚才没有算完的题,便不耐烦地说:"别打扰我!等我解完这个问题才能去。你们走吧!"说着把手里的木棒戳在士兵的鞋上。士兵气坏了,一怒之下用剑刺死了阿基米德。马塞拉斯很快知道了阿基米德被害的消息,他感到十分痛惜,下令把那个杀害阿基米德的士兵作为杀人犯赶出了军队,并像对待一个老朋友一样**悼念**(对死者哀痛地怀念)阿基米德。马塞拉斯还找遍了他的亲友,并向他们表示了歉意。

全城人为阿基米德举行了隆重的葬礼。他们还遵照他生前的遗愿,把他发现的圆柱体与球体的比例关系图刻在了他的墓碑上,以此来纪念这位在数学、力学等方面都做出了重大贡献的伟大科学家。

成长课堂

> 伟人之所以是伟人,不仅是因为他们取得了伟大的成就,还因为他们有为了真理而不顾一切的信念。我们要向伟人学习,就要连这股信念也一起学习,学习他们全身心投入的韧劲,当我们鼓足信念去做一件事时,其效果远比勉强去做要好得多。

读书笔记

难忘的时刻——得奖

在荆棘道路上,唯有信念和忍耐能开辟出康庄大道。
——松下幸之助

  是什么装点着我们童年的星空?是什么滋润着我们的心田?又是什么串联成我们成长中一个又一个美好的回忆?我想:那是我们亲身经历的一个又一个难忘的时刻吧!

  上周五下午,我们学校举办的"小演说家"杯演讲比赛在学校礼堂举行了颁奖典礼,我作为四年级的代表参加了演讲比赛。在比赛之前,周老师给我做了精心地辅导,我自己也反复练习了好多次;在演讲中,我可以说真的使出了"洪荒之力";但在颁奖前,我还是觉得很紧张。

  颁奖前,礼堂里播着欢快的音乐,欢迎同学们入场。我们班先到了,我坐在位置上,回忆着其他同学的演讲,五年级的李牧野讲得幽默、自然,他是我强劲的对手；三年级的张子依活泼、可爱，在演讲中凭借热情、放松的表达方式吸粉无数；再一回忆，其他的选手好像也很棒……我能拿到名次吗？于是，我越想越紧张，拳头不知不觉地握紧了。

15 分钟后，主持人郑老师走上台，他对本次演讲比赛进行了**热情洋溢**（热烈的感情充分地流露出来）的总结，随后，他郑重地宣布三等奖的名单，有：于楠楠、李欣桐、孙小海……我看着这些同学面带微笑地走上领奖台，和颁奖嘉宾张校长握手，把证书接过来，然后冲着观众席挥手致意，那时，坐在台下的我突然不紧张了，心里多了一些期盼，要是我也能站在领奖台上该多幸福！我激动地为获奖的同学鼓掌，心里为他们点赞。接下来，郑老师宣布二等奖的名单：张子依、宫羽飞。当我听到我的名字的时候，开心和激动交织着，来不及多想，我快步地走上领奖台，先给张校长敬了个少先队礼，随后，从他的手里接过来证书和一个精美的笔记本，我把我的奖品紧紧地捧在胸前，像捧着世上最珍贵的宝物，我

冲着台下笑了,或许有点紧张,笑容有点僵硬,但我终于站在领奖台上了,我好开心哪!随后,郑老师又宣布了一等奖的名单,果真被我猜中了,是李牧野哥哥,看着他捧着水晶奖杯,我由衷地为他高兴,牧野哥哥真棒!我好期待在明年的演讲比赛上还能遇见他这样的高手!

颁奖结束后,我们获奖的同学走上讲台,一起合唱了在同学们中间广为传唱的《最美的光》,伴随着优美的音乐,我尝到了得奖的甜蜜,但我也清醒地知道:我离小演说家还有很远的距离,我要继续努力,向真正的演说家方向前进!

♦️成长课堂

不因为一点小胜利而得意忘形,也不因为一点小失败而一蹶不振,始终保持一颗清醒的头脑,坚定不移地向着目标稳重前进,坚持自己的信念,真正做到胜不骄,败不馁,这是成功者必备的素质修养。

♦️读书笔记

生命的可贵

信念是鸟，它在黎明仍然黑暗之际，感觉到了光明，唱出了歌。
——泰戈尔

今天早上，当我兴冲冲地去喂我心爱的小鱼时，发现那只体形稍小的鱼正倾斜着身子努力游动，我心里一惊，难道小鱼生病了？是缺氧了还是饿了？我赶忙打开制氧设备，又倒了一些鱼食。可是，在我满含期待的眼神中，小鱼还是肚皮朝天地漂在了水面上。

我的眼泪一下子就涌了出来，"啪嗒啪嗒"地落进了鱼缸。我赶忙叫来了爸爸，爸爸小心翼翼地捞起小鱼，告诉我小鱼确实死了。我看着它小小的身体安静地躺在那里，我真是难过极了。这可是我养的第一条金鱼。

这条小鱼是去年夏天来到我家的，和它一起来的还有三条红色的金鱼，只有它通体是银白色的，在水中游来游去的时候还闪着道道粼光，我一下子就喜欢上了它。爸爸把养金鱼的任务交给了我。我小心翼翼(谨慎小心，一点儿不敢疏忽大意)地把鱼缸放在窗台上，挪开了妈妈最心爱的君子兰，把阳光充足的地方让给了小鱼们，又从我的好朋友小虎那里要来了墨绿色的水草，据说水草可以给小鱼制造氧气。

我每天早上醒来的第一件事，就是去喂我的小鱼们。刚开始的几天，它们看到有人过来，就好像受到惊吓一样，都沉到了鱼缸的底部。几天之后，它们就不再害怕了。再后来，每当我靠近鱼缸时，它们都会主动朝水面游，那欢快劲儿，就像我在迎接下班回家的妈妈！

可是如今，四条小鱼就剩三条了，小白鱼再也不能在鱼缸里"独树一帜"(独特新奇，自成一家)地陪伴我了，这是我生平以来第一次这么真切地感受到"死亡"。当我看到昨天还在水里欢快玩耍的小鱼现在直挺挺地躺在那里一动不动时，无论我内心多么焦急，多么痛

苦，它都不会再跳进鱼缸死而复生时，我甚至想像小时候得不到玩具那样大哭一场。

　　面对死去的小鱼，我体会到了生命的可贵。因为当我们失去它以后，就永远不可能再拥有。我们只能在伤感的回忆中想念着曾经发生过的一切。所以，我们一定要格外珍惜那些出现在我们生命中的人和事，因为生命一旦逝去，便永远不会回来了。

❖成长课堂

　　生命只有一次，没有重来的机会，所以每当我们做一次选择时都要慎重，因为你的决定影响着你的未来，无论对与错，都要一直走下去，无法回头。所以，不要犹豫，坚定你所坚持的信念，总有一天，它会开出最美、最灿烂的花。

❖读书笔记

难忘那条索道

信念不是到处去寻找顾客的新产品推销员，
它永远也不会主动地去敲你的大门。

——赵鑫珊

那是一条空中索道，一条难忘的索道，一条给了我勇气和力量的索道！

周末，爸爸带我去怀柔爬山，我们用了两个小时爬到了山顶，欣赏完山上的风景之后，我感觉自己的双腿像灌了铅一样沉重，体内的洪荒之力早已用光。爸爸看着我的惨状，**不容分说**（不容人分辩解释）地拉着我向不远处的索道入口走去。

我一听要坐缆车，便吓得直往后退，运动鞋发出了和地面摩擦的声音。"老爸，求你了，你知道的，我最怕高了，我们还是走路下山吧。"我哀求道。老爸却说："鹏鹏，你越认为你自己不行就越不行，男子汉，大胆点儿，老爸陪你坐缆车，保你不害怕，再说，等你走下

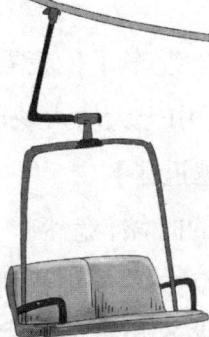

山，天都黑了，你不得更害怕了。"说完，老爸大步流星地走到售票处，买了两张缆车票。

缆车从高处缓缓而落，系着安全带的我感觉心都快要飞出来了，双手紧紧地握着扶手。老爸倒是轻松地说："这块儿的确有点惊险，你把眼睛闭上吧，等一会儿，我再叫你。"闭着眼睛的我觉得自己在从空中往下飞，可是自己没有翅膀，那时，我多想自己是只鸟哇！大约过了一分钟，老爸把手机里的音乐打开，说："鹏鹏，听听音乐你就不紧张了，睁开眼睛吧，下面的风景可美了。"我试着睁开了眼睛，双腿却吓得直发抖，我们所在的位置太高了，山上那高大的树木都在我的脚下，我吓得又把眼睛闭上了。又过了一会儿，爸爸说："鹏鹏，你再不睁开眼睛看看，山上的美景你就都要错过了。"我再次把眼睛睁开，老爸提醒我，要往前看，别往下看。清凉的山风从我的耳边呼啸而过，我看见连绵起伏的青山、看见不远处带着绳索的木桥、看见了绿油油的稻田，风景真挺美的！终于，我可以睁开眼睛坐缆车了！我看见了前方黄色的索道支撑柱、我看见了山上大块大块的石头、我发现自己离大地的怀抱越来越近了！

当我摘下安全带的时候，竟然有一种**意犹未尽**（没有尽兴）感，原来那条空中索道也没那么吓人，都是我自己把困难想大了！老爸和我击掌庆祝，因为我终于战胜了自己，只是，他笑得比我还开心！

感谢那条索道，让我知道了一个道理：遇到困难时，先别急于否定自己，要有一份敢于尝试的勇气。

❖成长课堂

很多时候，恐惧可能就摆在那里等着你来克服，但如果你先胆怯、失了信念，那么它就会越来越大，最终变为庞然巨物阻拦你前进的道路。所以遇到困难不要害怕，一定要坚定信念，迎难而上，这样它就会被你的勇气折服，最终拜倒在你的脚下。

❖读书笔记

_____

_____

_____

_____

品传统文化——盆栽

伟大的作品不只是靠力量完成,更是靠坚定不移的信念。
——塞缪尔·约翰逊

    假期里,我跟着妈妈爸爸回老家。在舅舅的家里,我看到了许多造型**别致**(别出心裁,与众不同)的盆景。还看见舅舅常常摆弄家里的花花草草,拿小工具修修剪剪,拍拍照。我发现简单的小植物在舅舅手中好像产生了魔法,变得活灵活现。看他陶醉的样子,我不禁也产生了兴趣。

    一天,舅舅又在照看他的盆景,我在一旁欣赏着,他耐心地告诉我:"盆景是有生命的艺术品,需要精心抚育、细心地修剪,要有耐心,这样才能养出一个'小生态圈'。"我似懂非懂地点了点

头，想：大大的树怎么就缩小了呢？为什么会有这样的植物呢？殊不知，我已经对盆景文化有了更多的向往。

妈妈见我感兴趣，决定带我去附近的盆景园溜达溜达。我高兴坏了，带好相机，准备仔细研究一番。

到了那里，我看见了各种各样的盆栽，那一盆盆外形奇特、别具匠心的艺术品，真是令人叹为观止（赞美所见到的事物好到了极点）、佩服无比。有弯着细腰，作迎客状的金银花盆景，有双鱼戏珠的榆树盆景，还有蜿蜒曲折、张牙舞爪像要冲上云霄的黄杨盆景等。只有我想不到，没有做不出来的盆景！

妈妈居然对盆景文化也有些许了解，想必是受了舅舅的熏陶："小睿，盆栽可是历史悠久！在先秦时期就有观赏植物的栽培技术，到成熟期的清代植物盆景更是种类繁多、技术各异。"这次游园真是受益良多哇！

随着科技的发展、交流的便利、人们生活的改善，盆景艺术更是走进了千家万户。你要不要也来感受一下中国盆景文化的奇妙魅力？

上海外国语大学附属民办外国语小学

五5班　　章宸睿

指导老师：薛明凤

成长课堂

传统文化在我国有着悠久的历史,传承久远,经过时间的沉淀,传统文化蕴含的魅力更加迷人。纵观我国的传统文化:戏剧、书法、灯谜、国画等,百家争鸣,每一种都包含着人们的创作信念与智慧结晶,是我们宝贵的财富。

读书笔记

读后感

读书三到

自我修养提升书系

崔钟雷　主编　▲

口要到
眼要到
心要到

黑龙江美术出版社

图书在版编目(CIP)数据

自我修养提升书系 / 崔钟雷主编. —— 哈尔滨：黑
龙江美术出版社，2019.8
ISBN 978-7-5593-5585-0

Ⅰ.①自… Ⅱ.①崔… Ⅲ.①个人-修养-通俗读物
Ⅳ.①B825-49

中国版本图书馆CIP数据核字 (2019) 第171239号

书　　名／**自我修养提升书系**
ZIWO XIUYANG TISHENG SHUXI

主　　编／崔钟雷
策　　划／钟　雷
副 主 编／苏　林　石冬雪
责任编辑／李　倩
装帧设计／稻草人工作室
出版发行／黑龙江美术出版社
地　　址／哈尔滨市道里区安定街 225 号
邮政编码／150016
编辑版权热线／(0451) 55174988
销售热线／4000456703　　(0451) 55183001
网　　址／www.hljmscbs.com
经　　销／全国新华书店
印　　刷／莱芜市新华印刷有限公司
开　　本／880mm×1230mm　1/32
印　　张／24
字　　数／660 千字
版　　次／2019 年 8 月第 1 版
印　　次／2019 年 10 月第 1 次印刷
书　　号／ISBN 978-7-5593-5585-0
定　　价／158.40 元 (全八册)

本书如发现印装质量问题，请直接与印刷厂联系调换。

前言

周国平在《面对苦难》中说道："对于一个视人生感受为最宝贵财富的人来说，欢乐和痛苦都是收入，他的账本上没有支出。"

我们在成长的路上不断奔跑，反复摔倒，这是一个艰难且漫长的过程。有的人沉淀自己，在黑暗中平缓自己躁动的心，终于在春暖花开时破茧成蝶，翩翩舞动；有的人修炼自己，在烈火般的磨难中坚定信念，终于在冲天火光中涅槃重生，脱胎换骨。在我们拼尽全力过后，蓦然回首，便会发现，过往的所有痛苦与磨砺都是在帮助我们成长。

本套丛书是为小学生倾力打造的精品励志读本，共8册，通过古今中外众多通俗易懂、积极向上的故事，来帮助孩子塑造好性格、培养好习惯，帮助孩子学会为人处世，树立正确的思想观念，助力孩子的成长。书中的每篇故事都依据其中心思想，附有一条名人名言，帮助孩子在愉快的阅读中积累作文素材，提高写作能力；文中还穿插着精美的图片，吸引孩子的阅读兴趣；每篇文章的结尾都有一个总结性的小道理，让孩子轻松理解文章的深刻含义。

成长伴随着父母的谆谆教导、老师的循循善诱。但是归根结底，成长是一个人的自我升华。我们要学会摒弃懦弱、迷茫、愤怒、悲伤；学会拾起乐观、自信、赞美、宽容，我们要成为房檐下穿石的水滴，成为没有人能够扑灭的火花。

目录
Contents

心要到

目录
Contents

眼要到

目录
Contents

口要到

心要到

　　读书是伴随人一生的事情，书中的智慧是无穷的。读书能增长见识，提高眼界。书使人类认知世界，它是我们的好朋友。

　　书是人类进步的阶梯，也是开往未来的钥匙。想要握紧通往未来的钥匙，牢牢掌握自己的人生，用心读书至关重要。

诗之美

书卷多情似故人，晨昏忧乐每相亲。

——于谦

不知道，你们的记忆里有没有这样的东西？它就像一个风铃，只要风一吹，就会发出清脆悦耳的响声，就会唤起你的回忆。

诗对于阳阳来说，就是开启记忆的风铃。阳阳生命里的第一首诗，是《咏鹅》。那时候他还小，还不会说话，只会用眼睛和肢体表达感情。阳阳听着妈妈用快乐**激昂**（形容振奋昂扬的样子）的情绪一字一顿地念道："鹅，鹅，鹅，曲－项－向－天－歌，白－毛－浮－绿－水，红－掌－拨－清－波。"然后不由自主地发出"咯咯咯"的笑声。后来发展到，只要听到"鹅，鹅，鹅"这三个音调奇特的字，就会发笑，甚至会自觉地把声音拔高，试图进行模仿。

妈妈大概从此发现了新大陆，于是不停地念诗给阳阳听。声音都是一字一顿，**抑扬顿挫**(声音高低起伏和停顿转折) 的。说是念诗，倒有些唱的意思。非常有韵味。比如：

"白－日－依－山－尽，黄－河－入－海－流。
欲－穷－千－里－目，更－上－一－层－楼。"

"床－前－明－月－光，疑－是－地－上－霜。
举－头－望－明－月，低－头－思－故－乡。"

再如：

"日－照－香－炉－生－紫－烟，遥－看－瀑－布－挂－前－川。飞－流－直－下－三－千－尺，疑－是－银－河－落－九－天。"

"两－个－黄－鹂－鸣－翠－柳，一－行－白－鹭－上－青－天。窗－含－西－岭－千－秋－雪，门－泊－东－吴－万－里－船。"

后来阳阳咿咿呀呀地说上几句话了，就整日嘟囔着，"鹅，鹅，鹅""白日""秋霜""黄鹂"总不会把诗念全，但每念一个字，妈妈都要跟着乐上好久。好像诗歌经过他的口，就变成了相声。

再大一些，阳阳开始探究

诗意。比如,鹅为什么要冲着天空唱歌?李白想家了为什么不回去?飞流是什么?白鹭长什么样?

阳阳的问题常常让妈妈哭笑不得,但是她总会陪着阳阳一起找答案。

如今,阳阳已经升入小学,他的语文老师也乐于读诗。阳阳与诗、与她回忆,也即将慢慢封存。诗之美在于韵律,在于意境,在于教与学之间的温馨与脉脉,在于美好的回忆。

✿ 成长课堂

诗词伴随我们成长,从幼儿时懵懂的咿呀学语,到少年时的新奇探索,诗词所包含的沉淀千年的古韵在我们人生的画卷上留下或深或浅的一笔。让我们闭上眼,使心灵平和沉静,用心去感受书本中的每一首古诗、每一个字句,用心去感受诗中蕴含的深切感情。

❖ 读书笔记

_____

_____

_____

_____

暑假记事

读书百遍，其义自见。
　　——《三国志》

　　每当四个月的学习结束，就会迎来一段长长的假期。淘淘不知道别人的暑假是怎么过的，反正他过得特别充实，特别有意义。因为他体会了中国的传统工艺——做陶，并从中获得了启迪。

　　一天，淘淘陪妈妈逛街，在他以为要逛到天荒地老的时候，妈妈突然提议，去一家特别的小店坐坐。淘淘以为是咖啡厅或者喝冷饮的地方，走进去才发现是一个陶艺体验店。一位阿姨接待了他们。

　　"你们以前做过陶艺品吗？"那个阿姨问淘淘和妈妈。

"没有。"他和妈妈异口同声地说。

她把他们领到两个轮子跟前,示意他们在轮子前面的凳子上坐下。然后指着轮子,介绍道:"这是做陶的陶轮。"接着,她拿来两块泥巴,分别放在了淘淘和妈妈面前的陶轮上。

"妈妈,我很早就不玩泥巴了!"看着脏兮兮的泥巴,淘淘有些哀怨地说。

"这是陶坯,是经过加工的半成品,可不是泥巴。"那个阿姨一边说,一边启动了陶轮,给他们做示范。她把陶坯紧紧地黏在陶轮中心,用拇指在中心挖了一个洞,让陶坯有个基本的形状。然后沾湿双手,握住泥块,让她在手中转动,随意拉伸。不一会儿,一个精致的小碗,就成型了。

那个阿姨示范的同时,妈妈已经开始操作了,但不知道怎么回事,明明是一样的操作方法,妈妈的作品却失败了,看起来像个椭圆形的碟子。"妈妈可真够笨的,这有什么难的。"淘淘把阿姨递给他的陶坯固定在陶轮上想。

淘淘一边回想着那个阿姨做陶时的每个步骤,一边小心地往外拉伸陶泥。他想做个花瓶,但是似乎有一股力量在跟他作对,让他无法保持重心,不一会儿,整个边缘就塌了下来。淘淘不甘心,于是又拿了一块陶坯,这一次更糟,刚要拉伸就塌了。淘淘正对着拉坏的陶

坏愁眉不展(愁眉苦脸、闷闷不乐;也形容忧愁、心事重重的样子)时,那个阿姨走到了他的身边。她温柔地说:

"做陶考验的是耐心,要想立陶,先要修心。"

"就像学习,学习的路任重道远,没有耐心,可爬不到山顶。"妈妈意有所指地说。

后来,淘淘终于做出了一个满意的作品,同时也从做陶的过程中,体会到了耐心的重要性。耐心是困难和挫折的敌人,只要有耐心,拿出愚公移山的精神,就没有铲不平的荆棘。

❖成长课堂

　　任何事情都不是一蹴而就的,学习也是如此。在学习的过程中,往往有无数的问题等着我们。面对这些问题,我们要始终保持耐心,不怕吃苦,用心找到问题的根源,对症下药。这样,才能轻松地跨越它,在学习的道路上更进一步,到达成功的彼岸。

❖读书笔记

女孩与书

书籍是最好的朋友。当生活中遇到任何困难的时候，你都可以向它求助，它永远不会背弃你。
——都德

有一个小女孩坐在垫子上，手里拿着一本书，她被书的封面吸引了。因为那上面画了一个苹果。她喜欢苹果。她用肉嘟嘟的手指戳了戳"苹果"，自然是戳不动的。于是她双手并用，"撕拉"，"苹果"终于掉了下来。下一页是香蕉，这个她也爱吃，于是这一页，也没保住。这大概是女孩和书最初的故事。她对它痛下狠手。它却让她对世界有了最初的认知。

书帮助女孩体会到了浓浓的母爱。那时的女孩大概两三岁，每晚都要听一个睡前故事。妈妈就把书店里精美的童话书搬进了家里。女孩躺在妈妈的怀里，等待妈妈翻开童话书，把小美人鱼的故事、白雪公主的故事、灰姑娘的故事绘声绘色（形容叙述、描写得非常逼真、生动)地讲出来。女孩有时捺不住性子,会伸手把书夺过来自己翻看,但又因为不识字,只能看着图片编故事。妈妈总会被女孩的童言稚语逗得**前仰后合**(身体前后晃动,不能自持;形容大笑到直不起腰的样子)。女孩有时还会好奇心旺盛,化身"为什么宝宝",每当这时,妈妈总是耐心为女孩解答。

等女孩上了小学,女孩和书的故事就不那么温馨了。新的故事里充满了刀光剑影,充满了挫折坎坷。数学、语文、英语、还有各种练习册……女孩从来不知道,书能给她带来那么多困难。它再也不是任她揉搓的小可怜了,它变成了怪兽。它在肚子里面设置了很多关卡,女孩必须把所有的精力都投入进去才能逃脱它的魔爪。

女孩与书的战斗一直持续着。直到她**披荆斩棘**(劈开丛生的荆棘,比喻在前进的道路上清除障碍、克服困难)遇到了《小王子》,他们之间才终于和解。书成了女孩的朋友,从那之后,女孩发现了他们彼此间的共鸣。他们都认为大人缺少想象力,喜欢随波

逐流。女孩还从书那里会收获了很多启示。比如：爱就是责任，我若是爱它，就该给它包上书皮。

现在，女孩和书的故事仍在继续。通过书，女孩结识了孔子、李白、杜甫；了解了祖国的山河，还知道地球是个椭圆形，这边、那边，还住着另一波人。透过书，女孩看到了天空、海洋、宇宙、未来；通过书，女孩在心里种下了纯真、善良和美好的种子，当阳光洒进来的时候，就是它发芽成长，枝繁叶茂的时候。

这就是女孩和书的故事。

❖成长课堂

在我们成长的过程中，书籍不仅是我们不可缺少的伙伴，也是我们的人生导师。从书中我们可以学到很多知识，小到生活常识，大到世界历史，从一开始的慢慢引导，到后来成为提供资料的可靠帮手，书籍一直是我们最好的朋友。热爱读书，你就会发现世界是多么的有趣。

❖读书笔记

个人学期总结

书籍是培育我们的良师，无须鞭笞和棍打，
不用言语和训斥，不收学费，也不拘形式，
对图书倾注的爱，就是对才智的爱。
　　——德伯里

　　上学期因为学习态度不太端正，又沉迷于游戏，导致欣欣的成绩惨不忍睹（形容极其悲惨，惨到令人不忍心看）。这学期在老师和同学的帮助下，她的学习成绩有了显著的提高。她在欣喜之余，进行了深入的思考，总结了学习取得进步的原因。

　　第一，也是重中之重的一件事，欣欣戒掉了网络游戏，爱上了阅读。从《海底两万里》到《老人与海》、从《列那狐的故事》到《小王子》，阅读让她增长了见闻，让她知道了知识的重要性。从而让她对学习产生了浓厚的兴趣。

　　第二，上课认真听讲，遇到疑难问题时，及时跟老师沟通，虚心向别的同学请教。自从对学习产生兴趣后，欣欣就端正了学习态度。凡事一旦换一个角度，就会大有不同。她发现老师的讲解一点儿都不枯燥，反而非常有意思。**深入浅出**（指言论或文章的观点主题意义深刻，但在用语言文字表达的方式上却浅显易懂），有时还会讲几个有趣的小故事，特别吸引人。

第三，课后自觉完成作业。以前的欣欣，放学回家第一件事一定是拿起手机玩游戏，或者打开电视看动画片。作业是能拖就拖，能将就便将就。现在的她，一心扑在学习上。回到家一定会先写作业，写完作业再去做其他事。她慢慢地意识到，写作业其实是对课堂内容的复习，能够加深她对知识的理解和记忆。

第四，欣欣养成了预习的好习惯。不管时间多么紧迫，她都会把老师没讲过的内容先看一遍。这对语文课至关重要。提前熟读课文，默记生僻字，有助于理解课文内容，清晰地梳理出文章的脉络。

第五，积极攻克学科"短板"。数学一直是欣欣学习路上的难关。为了拿下数学，她买了一个记错本，把自己做错的题记在了本子的左侧，把该题的正确答案记在本子的另一侧，用来加深印象，从而避

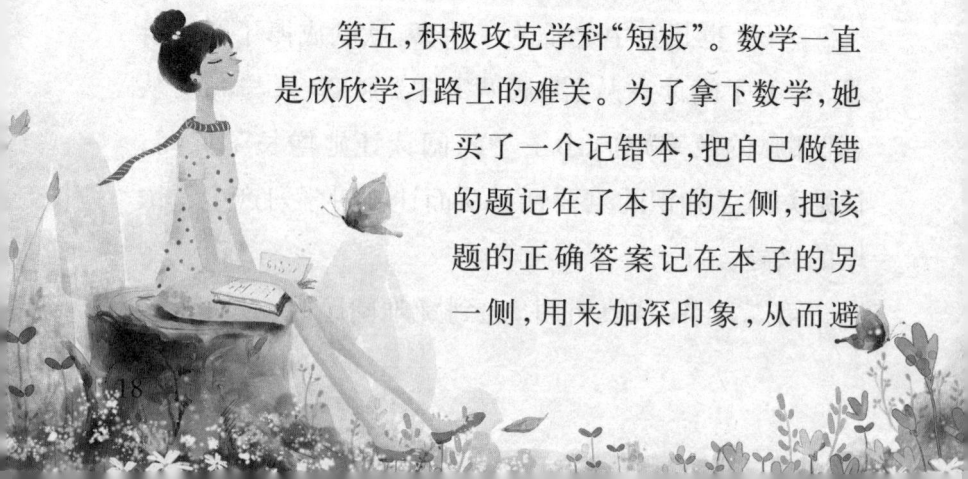

免再犯同类错误。

第六，课余生活不放松。节日假期里，欣欣除了读书外，还报了绘画和书法的兴趣班，并且按时完成了兴趣班老师布置的作业，各门功课都取得了不错的成绩。这让她变得更加自信。

经过一个学期的拼搏和努力，欣欣所有的功课都有了显著的提高。她很高兴，但在欣喜之余，欣欣还告诉自己一定要戒骄戒躁，继续努力，争取下学期取得更好的成绩。

❖ 成长课堂

学习如逆水行舟，不进则退。在学习的道路上，我们如果不能克服懒惰和拖延，就很难找到学习的快乐。而当我们换一个角度便会发现，任何事情都会变得大有不同。当我们全身心地投入到学习中时，不仅可以提高学习效率，还会发现不一样的美。

❖ 读书笔记

_____

_____

_____

_____

寒假学习计划

书山有路勤为径, 学海无涯苦作舟。

——《增广贤文》

寒假就要开始了，老师让我们每个人都列一个学习计划。我自己也期待着能度过一个有意义、有趣味的寒假，为新学期蓄积力量。于是我思量了很久，做了以下计划：

第一条：每天早上六点起床，晚上九点睡觉。奶奶说"早起的鸟儿有虫吃"，爸爸说"一天之计在于晨"，利用早上的时间背诵唐诗和课文一定会有事半功倍的效果。

第二条：按时吃饭，不挑食。乍一看这一条跟学习一点儿关系都没有，但其实是至关重要的。不吃饭，头脑就不灵光，身上没有力气，严重的还会导致胃病，根本没有精力和体力学习。更别提有效地学习了。

第三条：每天坚持跑步半小时到一个小时。身体是革命的本钱。身体倍儿棒,吃嘛嘛香,身体好了,才能健康地成长,快乐地学习。

第四条:每周写一篇作文,题目自拟,或者写一篇心情日记。妈妈说"好笔头是练出来",要想作文得高分,就得多写多练。不过我可不仅仅是为了得高分,偷偷告诉你们,我其实有个作家梦。多多练习写作,能让我离梦想更近一步。

第五条:每天学习英语第一册半小时。我本来对英语是极反感的,但是学会英语,我就能读英文原版书,还能跟外国人沟通了,我的世界将更加开阔。还有还有,万一我真成了作家,不小心还得了诺贝尔奖(诺贝尔奖是在世界范围内,被认为是所颁奖的领域内最重要的奖项),我就可以在领奖的时候,用一口标准的伦敦音说获奖感言。

第六条:每周跟家长出去参加一次户外活动。陪妈妈逛商场,陪爸爸去爬山,跟奶奶到广场,跟爷爷游公园。"总宅在家里可不行,人是社会动物,得和别人交流、沟通,这样才会健康成长。"爸爸常在我耳边这样唠叨。

第七条：每天挤出一点儿时间，写一篇毛笔字。"毛笔字可以修身养性，让你不骄不躁。"啊，这是爷爷说的。我得重视。

第八条：语文、数学作业一起推进。放在最后都是压轴出场的。并且语文、数学两手都要抓，两手都要硬。

好了，这就是我的寒假学习计划，希望我能执行得很好。你们就看我的表现吧！

❖ 成长课堂

勤能补拙。无论是聪慧的孩子还是愚笨的孩子，只要肯勤奋刻苦，从小事做起，持之以恒，都可以达到自己理想的目标。学习如此，读书也是如此。当我们用心去阅读、去理解书本上的文字所要表达的意思时，我们就离成功不远了。

❖ 读书笔记

_____

_____

_____

_____

故事接龙

知识是一种快乐，而好奇则是知识的萌芽。

——培根

"丁零零……"上课的铃声响了起来，李老师迈着轻快的步伐走进了教室，对大家说："今天，我希望同学们开动脑筋，用你们创新性的思维让这堂课'活'起来。先给大家 10 分钟时间，请同学们以'奇遇记'为题想一个故事。可以天马行空(神马在空中奔腾飞驰，多形容诗文书法言行等气势豪放、不受约束)，可以放飞想象，但是你们的想法要够独特。"

教室里一下子安静了下来，同学们开始疯狂的头脑风暴，有的同学眉头紧锁，有的同学满脸自信，还有的同学竟笑出了声。10 分钟后，李老师说："时间到！下面我们开始'故事接龙'游戏，8 位坐得近的同学分为一组，每组同学共同讲述一个完整故事，而每位同学只有 5 分钟的叙述时间。记住，故事要与众不同，但也要符合逻辑！"顿时，教室里炸开了锅，这种新颖的教学法瞬间把同学们的积极性调动了起来。

第一个发言的是班长，班长平日就很喜欢看悬疑的故事，由他开头也不知道是幸运还是不幸。只见班长一脸坏笑地站了起来，说："在一个月黑风高的夜晚，我一个人来到郊外的草场。我站在草场中间，瘦小的身体被大风吹得摇摇晃晃，脚下的杂草不安分地摆动着身子，树叶也不甘寂寞地成群飞起又飘落……"不得不承认班长的确文采斐然（有文采的样子），但是他却给接下来的同组同学挖了"坑"，班长为故事营造了阴森恐怖的环境，让后面的同学愁眉苦脸，不知道该怎么接。

这时，班里的大才女张璐第二个发言，所有人都同情地看着她。张璐镇定自若（面对灾难或紧急情况时，非常冷静）地站起来，说："突然，一阵大风吹来，我瞬间失去了知觉，等我再次醒来的时候，发现自己竟然在潜水。眼前的一切美得让人不敢相信，澄澈的海水、穿着彩衣的热带鱼、身姿曼妙的水母……"哈哈，张璐太厉害了，一个神转折不但跳过了班长的"坑"，还为后面的同学铺了"路"。接

下来,同组的其他人顺着她的思路,把这场"奇遇记"讲述得令人神往。

轮到结尾时,最后的同学站了起来,说:"当我从海里出来时,不小心呛了一口水,没想到竟把自己咳醒了,原来这是一场梦。不过,我很高兴能在梦里有这样的奇遇,我也期待着早日圆梦,去海底潜一次水。"

接下来,同学们发散思维,各种奇妙的想法肆意飞舞,创新的火花互相碰撞着,"故事接龙"的游戏使这堂作文课异常成功。

要是所有的课都变成这样,孩子们都会爱上学习的!

◆成长课堂

> 创新为世界带来意外的精彩。每当我们开动脑筋,用心去思考事情,再用新奇的思维加以点缀,那么我们的学习就不会再枯燥,反而是妙趣横生,这样往往也会达到事半功倍的效果。

◆读书笔记

_____

_____

_____

_____

我为学习"狂"

加紧学习，抓住中心，宁精勿杂，宁专勿多。
——周恩来

窗外绿树成荫，艳阳高照，知了"吱吱"地叫个不停，我的心里却有些烦躁。按姐姐的话来说，在这炎热的夏天，就应该躺在树荫下的藤椅上，吃几块冰凉的西瓜。可是我现在却坐在书桌前，面对着一座堆积如山的练习题和课本，墙上还贴着复习计划表。我在心里一遍遍地感叹，如果我是和姐姐一样的毕业生该多好啊！

六月，对姐姐来说，是没有作业的天堂月。可对于我来说，却是临考前的魔鬼月。这段时间，我学习起来有股"狂"劲儿。最能表现这股劲儿的有两件事：

第一件事是我爱阅读课本。因为老师总是对我们说，要多阅读、多背诵才能打好语文基础，所以我把重点放在了背书上。我记得有"荷尽已无擎雨盖，菊残犹有傲霜枝"这样一句诗，可是我怎么也背不下来，前一秒记住了，但合上书又忘记了。我只得开启了"复读机"模式，不停地读这句诗，最后我已经记不清自己读了多少遍了。只知道第二天我醒来时，妈妈焦急地望着我，一个劲儿地问我是不是哪儿不舒服。我一脸茫然(形容模糊不清、一无所知的样子；也比喻失意的样子)，不知道发生了什么。后来妈妈告诉我昨天晚上她来给我盖被子时，听见我一直在嘟囔"荷尽已无擎雨盖，菊残犹有傲霜枝"这两句诗。我笑着说："我没事，只是学习学得有点儿'疯狂'罢了。"

而第二件事却只能"归功"于我的笨脑子。我的数学成绩很差，虽然我花了很多时间做各种数学练习题，可我还总是被数学题难得不知从何下手。一天晚上，我又被一道数学题难住了，直到睡觉都没有想出该怎么解题。可谁知，半夜时我突然惊醒，想到了解题方法。于是，我立即起床，打开灯，迅速解出了那道题，然后才心满意足(形容心中非常满意的样子)地去睡觉了。第二天，妈妈问我："我昨天半

夜发现你的房间亮着灯,你在做什么?"我神秘地笑笑说:"我在解决问题呢。"

有时候,我虽羡慕那些在公园里嬉戏打闹的小朋友,但我更知道作为一名学生,学习才是主要的。以后,我要在玩的时候疯狂地玩,在学习的时候也将"疯狂"进行到底。

成长课堂

学习这件事需要我们主动,只有自己主动去学,效果才能事半功倍。只要付出了努力,那么一定能有所回报,成功只是时间早晚的问题。所以想要有所成就,用心刻苦地学习是必不可少的。不要再浪费时间了,赶快行动起来,为自己制订一个学习计划吧。

读书笔记

黑发不知勤学早，白首方悔读书迟

　　读书是伴随我们一生的事，从我们刚开始记事起，读书就已经开始了。我们对生活的了解、对世界的认知，很多都是从书本上学来的。书是我们最好的朋友。

　　书是人类进步的阶梯，也是通往未来的钥匙。想要握紧这把钥匙，牢牢掌握自己的人生，读书与学习都是不可忽视的。我们如今生活的年代，读书已经不是遥不可及的事情，各种便捷的工具使我们读书也变得便利很多。我们不需要黑夜里借助萤火虫的微光读书、不需要蹲在私塾的窗下偷偷听课，也不需要在恶劣的天气里步行几公里去上学。这正是我们读书的黄金时机啊。

　　"黑发不知勤学早，白首方悔读书迟。"正如颜真卿所说，时间从来不等人，不要等到看不清书上的字时才开始悔悟，我们要抓紧机会读书，不要让将来的自己后悔。

新华字典

学问学问，不懂就要问，

为了弄清道理，就是挨打也值得。

——孙中山

    在晴晴书桌的左上角摆着一本新华字典，它陪伴晴晴已有两年的时间了，它像她的老师，更像她的朋友。

    这本字典是商务印书馆 2011 年出版的，它的长度大概是晴晴的语文书的三分之二，可是它却比语文书厚多了，大约有 700 页，里面收录了 13000 多个单字和 3300 多个带注释的词语，知识含量特别高。晴晴很喜欢它的封皮，封皮的主体颜色是鲜红的，在红色底上有四个白色的大字——新华字典，下面清晰地标注着"第 11 版"，再往下是一道绿色的边，它像一条绿色的裙子，也像一道绿色的波浪，让这部字典看起来既庄严又不失活力。

　　字典是晴晴无声的老师。在她刚学会写作文的时候，每次遇见不会写的字都用拼音替代，当她学会了查字典之后，拼音就从她的作文本上光荣"下岗"了。一翻开字典，晴晴先从查字入手，通过字能顺利地找到她要写的词。字典里还有个别词语的造句，这让她能更准确地理解这个词的意思。有的时候，爸爸遇到不会写的字也会向晴晴求助，她不会的时候，就向字典求助，字典总能帮他们解疑。

　　字典让晴晴爱上了阅读。她的书架上放着许多课外书，童话故事、漫画书、绘本、百科书，妈妈常说晴晴是一个小书迷。可是在课外书里，她经常会看到一些难懂的词或者不认识的字，以前晴晴总是问爸爸妈妈，问多了自己都觉得不好意思。有了字典之后，这个问题就**迎刃而解**（比喻处理事情、解决问题很顺利）了。字典帮晴晴认识了很多不会的词语、认识了很多汉字，不知不觉中，她的词汇量增加了不少，她的阅读能力和写作能力也迅速提升了。

　　字典不仅是晴晴学习上的好帮手，也像一个默默奉献的朋友。在她写作业的时候，翻开的教科书的一角会翘起来，晴晴得用一只手按着。可如果用厚厚的字典压住书的一角，她就可以姿势端正地写作业了。

　　这就是晴晴的字典，它在她的学习中扮演着主角和配角，但无论是什么角色，它都演得非常精彩，俨然（形容特别像）成了她生活中不可缺少的伙伴，晴晴会好好珍惜它的！

❤成长课堂

> 　　在我们读书学习的过程中，只用心是不够的，正确的学习方法也很重要。善于利用工具书，勤学好问，会帮我们避免错误。当用心的态度与正确的方法结合时，你会发现你的学习效率会提高很多，同时也会愈发沉浸在知识的海洋，丰富自己的学识阅历。

读书笔记

_____

_____

_____

_____

眼要到

　　好奇是我们探索世界的开始。从降生那刻起,我们便对未知的世界充满好奇,进而引发学习的欲望。无数的问题自心底涌出,催促我们去寻找答案。

　　阅读使我们开阔眼界,充满好奇的眼睛使我们积极主动地去阅读书籍,阅读丰富了我们的阅历,增加了我们的知识储备。让我们在阅读的过程中感受多姿多彩的世界吧!

博物馆之行

攀登科学文化的高峰，就要冲破不利条件限制，
利用生活所提供的有利条件，并去创造新的条件。
——高士其

　　今天周末，爸爸带我去参观了我们市的博物馆。那里面有好多、好多我没见过的东西，感觉重新认识了我们的城市。

　　我们走到博物馆的大厅，先是往左边走。门口那应该有名字的，但是我忘记叫什么了。只知道一路走过去，看到好多古生物，当然都是仿真的。不过好玩的是，只要一靠近，它们就会发出叫声。这边还有几头大恐龙呢，不时发出"吼吼"的叫声。真想摸摸它们，可是上面挂着"禁止触碰"的牌子。

　　这一层往下走，还是一个恐龙展区，这里面的恐龙，是用骨架拼出来的，超级大，差不多有两间房子那么大。啊，真是不可思议，恐龙这么大的生物，居然也

会消亡。我把心里的疑惑告诉了爸爸。爸爸说："这个问题有很多解释,目前公认的答案是:当时,有一颗小行星(指自身不发光,环绕着恒星运动的天体)撞击了地球,使地球的环境发生了巨大改变,大型动物无法继续在地球上生存,随着时间的流逝,它们开始相继灭亡。"

这个问题得到解答后,我就把恐龙抛在脑后了。你们猜我看到了什么——蜥蜴,活生生的,各种各样的蜥蜴,凡是你叫得出名字的,这里几乎都有。它们的居住环境应该是原生态的。嵌在一个个洞穴里,洞穴的门是透明的玻璃。洞穴里放着蜥蜴们喜爱的食物。我今天才知道蜥蜴会变色,因为有的蜥蜴紧紧贴在岩石上,几乎跟岩石融为了一体,要不是我有超强的视力,根本无法发现。

参观了蜥蜴,我们基本上把左边的展区逛完了,接着我和爸爸来到了右边的展区。我们进去一看,嗬,这不是"中华上下五千年"吗?从远古人的头盖骨,到清朝的服饰。从商

朝的青铜器到清朝的青花瓷。一锅、一碗、一盆都按照朝代的更迭(出自《诗·召南·小星》,指交换、更替)摆放,展现着中华文明的进步和传承。

　　最后我们还去了临时展区,那里挂了一墙的风景画,是一位画家用钢笔画的,每一幅画都代表着城市的一个阶段。新老街道的交替、新旧服饰的交接、新旧建筑的消失与耸立……也有不变的——这里的人永远充满着朝气。爸爸说,这代表我们这儿的水土养人。我摸了摸自己的小脸,深以为然。

成长课堂

　　读书学习除了用心之外,还要多看、多观察。书本之外还有很多知识需要我们主动去探索、去发现。眼睛是心灵的窗户,眼与心的结合,可以帮助我们更清晰地理解新事物、接受新知识,能够帮助我们更快更好地成长。

读书笔记

我是小小书虫

知之者不如好之者，好之者不如乐之者。
——孔子

我的爱好有很多，比如听优美的歌曲、跳欢快的舞蹈、吃美味的食物……但我最大的爱好莫过于看书了。我觉得文字好像有魔法一样，经过多种排列组合，变幻出一个又一个多姿多彩的世界。在这个世界中，我与书里的人物进行着心灵的沟通，身临其境地感受着他们的喜怒哀乐，跟随他们的脚步去看万里河山。我的书架上摆满了书，床头边也堆着几本书，就连沙发上、卫生间里都有我的书。因此，妈妈送给我一个十分贴切的称号——小书虫。

一个周五的晚上，我看书看得入迷了，已经忘记了时间，到睡觉的时候也不舍得放下手中的书。这时，妈妈见我房间的灯还亮着，便走过来敲了敲我的房门，说："快睡觉吧，明天还有钢琴课呢。"听到妈妈的催促，我随口答应了一声，便又沉浸在有趣的故事情节中。时间在一分一秒地流逝，过了一会儿，妈妈见我的房间依旧亮着灯，便走进来把我手中的书放到书桌上，帮我关了灯，严肃地说："不许看了，快睡觉，明天再看。"

无奈之下，我只能乖乖地躺在床上，安静地等待与周公相会。可是，我翻来覆去就是睡不着，脑子里全是刚才看的那本书的精彩情节，现在只想赶快把那本书看完。于是，我灵机一动，想到了一个办法——在被窝儿里看书。我把小台灯、书和自己用被子盖住，**兴致勃勃**（形容兴趣很浓厚，情绪高涨的样子）地看了起来，连自己是什么时候睡着的都不知道。

第二天，我被刺眼的阳光晃醒了，看了一眼表，已经十点了，我的钢琴课早就开始了，妈妈怎么没有叫醒我呢！这时，妈妈端着一杯牛奶走了进来，她摸了摸我的头，说："昨晚又偷偷看书了吧！下次别在被窝儿里看书了，对眼睛不好。我们做个约定，以后看书的时间不能超过十点钟，好不好？"我高兴得差点儿从床上跳起来，说：

"好,就这么说定了。可是,今天的钢琴课?"我心虚地说。"看你早上睡得那么香,我没忍心叫醒你。刚才我给你们老师打电话请假了。快起来吧,准备吃饭。"妈妈和蔼地说。我喝了一口牛奶,暖意和爱流进了我的身体,此刻的我感到无比的幸福。

这就是我,一个小书虫,快乐的小书虫,**废寝忘食**(顾不得睡觉,忘记了吃饭。形容做事专心致志)的小书虫!

❖ 成长课堂

> 读书不仅需要用心,还要用眼去看。而无论是学习还是看书,主动的效果永远比被动要好很多。当我们喜欢读书,把读书当成一种兴趣,就会不由自主地寻找读书的时间。心到、眼到,两者合而为一,往往会产生事半功倍的效果。

❖ 读书笔记

一日之计在于晨

勤奋是通向成功的捷径。为什么笨鸟可以先飞？因为它知道"勤能补拙"的道理，所以每日坚持努力，无论多么恶劣的天气都没有放弃练习，最终它做到了，"笨鸟"也可以率先达到目标，超越其他同类。世界上没有真正愚笨的人，只有不爱学习偷懒的人，这样的人，在起跑线上就已经输了。

一日之计在于晨，一年之计在于春。想要收获好的结果，就要克服懒惰与拖延，不要总觉得时间还长，可以再等等。很多事情都是失败在"再等等"这三个字上，机会都是在一等再等中溜走的。

赶快行动起来吧，不要错过任何机会，给自己制订一个计划，合理安排好时间，让自己能够更好地投入到学习中去。

心情日记

学习知识要善于思考，思考，再思考。
——爱因斯坦

3月15日　晴　星期五

　　今天晚上，妈妈给我看了一个公益广告。一个女孩认真地站在餐车前做寿司。寿司的材料是三文鱼、鸡蛋、黄瓜，还有——塑料袋。塑料袋？这个能吃吗？我问妈妈。妈妈示意我看下去。女孩把做好的寿司拿给过往的行人品尝。我想，他们只要吃上一口，恐怕就要**勃然大怒**（突然变脸，大发脾气，形容人大怒的样子）。果然，人们纷纷指责女孩，大声地告诉她，塑料袋是有害物质，不能吃。画面一闪，一只海龟因为头上罩着塑料袋，几乎窒息而亡。很多死亡的动物被解剖后，发现体内有塑料污染物。故事结束后，我不免陷入沉思。我们人类认为有害的东西，为什么要扔进海里？动物不也是鲜活的生命吗?

塑料的危害是巨大的,它会阻塞海洋生物摄食器官和消化道,造成物理伤害和**毒理学** (毒理学是一门研究外源因素对生物系统的有害作用的应用学科,与药理学密切相关)效应。我看过一篇报道。报道里称,科学家们在海洋最深处的生物的胃里发现了塑料纤维。塑料纤维这种东西会随着海洋的生态系统流动,就像"蟑螂"一样,不断地滋生、蔓延。再不加以控制,可能过不了多久,海洋生物们就会面临更大的灾难。更可怕的是塑料纤维几乎占据了人类的生活。一种叫作"微塑料"的物质,正在无声地侵害着海洋。谁能想象到,牙膏、发胶、洁面乳和空气清新剂中的微粒,以及化纤维衣物在洗涤过程中脱落的纤维,都是塑料污染物。这些物质因为是小于5毫米的颗粒,所以轻易地逃过了污水处理时的过滤装置,畅通无阻地进入了海洋。然后在海洋里兴风作浪。

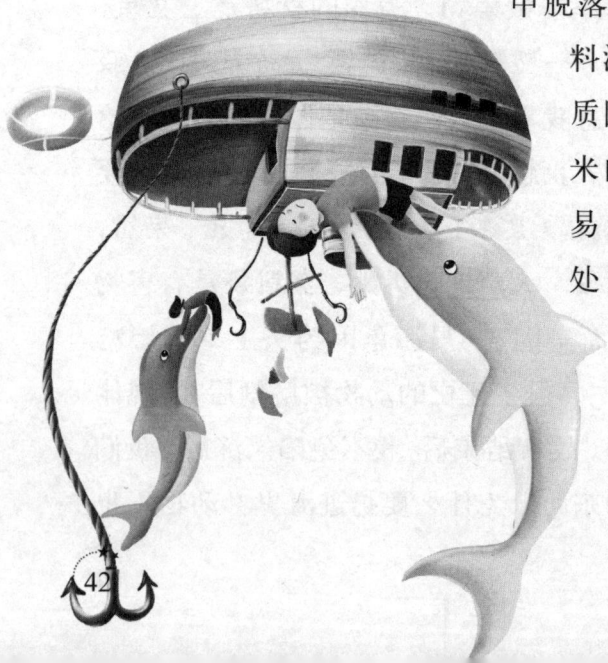

我期待科学家们能发明出无污染、无公害的生活用品，或者发明出能够过滤出"微塑料"的超级过滤器。当然，我更希望我们人类能够提高环保意识。我去过海洋馆，隔着玻璃亲吻过白鲸，给海豹喂过食物，听过海豚欢快的叫声……它们是那样纯粹、可爱，我不想看到它们"退休"后无家可归。

今天就写到这里吧，此刻我的心情很复杂，很难过，我期盼每个人能从点滴做起，为海洋的净化贡献力量。我祈祷明天醒来，海洋生物们就会拥有一个全新的世界。

❖成长课堂

学与思相伴而行，只学习不思考，那么学了也是无用。我们要积极把所学的知识投入到实践中。如同这篇日记，我们都知道环境保护的重要性，但如果我们都不行动，那么不久的未来，我们将再也无法看见书上描绘的美丽风景。这将是整个地球的悲哀。

❖读书笔记

蝉鸣的季节

应当随时学习,学习一切;

应该集中全力,以求知道得更多,知道一切。

——高尔基

　　夏季是天边的火烧云,神秘而多变;是太阳炙烤着的橘黄色,炎热而纯粹;是冰凉西瓜的一口甜,清凉而甜美;是树梢间最悦耳的蝉鸣,动听而快乐……

　　往往是几声蝉鸣,让我们发现原来夏季如此动人。就像夏季傍晚时壮美的火烧云,总是能让人们陶醉(很满意地沉浸在某种境界或思想活动中)在大自然热情奔放的美丽中。瞧,那匹火红色的千里马,不知道在这广袤辽阔的天幕中奔跑了多久。再看看那边,那五彩的晚霞与云朵,不正是织女姐姐匠心(巧妙的心思,多指文学艺术创造性的构思)织就的作品吗?到了傍晚,人们总喜欢在树荫下小憩,一边享受难得的清凉,一边欣赏悦耳的蝉鸣。听,树上的蝉先生真是一位了不起的歌唱

家,正在用高亢的歌声描绘夏日傍晚的美景呢。而旁边的蝉女士也不甘示弱,亮出了自己的好嗓子呢。仔细听,原来它们正在合唱夏日颂歌呢!

往往是几声蝉鸣,让我们发现原来夏季如此热情。夏季,骄阳似火,一轮金灿灿的太阳高挂天空,像跃动的火焰,将这份纯粹的热情抛洒给大地,似乎要将整个天地燃烧。翠绿色的树叶无精打采地耷拉着,美丽的花朵也毫无生气,连活泼好动的小狗都安静地躺在树荫下,吐着舌头散热。而聒噪(形容声音杂乱,吵闹)的蝉似乎没有被夏的热浪击垮,它们从早到晚不停地鸣叫着,声音此起彼伏,好像在说:"请再热情一点儿吧,我们喜欢这热情似火的夏季。"

往往是几声蝉鸣,让我们发现原来夏季如此美好。夏季午后的空气像是凝固了,不再流动,人们每一次吸气都感觉闷闷的、热热的。这时,一口冰凉的西瓜便可以让我们得到短暂的安慰,它凉凉的、甜甜的,让人感觉舒服极了。此时,如果你坐在窗前,一边吃着冰西瓜，一边看窗外的美景，夏季早已不是燥热难耐，反而变得清凉可口了。趴在树上躲避炎热的蝉似乎也被感染了，开始不知疲倦地叫了起来。不一会儿，周围树上的蝉也都加入了鸣叫的队伍，悦耳的音乐萦绕在耳边。

蝉鸣的季节，是动人的夏季、是热情的夏季、是美好的夏季，它是一团火焰，一口甜蜜，一阵蝉鸣。

❖ 成长课堂

当我们面对心旷神怡的美景时，往日学过的知识便会争先恐后地跳出来。眼睛所见的景色，加上心中所想的修辞，绝不是简单的一加一效果。所以努力去学习知识，积极去认识世界吧！

❖ 读书笔记

故乡的黄昏

少而好学，如日出之阳；
壮而好学，如日中之光；
志而好学，如炳烛之明。
——刘向

"夕阳无限好，只是近黄昏。"一句短诗让黄昏变得极为忧伤，但是我眼中的黄昏却别具韵味。小时候，我和爷爷奶奶生活在一个小山村，那是我的故乡，而故乡的黄昏令我至今无法忘怀。

当太阳渐渐隐去脸庞，最后一抹亮光消失在天边，黄昏到来了。远处的天空似乎蒙上了一层神秘而绚烂的橘黄色，朵朵白云铺陈其中，演绎出多姿多彩的画面。我喜欢坐在小院里，仰着头看云，金色的大雁挥舞着翅膀、橘色的海豚摆动着大大的尾巴、毛茸茸的猴子**龇牙咧嘴**（形容凶狠或疼痛难忍的样子）地吓唬人……我傻呵呵地笑着，期待着下一个画面。过了一会儿，爷

爷叫我陪他
出去遛弯儿。

　　走出小院，我发现沉默了一个白天的小山村在黄昏时焕发出了生机与活力。张家的婆婆大声吆喝着，叫自家的鸡鸭回来吃晚饭。"咯咯咯，嘎嘎嘎"，一阵吵人的鸡鸣鸭叫后，丰盛的晚餐开始了；李家的爷爷拿着柳条追着不吃饭的小孙子跑。柳条高高举起却轻轻落下，只留下祖孙俩欢乐的笑声；王家的叔叔赶着自家养的牛从山上回来了，他甩着手里的鞭子，发出清脆的响声，应和着牛"哞哞哞"的叫声……我蹦蹦跳跳地跟在爷爷身旁，和对面走来的叔叔阿姨打着招呼。

　　和爷爷来到村口，那里的大树下已经坐了很多人，爷爷走过去和他们唠起了家常。橘黄色的光晕罩在大树上，在人们的身上留下了淡淡的黄色，看起来温暖极了。这时，几只小鸟从远处飞来，纷纷落在了大树上，原来它们早就在上面安了家。这时，村里最厉害的大黄狗跑了过来，对着大树"汪汪汪"地叫了几声。爷爷板着脸说："大黄，不许叫，要和小

48

鸟好好相处,你们都是动物朋友。"大黄似乎听懂了爷爷的话,**摇头摆尾**(形容得意或轻狂的样子)地回家去了。

我拉着小伙伴来到旁边的空地上,想要抓住天黑之前最后的光亮。我们背对着沉下去的夕阳,仅剩的一点儿亮光把我们的影子拉得老长,好像又高又瘦的巨人。这时,小伙伴们各自选好角色,巨人们的故事在这里上演了……

故乡的黄昏没有迷人的景色,但它却满载着我童年最美的回忆。

❤成长课堂

当我们看见美丽的景色时,心中总忍不住浮现对应的诗句,情与景相互交织。在巩固知识的同时,也更能体会诗句中蕴含的感情,真正做到了眼与心的结合。这样还可以使我们的写作水平更进一步,对我们的学习帮助非常大。

❤读书笔记

庐山行

知识就是力量。

——培根

"日照香炉生紫烟,遥看瀑布挂前川。飞流直下三千尺,疑是银河落九天。"诗人李白笔下的庐山瀑布令人神往,去年暑假,爸爸带我去了庐山。

庐山的山真险啊!毗邻鄱阳湖的五老峰颇具特色,从远处看俨然五位席地而坐的老翁,所以得名"五老峰"。站在五老峰上朝下看,笔直的山崖像被刀削过一样。而大汉阳峰作为庐山第一高峰,虽然不如五老峰奇险,却也雄伟壮丽,**气势磅礴**(形容名山大川气势盛大,广大无边)。还有很多座小山峰拔地而起,它们形态各不相同,有的像展翅高飞的雄鹰,有的像小孩子胖嘟嘟的手指,还有的像守护庐山的巨人,叫人不得不佩服大自然的**鬼斧神工**(建筑、雕塑等艺术技巧高超,像是鬼神制作出来的)。

　　庐山的水真美啊！走在庐山上，随处可见叮咚的泉水和清澈的溪流，真可谓山环水抱。在著名的三叠泉，水流沿着三级阶梯不断倾泻而下，四处飞溅的水花、震耳欲聋的声响、帘幕般的瀑布，一切看起来都是那么不可思议。难怪古人说"匡庐瀑布，首推三叠"。

　　庐山的云真奇啊！雨过天晴，白云一片连着一片，整个庐山似乎笼罩在云海中，与天连成了一体。微风一吹，大团的云层时而（指不定时地重复发生）被吹散，青烟似的白云快意地飞舞着；小块的云朵三五成群地簇拥着，像翩翩起舞的小天鹅，像上下翻飞的孙悟空，像张牙舞爪的大恐龙……万千变化让人百看不厌。

　　庐山的植被真多啊！庐山似乎是一座天然的植物园，植物茂盛，种类繁多。银杏树挥舞着绿色的小扇子，白杨树挺直了粗壮的身躯，松树摇着头欢迎远方的游客。最有名的是三宝树，它由三棵参天古树组成，那里浓荫遮日，仿佛一片绿色的海洋。而来到花径，五颜

六色的小花点缀其中，仿佛一条没有尽头的花地毯，引来了许多蜜蜂和蝴蝶，一派热闹的景象。

"横看成岭侧成峰，远近高低各不同。不识庐山真面目，只缘身在此山中。"置身于庐山，仿佛行走在画卷中，虽竭尽全力却也无法领略它全部的美。离开庐山，心中是满满的惊喜，却也有些许遗憾，期待着下一次的庐山行吧。

成长课堂

"纸上得来终觉浅，绝知此事要躬行。"纸上的东西是死的，即便我们有再高明的想象力，也不会有亲眼所见那么震撼、那么真实。但也只有读过，了解到，才有豁然开朗，"原来如此"的慨叹。读万卷书和行万里路，须得相辅相成，才能相得益彰。

读书笔记

郁金香

学和行本来是有机联系着的，
学了必须要想，想通了就要行，
要在行的当中才能看出自己是否真正学到了手。
否则读书虽多，只是成为一座死书库。

——谢觉哉

  周末，我和妈妈去了植物园，那里多种多样的树木和花儿让人**眼花缭乱**(形容眼睛因看见复杂纷繁的东西而感觉到迷乱；比喻事物复杂，无法辨清)，而我最喜欢的是郁金香。

  还没走进郁金香园，身边就已经弥漫着淡淡的花香了。我问："妈妈，这是什么花的香味啊？"妈妈说："是郁金香的味道。"我惊讶地说："郁金香？我在书上看到过郁金香，它长得非常漂亮，而且它还是荷兰和土耳其的国花呢，没想到植物园里也有郁金香。"我迫不及待地跑进郁金香园，想快点儿见到郁金香。

郁金香的叶子是长椭圆形的，只有三五片。它的茎又细又长，大概有 60 厘米高，直挺挺地立在那里。茎的顶端是郁金香花朵，片片花瓣互相包裹着，使花朵看起来非常饱满。从远处看，外形独特的郁金香像高脚杯，里面盛满了各色美酒，想要款待来这里的游客。从近处看，含苞待放的郁金香花朵外层包裹着绿色的叶片，似乎在保护着稚嫩的花瓣；而完全绽放的郁金香展开笑颜，尽情沐浴着明媚的阳光。

在郁金香园走了一圈，我发现郁金香的颜色很多，红色的郁金香像热情奔放的少女，毫无顾忌地展示着自己的美；黄色的郁金香像散落星空的小星星，在阳光下闪烁着耀眼的光芒；白色的郁金香像身披白纱衣的仙子，娇羞的模样惹人怜爱；紫色的郁金香像**雍容**(形容仪态大方，从容不迫的样子)、华贵的女王，高昂着头等待人们来朝拜……一阵清风吹来，郁金香像芭蕾舞者一样，高高地踮起脚尖，跳起了欢快的舞蹈，彩色的裙摆随风飘荡，**婀娜** (形容柳枝等纤细的植物体态优美；也形容女子身姿

优雅、亭亭玉立、轻盈柔美)的舞姿引来了很多蝴蝶和蜜蜂，它们似乎也想加入这场舞会。蝴蝶在郁金香丛中飞来飞去，似乎在与花精灵斗舞。蜜蜂又叫来了很多同伴，似乎想靠集体的力量取胜。一时间，郁金香园热闹极了。

看着眼前的郁金香花田，我不禁陶醉了，陶醉在郁金香的花海中，陶醉在郁金香的芬芳中，陶醉在郁金香舞会中。可爱迷人的郁金香，我想对你说声谢谢，谢谢你不远万里来到这里，谢谢你为我们带来了美的视觉享受，也希望你可以在这里快乐地生活。

❖ 成长课堂

书本上描绘得再真实，也不如亲自去看一看的体验更深。有关郁金香的知识记载是很常见的，但我们往往只是知道了它的存在，而没有更深的了解。如果我们可以做到学与行相结合，亲自去实践观察，这对我们来说是大有益处的。

❖ 读书笔记

探秘让世界充满色彩

好奇是我们探索世界的开始。从我们降生的时候，眼睛、耳朵会将我们看见的、听见的真实反馈给自己，激起我们对世界的好奇，进而引发学习的欲望。当我们置身于美景中时，我们会化身成"十万个为什么"，无数的问题自心底涌出，催促我们去寻找答案。

阅读使我们开阔眼界，当我们看见不懂的问题时，就会追根究底。带着疑问求学，可以让我们的学习效率显著提高。保持一颗好奇的心，你会发现，每件事物都有着不同于书本上的另一面。

探索让我们能够有更多的机会去接触、了解书本上没有的知识，它丰富了我们的阅历，填充了我们的知识储备库。让我们在享受多姿多彩的世界同时，达到学习的目的。

逛庙会

我们一定要给自己提出这样的任务：
第一是学习，第二是学习，第三还是学习。
——列宁

　　去年寒假，雅雅去了奶奶家。春节时，浓浓的新年氛围从小年一直延续到了元宵节，而令她印象最深刻的就是跟着奶奶去逛庙会。

　　大年初六一大早，奶奶就带着雅雅出了门。一路上，奶奶像导游一样，绘声绘色地给她讲庙会上的好吃的、好玩的、好看的……雅雅不停地催促奶奶说："快点儿，快点儿，再晚庙会就要结束了。"

　　到了庙会，首先映入眼帘的是高高的木头牌坊，上面用红漆写着"国泰民安"四个大字。牌坊的另一边就是热闹的庙会了，雅雅**急不可耐**(急得不能等待，形容心情急切或形势紧迫)地跑了过去。道路两边是小商贩们卖东西的摊位，道路中间被逛庙会的人挤得**水泄不通**(形

容拥挤或包围得非常严密）。奶奶走过来抓住雅雅的手说："抓紧了，千万别走丢了。"

雅雅拽着奶奶往摊位前面挤，看到了很多新奇的玩意儿，有传统的手工木梳，看起来非常结实耐用；有贝壳做的饰品，大帆船、小城堡、孙悟空、白雪公主等应有尽有；有很多传统服饰，像旗袍、中山装、唐装……还有很多她从没见过的，她被种类繁多的东西吸引得挪不开步。奶奶有些着急了，突然说："前面是美食区。"雅雅激动地转过头，拽着奶奶就往前跑。

在美食区，很多好吃的东西都是现场制作的，特别吸引人。雅雅来到一位老爷爷的摊位前，只见他拿着一个装着糖稀的勺子在木板上随便勾勒几下，一个活灵活现的小兔子就出现了。她惊得张大了嘴巴。他笑呵呵地看着雅雅说："小朋友，你想要什么？爷爷给你做一个。""我属马，就给我做匹马吧。""好。"老爷爷答应道。不一会儿，他把半成品放到她的嘴边，说："来，吹一口气。"雅雅不明所以地吹了一口气，神奇的事情发生了——马的肚子鼓了起来，一匹马就这样完成了。看着眼前金黄色的马，雅雅不住地拍手叫好。后来她才知道这叫糖人，而制作糖人是中国传统手工技艺，现在已经很少见了。

下午，雅雅和奶奶还看了很多表演，有踩高跷、传统杂技、变脸和京剧。直到太阳下山了，雅雅才依依不舍地回了家。逛庙会不但让她感受到了浓浓的年味，还让她对中国传统文化有了更多的了解。希望庙会一直延续下去，让更多的孩子来这里感受中国文化的魅力。

❖成长课堂

书籍传承文化，但文化的传承方式不限于书籍。传统文化的魅力需要我们亲自体会。只有亲眼看见，切实感受到节日的氛围，才能更深刻地了解到中华民族的传统文化，才能将传统文化继承并传播下去。

❖读书笔记

_____

_____

_____

_____

黄山之美

我所学到的任何有价值的知识都是由自学中得来的。
——达尔文

　　黄山位于安徽省南部,有"天下第一山"的美称,也是圆圆一直都想去的地方。这个暑假,妈妈带她去了黄山,让她感受到了黄山之美。

　　进入景区,圆圆就被眼前的美景震撼了。

　　在像被刀削过的峭壁上,一棵棵松树紧贴其上,千姿百态、造型各异,其中接引松、黑虎松和连理松最有特点。令她印象最深刻的就是黑虎松,当她在远处看时,它真的像一头黑虎卧于坡下,**正虎视眈眈**(凶狠而又贪婪地注视着,伺机攫取;形容心怀不善)地看着她,吓得她直往妈妈的身后躲。当圆圆走近时,才发现它的树冠颜色较黑,外形看起来像黑虎。而生长在玉屏楼左侧的迎客松则是黄山"奇松"的代表,它像一位好客的主人，终年展开双臂，热情地欢迎海内外的游客。

沿着石阶往上走，周围是千奇百怪的石头，有的像展翅啼鸣的公鸡，有的像慢慢爬动的乌龟，还有的像绽放的荷花。而从不同角度观看，还会有不同的视觉效果，真可谓"横看成岭侧成峰，远近高低各不同"。难怪"怪石"能成为黄山的特色之一。

再往前，是著名的西海大峡谷，一座座秀美的山峰屹立（高耸挺立）其中。不一会儿，"飞来石"出现在圆圆的眼前。飞来石是一块椭圆形的大石头，底部与地面接触面积很小。果然"石如其名"，它看起来好像是从其他地方飞来的。

休息了一会儿后，她们开始向光明顶前进。攀登了无数个台阶，走过了无数条七扭八歪的栈道，她们终于到达了光明顶。

光明顶海拔 1860 米，是黄山第二高峰，上面平坦

而宽阔,是最佳的观赏胜地。极目远眺,周围是起伏的山峰、幽深的山谷、陡峭的山崖,朵朵白云在脚下飘过,她们和醉人的美景融为了一体,都被笼罩在云海中。圆圆不禁感叹:黄山的云海果然名不虚传!

为了看日出,她们在光明顶住了一晚。第二天天还没亮,清凉台上已经挤满了看日出的游客。不一会儿,天越来越亮,远处出现一抹红色。渐渐地,周围的烟云悄悄隐退,天边出现一片火红。突然,一轮红日冲破云海,**喷薄而出**(形容水涌起或太阳出生时涌上地平线的样子),整个黄山被艳红的霞光笼罩着,散发着迷人的魅力。

来到黄山,圆圆才体会到"五岳归来不看山,黄山归来不看岳"的真意。黄山犹如一幅灵动的山水画,让人如痴如醉,令人流连忘返。

❖ 成长课堂

> 　　我们学到的知识从来都不是无用的。当我们站在黄山之下,有关黄山的诗词与传说便不由自主地从心里浮现出来。耳听为虚,眼见为实,只有这时候,我们才能品味出描述黄山的文字中所蕴含的壮丽,才能体会下笔之人心中汹涌澎湃的感情。

❖ 读书笔记

_____

_____

_____

_____

我爱荷花

读史使人明智,读诗使人灵秀,
数学使人周密,自然哲学使人精邃,
伦理学使人庄重,逻辑学使人善辩。
——培根

"接天莲叶无穷碧,映日荷花别样红。"宋代诗人杨万里的诗句道出了荷花的迷人魅力。周末,我和妈妈满怀期待地来到公园赏荷花。

远远望去,大如圆盘的荷叶铺满了池塘,几朵亭亭玉立的荷花点缀其中,好像绿地毯上的美丽花纹。花纹颜色多样,白的如玉、粉的似霞、红的胜火,还有身披紫衣的仙子呢。

走近荷花池,我被眼前的美景惊呆了! 荷花池里的水真绿啊,好像是荷叶映绿的,在池里欢快地流动着,毫无杂色;荷花池里的水真清啊,清得没有一点儿杂质,仿佛是一块美丽无瑕的碧玉。仔细想来,似乎也只有这样的环境才能把荷花仙子从睡梦中唤醒吧。

荷花开得有早有迟，池塘里有含苞待放的花骨朵儿，淡粉色的花苞好像要炸裂似的；有刚刚绽放的粉嫩少女，羞答答的模样惹人怜爱；有全部绽放的热情女郎，毫无顾忌地展现着自己的美。而有的花苞更羞涩，隐身于宽大的荷叶下，如果不仔细看，根本发现不了。

一阵清风吹来，荷花姐妹们迎风起舞，万千荷花千姿百态（形容姿态多种多样）：有的昂首挺胸，像正在等待检阅的士兵；有的歪斜着脑袋，像在思考问题的小博士；有的点头微笑，像彬彬有礼的绅士；还有的躲在角落里，像害羞的少女。这眼前的一大片荷花，让人心旷神怡。你看那朵荷花，粉红的花瓣十分诱人，微风拂过，带来一阵清香，沁人心脾（指呼吸到新鲜空气或喝了清凉的饮料使人感到舒适）。几只小小的蜻蜓和蜜蜂似乎也被荷花迷住了，蜻蜓忙着与荷花比美，蜜蜂则忙着采蜜，眼前的画面温馨又和谐。

置身于此，头顶是湛蓝的天、洁白的云，眼前是浓绿的叶、粉白的花，习习清风裹挟着荷花的清香阵阵袭来，吹散了夏日的燥热和烦闷，一种不可名状的惬意弥漫全身。

人常说荷花是花中君子，这样看来，果然名不虚传！无论是花苞时期的亭亭玉立、含苞待放、娇羞可人，还是盛开时的满庭华翠、昂首怒放、落落大方，荷花都做到了身具古之君子之风，神备高人雅士之量！荷花不但美丽，而且还可以入药或泡茶，莲藕和莲子更是餐桌上的美味菜肴。

我爱荷花，我愿为它歌唱！

❖成长课堂

读书使人学识渊博，坚持读书，可以使我们的文学素养不断提升，增强我们欣赏美的水准。当我们醉心于美景时，富有诗意的情操能够令我们更容易与景色产生共鸣，从而写出一篇篇令人赞不绝口的优美文章。

❖读书笔记

_____

_____

_____

_____

口要到

　　生活中,我们在很多情况下需要表达,如竞选发言、获奖发言、朗诵比赛等,这些活动可以有效地锻炼我们的语言表达能力。

　　能正确地表达自己的想法是一种能力,这同样需要学习。我们必须把掌握的知识学透,理清事情的逻辑顺序,才能准确地表情达意,才能达到预期的效果。学会表达,我们便离成功又进一步。

微型诗词大会

学而不厌,诲人不倦。
——孔子

　　最近，我和班里的同学都迷上了一档电视节目——诗词大会。看到挑战者在节目上优雅又流利地朗诵着那些我们认为枯燥无味的古诗词,我们第一次感觉到原来诗词是那么美妙。因此,在新一周的班会上,同学们决定举行一次小型的诗词大会。为了支持我们,班主任和语文老师主动**请缨**（缨,指拘系人的绳子;请缨比喻主动请求担当重任）,做起了评委和主持人。我们班的诗词大会就这样愉快地开始了。

　　首先上场的选手是学习委员张箫,只见他自信地走上讲台,用清脆的嗓音进行了一段古色古香的自我介绍。这样的开场白仿佛把我们都带到了节目现场,同学们都兴奋地鼓起了掌。

接下来是答题环节。语文老师从我们学过的古诗词中挑选了一些题，让台下的同学和台上的选手一起在有限的时间内答题，然后由班主任统计分数。前面几道题，张箫回答得很顺利，没想到最后败在了贺知章的《回乡偶书》上。他把"儿童相见不相识"说成了"孩童相见不相识"。但这个成绩已经很厉害了，我们再一次为他鼓起了掌。

紧接着，第二位选手——历史课代表童梦同学上场了，她可是我们班最喜欢诗词的人了。在大家的期盼中，紧张的答题环节又开始了。看到大家都认真思考的模样，两位老师显得很高兴，连提问的声音里都流露出了笑意。童梦果然不负众望，一连答对了十道题目，连"烟笼寒水月笼沙"这样**拗口**(说起来别扭，不顺口)的诗词都能对答如流。就这样，她顺利闯过了第一关。而台下的 41 位同学里只有 2 位同学与她一起过关。可惜的是，我竟因为大意，答错了我喜欢的《凉州词》。

比赛越来越激烈了，

三个人旗鼓相当（比喻双方力量不相上下），始终没分出高下，似乎我们学过的中华古诗词都在他们的脑袋里，不管语文老师提出什么样的问题，都难不住他们。

突然，下课铃声响了起来。两位老师宣布三位选手并列过关，教室里响起了热烈的掌声，仿佛我们都在节目的现场，见证了冠军的产生。

通过这次微型诗词大会，我们第一次爱上了古诗词，感受到了中华文化的博大精深。

成长课堂

读书不是读死书、死读书，当我们能够熟练运用所学来达成目的时，才算真正学懂、学会了这个知识。生活中类似诗词大会这样检验所学的机会并不少，关键是我们能否抓住它。如果不能把所学知识清楚地表达出来，那么我们就很难透彻地理解它。

读书笔记

体育委员竞选稿

学问是苦根上长出来的甜果。

——李嘉图

敬爱的老师、亲爱的同学们：

大家好！

今天能站在这里参加体育委员的竞选，我感到十分荣幸。

一直以来，我都十分热爱体育，每次学校举行运动会，我总是最积极的，我获得过 100 米短跑冠军、4×100 米接力季军、跳高冠军和跳远亚军，为班级争得了很多荣誉。平时，我喜欢打篮球、打网球和游泳，经常利用周末的时间去做运动。

可是我发现同学们大多不太爱运动，每到换季的时候，很多同学都会感冒，不但身体难受，还耽误学习。上体育课时，同学们也总是**敷衍**（做事不负责任，或

71

待人不恳切，只做表面功夫）了事，跑步不认真，做其他动作也一点儿都不标准。到运动会时，每次都是固定的几个人参加，其他同学都成了看客。我觉得应该改变这种状况，让同学认识到体育运动的重要性。

我认为运动可以锻炼身体、增强体魄，不仅有益于身心健康，还能提高免疫力。如果我能当选体育委员，我一定会让同学们对体育运动产生兴趣。在体育课的自由活动时间，我会为同学们制订多种运动方案，比如老鹰捉小鸡、三对三篮球对抗赛、跳绳、踢毽子、跳皮筋等等，同学们可以选择自己感兴趣的项目。我相信只要尝试一次，你就会爱上体育的。试想一下，没有了繁重的作业、没有了老师的唠叨，我们可以呼吸着清新的空气，感受清风拂面的快乐，心情该有多舒畅啊！在学校举行运动会时，我会鼓励同学们多多参与，而且我觉得大家不要在意结果，享受过程更重要，重在参与嘛！同学们，赶快行动起来，让我们爱上运动吧！

如果我落选了，我也不会气馁（灰心丧气，失去

勇气），我还会继续帮助同学们进行体育锻炼的，让大家相信我有能力胜任体育委员这个职务。当然，如果这次竞选成功，我将更好地为大家服务，让大家感受到运动的快乐，你们一定会欣喜地发现运动带来的好处。请为我投票吧，我会接受同学们的监督和批评，不辜负大家的期望！

❖ 成长课堂

> 想说、敢说、会说也是学习的一环。它既能检验我们的知识含量，又能提高我们的语言组织能力、逻辑思维能力。同时，通过别人的反馈，找到自身的不足或者自身的优势。这对以后的学习和生活都是有帮助的。

❖ 读书笔记

_____

_____

_____

_____

中队长竞选稿

伟大的成绩和辛勤劳动是成正比例的，

有一分劳动就有一分收获，

日积月累，从少到多，奇迹就可以创造出来。

——鲁迅

尊敬的老师、亲爱的同学们：

大家下午好！

我很高兴今天能站在这里参加中队长的竞选，我会珍惜大家给我的机会，坦诚地说一说我参加中队长竞选的理由。

自从上小学以来，我担任过语文课代表、生活委员和小组长等职务，但前进的脚步是不会停歇的，我还想要更大的进步，所以我要竞选中队长，希望在接下来的日子里帮同学们解决学习和生活中出现的问题，我相信我可以做得很好。

首先，我是一个活泼开朗、爱交朋友的男孩，而且很爱讲笑话。大家都知道人与人相处难免会有矛盾，当然我们也不例外。但是如果同学之间因为一点儿误会就互相埋怨，容易产生负面情绪，不利于学习。这时，我就可以用轻松幽默的笑话来调节同学的低落情绪，用笑声架起同学之间的友谊之桥。

其次，为了丰富我们的学习生活，让学习变得更有趣，我打算利用周五自习课的时间在班内举行趣味知识比赛。为了更熟练地掌握九九乘法表，我们可以举行挑战赛，一对一进行比赛，看谁坚持不犯错的时间最长；在学习语文时，我猜大家和我一样，最头疼的就是学汉字了，但是我们不能遇到困难就退缩，我们可以进行汉字听写比赛，赢的同学免值日一天，而输的同学就要多值日一天了；为了劳逸结合（工作与休息相结合，指合理有效地安排生活），我们还可以增加一些娱乐项目，到时候就需要大家一起出主意，选择我们最想要的放松活动。

75

最后,我还会积极主动地配合班主任和各科老师的工作,帮助同学们养成良好的学习习惯,营造快乐的学习氛围,让同学们做到不迟到、不早退,上课认真听讲,课后及时完成作业,使我们班的学习成绩稳步提高。在学校举办大型活动时,我会组织同学们积极参加,发挥同学们的优势,让我们班的同学在全校师生面前展现别样的风采。

如果我能成功当选中队长,我一定会更加努力。请大家相信我,为我投出你手中宝贵的一票!

✦成长课堂

> 古有毛遂自荐,今有中队长竞选,通过自己过人的口才来争取想要的职位,这不仅是对所学知识的考验,也是对自己能力的一种自信。精彩的口才会让你在他人眼中留下深刻的印象。想提升口才,只有多学多练,因为通向成功的道路上没有捷径。

✦读书笔记

_____

_____

_____

_____

如何正确地表达

生活中,我们会有很多需要表达的时候,如竞选发言、获奖发言、运动会的演讲稿、朗诵比赛等等。这些活动可以有效地锻炼我们的语言表达能力。学习不是一直埋头苦学、把所有的知识全部吃进肚子里藏起来,还需要我们在适当的时机把这些知识转化成自己的东西表达出来,这点尤为重要。

而想要正确地表达自己的想法,学习又是必不可少的,二者相辅相成。只有当我们把学到的知识吃透、理清,才能够准确、轻松地表达自己的想法和意愿,才能得到想要的效果。早晨朗读一篇文章,晚上吟诵一首诗,日积月累,我们的口语表达能力自然会有所提升。

多听、多看、多读、多学。如果能够做到这几点,那么我们离成功便又进一步。

班长竞选稿

非学无以广才，非志无以成学。

——诸葛亮

尊敬的老师、亲爱的同学们：

大家上午好！

今天我走上讲台的目的只有一个，那就是竞选班长。

在我走上讲台之前，我也一直在反省自身。坦率地讲，我并不是一个完美的人。但古语有云："金无足赤，人无完人。""不完美"正是我前进的动力，我对自己充满了信心。

在同学们的心中，班长是班级的核心人物，需要具备掌控全局的能力。我认为班长最重要的品质就是有责任心、

有担当。作为一班之长，不仅要对自己负责，更要对同学负责、对老师负责。如果我能成为班长，我将先老师之忧而忧，后同学之乐而乐。

在学习方面，我会在上课时认真听讲，课后认真复习，为同学们做出榜样，并尽我所能帮助成绩稍差的同学，实现全班同学共同进步的美好愿望，积极为班级赢得"荣誉班集体"的称号做准备；在卫生方面，我将时刻关注班级的卫生情况，争取每周都得卫生流动红旗，为同学们营造良好的学习环境；在课余活动方面，我会组织同学们做一些既有趣又有意义的活动，比如课外书阅读交流会、篮球或足球比赛等，既可以丰富同学们的课余生活，又可以增进彼此的感情；在遵守学校、班级纪律方面，我会严格要求自己，也希望和同学们互相监督，改正自己的小毛病，尽快成长为优秀的小学生。我相信自己会成为老师的得力助手，同学们的知心朋友。

我深知，当一个合格班长不是一件容易的事。但是我决不会退缩，既然选择了为大家服务，便会无所畏惧，迎难而上（形容不怕困难，不怕挫折，勇敢地挑战）。希望我能够协助老师带领大家在求学之路上开辟新征程，迎接新挑战!

　　如果大家认为我能够胜任班长这一职务,就请为我投出宝贵的一票吧! 如果我遗憾落选,我也不会抱怨。这只能说明我和其他同学相比,仍有差距。我会更加努力地提升自己的综合素质。而且我保证,不论我能否当选,我都会**不遗余力**(把所有的力量全部使出来,没有一丝一毫的保留,形容做事卖力)地帮助同学们。

　　最后,感谢老师和同学们对我的鼓励和支持,谢谢大家!

❖ 成长课堂

　　读书伴我们成长,在学习的过程中,我们的表达能力也日渐提高。如同这篇竞选稿,小作者在书籍这位"良师益友"的帮助下,能够条理清晰地表达出自己的优势,提高自己的竞选成功率。由此可见,优秀的表达能力对我们来说是多么重要。

❖ 读书笔记

_____

_____

_____

_____

做优秀的小学生演讲稿

学会学习的人，是非常幸福的人。
——米南德

尊敬的老师、亲爱的同学们：

大家好！

我是光明小学四年二班的楚天阔。

今天，我演讲的题目是"做优秀的小学生"。我认为优秀的小学生要具备以下三点：一是正确的学习态度，二是阳光的心态，三是健康的体魄。

在我心中，学习很重要，是我们回报老师之爱、父母之爱、亲人之爱的主要方式。作为学生，学习是首要任务。努力地学习更多的科学文化知识，长大后才会拥有为社会做贡献的能力。在学习的过程中，会出现困难、烦恼，而我们要学会正视这些问题，不要逃避，要像小草一样努力地吸收知识的阳光雨露，然后战胜它们。现在是我们精力最充沛的时候，也是学习的最好时机，优秀的小学生不一定要所有功课都最出色，但一定要热爱学习，对知识充满热情，养成良好的学习习惯。

在我看来，优秀的小学生要有阳光的心态。现在的我们很幸福，不用为吃穿发愁，一直被爸爸妈妈宠爱着。有时，坏情绪会在我们心中滋生（繁殖、生育）。不知不觉中，我们变得很脆弱，接受不了批评，抗拒被否定，害怕困难和挫折。这样的我们即使成绩再出众，都不是优秀的小学生。我们要用乐观的心态、阳光的性格直面困难。如果说成长是一条路，那么路上一定会有挫折，而我们要学会用微笑面对，因为这是我们必然要经历的。

我认为优秀的小学生要有健康的体魄。健康的身体会让我们有一个良好的精神状态，会让我们的童年更快乐，而运动是让我们变得更健康的法宝。同学们，当清脆的下课铃声响起时，请到操场上来，踢踢球、跳跳

绳、跑跑步，适当的活动会让我们有更充沛的精力学习。在我的眼里，真正优秀的小学生要身心都健康。

上述三点是我认为做优秀的小学生必备的条件，也许其他同学会有不同的看法，但我期待每个同学都能成为积极的人、阳光的人、健康的人、不断进步的人，愿每个同学都能成为优秀的小学生，一起奔向美好的未来。

让我们共同努力吧，加油！

❖ 成长课堂

从演讲中，我们可以看出小作者拥有丰富的知识储备量，能够流利又不失趣味地将自己成为优秀学生的过程分享出来，并呼吁大家一起向着优秀学生的方向努力。条理清晰，逻辑顺畅。如果我们坚持读书，提升自己的文学修养，终有一天也可以像小作者一样，风趣地表达自己的想法。

❖ 读书笔记

_____

_____

_____

_____

纪律委员竞选稿

盛年不重来，一日难再晨。

及时当勉励，岁月不待人。

——陶渊明

敬爱的老师、亲爱的同学们：

大家好！

我是陈宗翰。首先，我要真诚地感谢老师和同学们，谢谢你们给我这次机会，让我能站在这里竞选班级的纪律委员。

纪律是一种与法律相似的行为准则。听到我这样说，大家可能会认为纪律让人感到**拘束**（指不自在，拘谨，显得不自然）和压抑，它像一个无情的铁笼，**禁锢**（关押，监禁；强力限制；束缚或限制）了想要自由飞翔的小鸟。其实这种想法过于片面，我认为纪律是集体正常运行

的保障,犹如保证小树苗可以笔直生长的支撑架。路边那些新栽的小树苗,都由园丁用木架支撑着。木架看似限制了树苗的自由生长,但它实际是在帮助那扎根尚浅的小树苗,防止它们被强风吹歪了身子,无法笔直地生长。

如果说老师是辛勤的园丁,同学们就是娇嫩的树苗。为了能让同学们像小树苗一样健康地生长,我愿意在老师的指导下,做一个朴实的木架,当一个合格的纪律委员。

纪律,是一种明文规定的行为规则。用明确的语言告诉我们每一个人,该做什么,不该做什么,哪些事可以做,哪些事不能做。只有遵守了纪律,我们才能营造一个安静的学习环境,我们才能安心地学习,在知识的海洋中畅游!

如果我成了纪律委员,我会帮助同学们发现并改正那些有可能会阻碍我们进步的问题。例如:在自习课上大声喧哗、在课堂上开小差、乱扔果皮纸屑、考试作弊等行为。

如果大家不小心做了一些影响班级纪律的事,我会选择用沟通的方式解决,了解同学们这样做的原因，并和大家一起想办法，共同解决这个问题。我认为，纪律委员工作的目的不是管理大家，而是帮助同学们养成好的学习习惯，营造和谐、舒适、美好的学习气氛。我希望大家能增强主人翁意识，为维护我们班级的纪律做出自己的一份贡献。

最后，我想说的是，不管我能不能成为纪律委员，我都希望帮助大家发现并改正错误。我和大家一样，是这个集体中的一员，我希望和大家一起，快快乐乐地成长！

谢谢大家！

成长课堂

我们的生活需要纪律，"无规矩不成方圆"。但对于纪律，我们有太多的误解，需要有人站出来揭开真相，如同竞选纪律委员的小作者。他用简单明了的语言向我们解释了纪律的重要性，打破了大家对纪律的固有印象。让纪律在同学的眼中不再可怕。

读书笔记

_____

_____

_____

_____

运动会发言稿

不要等待运气降临,应该去努力掌握知识。

——弗兰明

尊敬的各位领导、老师,亲爱的同学们:

上午好!

沐浴着春日的暖阳、感受着和煦的春风,我们迎来了一年一度的春季运动会。在这阳光明媚的日子里,万物刚刚从冬日的睡梦中苏醒,充满了勃勃生机。而我们也不甘落后,前方**捷报**(胜利的消息,好的消息)频传:三年级的李佳同学获得了市书法比赛的第一名,五年级的付云鹤同学获得了区数学竞赛的第三名,二年级的郎志军同学获得了演讲比赛优秀奖……此时此刻,我们**心潮澎湃**(形容心情十分激动,不能平静)、热血沸腾,既因为我们的校友取得了优异成绩,又因为春季运动会马上就要开始了。我代表全体运动员向运动会组委会的所有工作人员表示衷心的感谢，代表全体同学向来参加运动会的各位领导、老师和家长表示热烈的欢迎！

老一辈人常说身体是革命的本钱，而健康的体魄是我们做好一切的坚实基础。从去年开始，为了丰富校园文化生活，贯彻促进学生德智体美全面发展的教育方针，校领导安排每周三节课的时间让我们进行体育锻炼，同学们也都很积极，使体育锻炼成为生活中的一部分。把体育活动融入到每天的学习和生活中，同学们的身体素质也有了明显提高。而为我们带来最大惊喜的是足球小子们，他们在去年区里举行的足球比赛中获得了亚军，我们终于**扬眉吐气**（摆脱了长期受压制状态后高兴痛快的样子）了一回！

我们常说自己是"文武双全"的优秀小学生，而检验我们的时刻到了。希望同学们在运动会上挥洒汗水、弘扬个性，积极展示运动的魅力、学生的朝气，并享受

体育竞技的快乐,让校领导和家长们看一看我们新一代学生的精神风貌,让他们知道我们不但能学好科学文化知识,还能在运动场上拔得头筹(第一名,冠军)。

我相信运动健儿们已经做好准备了,希望你们发挥顽强拼搏的精神,带着满腔热情来接受领导和同学们的检阅,在比赛中赛出风格、赛出水平,全力超越自我,创造优异的成绩。

❖ 成长课堂

学习与运动会本是毫不相干的两件事,但是通过语言和文字,便可以将二者结合起来。如同这篇发言稿:学习就像比赛一样,在激烈的拼搏竞争后,摘取的胜利果实最为美味。万变不离其宗,只要主动拼搏,就有机会实现梦想。

❖ 读书笔记

球类家族的自述

知识是珍贵宝石的结晶，文化是宝石放出来的光泽。

——泰戈尔

    在体育教室里，我们"球类"家族的四个成员团聚了！我们的名字享誉（在社会上取得声誉）世界，都有资格载入世界体育史的史册。如果有什么比赛能把我们四个凑齐了，那准是奥运会。呃，也可能是学校运动会。这都不重要，重要的是我们很重要。下面我们就介绍一下自己！

    "嘿，大家好！我叫足球，曾用名鞠，在家族里排行老大。足球运动被誉为'世界第一运动'，是全球体育界极具影响力的单项体育运动。我外表出色，穿着整洁的黑白衬衫，不过几场比赛下来，我就变得灰突突了，但这丝毫不影响我的伟大。因为我代表了一种团结协作的精神，一种共同进退的力量。前锋需要中锋的妙传才能攻破对方的大门，守门员需要后卫的积极防御才能守住整支队伍的尊严。团结、协作、找准自己的位置，是我们对锐意进取者的忠告。"

"我是篮球，来自美国，但我早就学会了中文，因为我在中国拥有很多粉丝。我认为我们篮球真的很可悲，常常被人狠狠地砸在地上，不管是坚硬的地板，还是粗糙的水泥地面。不过，只要遇见配合默契的团队，我的心情就会充满阳光。我喜欢他们默契地互动，激动地拍手、拥抱，甚至不反对他们把汗水滴在我身上。"

"我叫排球，跟篮球一样，来自美国，但我最近爱上了中国。在中国，有那么一群可爱的姑娘，她们竭尽全力迎接每一场排球比赛，不怕艰苦、不怕挫折，更不怕失败。她们很好地**诠释**(对事物的理解方式、用心感受的一种方法;讲解、证明)了什么是钢铁意志，什么是拼搏精神，她们就是中国的女排姑娘。我真是太爱她们了。我的梦想就是有一天能被她们握在手里，跟着她们一起创造奇迹、书写传奇。"

"我是乒乓球，我的故乡在英国，但中国人通过自己的努力和

拼搏,让我成为中国的国球。跟几个哥哥比,我看起来一点儿也不威风,像一个鸡蛋黄。可是我觉得自己并不渺小。当我被孩子们握在手里的时候,我能给他们带来快乐和健康。若是成为运动员交锋的'武器',我必然打起十万分精神,带着运动员的努力和汗水勇往直前。"

听了我们的介绍,大家对我们球类家族了解了吗?我们代表着和平与梦想、团结与友爱,承载着汗水与泪水、拼搏与进取。我们是人类永远的朋友,我们愿与人类共同披荆斩棘,努力向前。

成长课堂

学习可以带我们看遍世界。学习可以开阔我们的眼界,丰富我们的知识,提高我们的文学修养与表达能力。如本篇的自述,作者用幽默的语言将各种球类的发源地、特点和成就介绍出来,让我们轻松愉快地了解了各种球类的历史。

读书笔记

动物联欢会现场直播

应当用深刻的知识的火炬来照耀劳动，
应该对劳动加以思索，而提到最高的程度。

——克鲁普斯卡娅

  亲爱的听众朋友们，你们好！这里是快乐森林动物广播频道，我是今天的主持人黄鹂。今天是快乐森林"动物联欢会"的第二个表演日，我将为没有来现场观看的动物朋友们直播联欢会的盛况，与您共度这个喜庆的日子。

  这届联欢会是我们遭遇旱灾后的第一个联欢会，动物朋友们都激情满满，想要一扫过去的阴霾，在这里大展风采。昨天，大象和蚂蚁的相声反响 (公众的反应、回响) 很好，老虎、狮子、狼的小品也赢得了很多掌声。动物朋友们对今天的节目是不是更加期待了？

  现在，让我们开始今天的直播吧。

  首先，由可爱的小兔子跳开场舞。《兔子舞》的音乐响起，10只兔宝宝蹦蹦跳跳地上了舞台，它们先是站成两排,随着音乐左右摇摆,然后围成一个圈,身体不断朝后仰,好像一朵正在绽放的花儿。在音乐快要结束时,10只兔宝宝走下舞台,纷纷摆出可爱的姿势,观众们都举起手中的手机拍照留念。

第二个节目是杂技。先出场的是长颈鹿,它先在细长的脖子上套了一个呼啦圈,并旋转起来,随后又套了第二个、第三个……一共套了10个呼啦圈,每两个呼啦圈之间的距离几乎微不可见,但10个呼啦圈却互不影响,而且旋转的速度比陀螺还快。当观众们看得目瞪口呆时,河马走了上来。它先四脚朝天躺下,然后拿起事先准备好的6个碗,并逐个抛起来,再迅速用脚接住。就这样,6个碗被河马的4只脚不断抛接,竟没有一个碗掉落。台下的观众看呆了,都被长颈鹿和河马的技艺深深折服了。

第三个节目是歌曲大联唱,歌后夜莺第一个登场,它唱了一首抒情歌,感情丰富、细腻,台下的松鼠和河狸听得泪流满面,其他动物也都默默地擦拭眼角。第二个演唱的是蜜蜂，它们成群地飞上台，"嗡嗡嗡，嗡嗡嗡……"地唱起了自己最擅长的加油歌。最后一位歌手是金嗓子青蛙，它噌地一下跳上台，唱起了动感十足的摇滚乐，"呱呱呱，呱呱呱……"，观众也不自觉地跟着节拍鼓起掌来。

今天的联欢会到这里就结束了，相信听众朋友们和我一样感受到了表演者的诚意和现场观众们的热情。希望您持续守候本频道，明天我将为您直播快乐森林"动物联欢会"最后一个表演日的精彩节目。

听众朋友们，明天见！

◆成长课堂

> 生活与我们息息相关，如果我们能够善于观察生活中的事物，将之融入到学习中，再用生动趣味的语言表达出来，往往会令人眼前一亮。就像这场直播，作者用自己的想象把动物们的联欢会生动地展现在我们眼前，阅读之余忍不住会心一笑。

◆读书笔记

_____

_____

_____

_____

读后感